LUFTSCHRAUBEN-UNTERSUCHUNGEN

DER GESCHÄFTSSTELLE FÜR FLUGTECHNIK DES
SONDERAUSSCHUSSES DER JUBILÄUMSSTIFTUNG
DER DEUTSCHEN INDUSTRIE

VON

DR.-ING. F. BENDEMANN

MIT 84 IN DEN TEXT GEDRUCKTEN ABBILDUNGEN
UND 1 TAFEL

MÜNCHEN UND BERLIN
DRUCK UND VERLAG VON R. OLDENBOURG
1911

Inhaltsverzeichnis.

I. Bericht vom April 1911.

Vorbemerkungen.

Der einleitenden Beschreibung der Versuchsanlage mögen einige Angaben über Entstehung und Ziele des Unternehmens vorangehen.

Die Anregung zu demselben ging von dem Ausschusse der Jubiläumsstiftung für das Maschinenwesen aus, welcher unter Führung von Geh. Hofrat Prof. Dr.-Ing. C. von Linde einer Aufforderung des Präsidiums der Stiftung zur Bezeichnung geeigneter Aufgaben als Gegenstand eigener Unternehmungen der Jubiläumsstiftung entsprechend den Antrag stellte, für das systematische Studium des dynamischen Fliegens auf eine Reihe von Jahren Mittel zur Verfügung zu stellen. Das Kuratorium berief, diesem Antrage zustimmend, hierfür 1906 einen besonderen Ausschuß, dem unter C. von Lindes Vorsitz folgende Herren angehörten: Geh. Regierungsrat Prof. Dr. R. Aßmann, Lindenberg, Geh. Baurat Prof. O. Berndt, Darmstadt, Geh. Regierungsrat Prof. C. Busley, Berlin, Prof. Dr. S. Finsterwalder, München, Major Groß, Berlin, Geh. Regierungsrat Prof. Dr.-Ing. Müller-Breslau, Berlin-Grunewald, Geh. Baurat Dr.-Ing. Th. Peters, Berlin, Prof. Dr. M. Schröter, München, Geh. Regierungsrat Prof. Dr. A. Slaby, Charlottenburg.

Nach einer von S. Finsterwalder durchgeführten Sichtung der damals bekannten Arbeiten über die Wirkung der Luftschrauben bewilligte das Kuratorium 1907 die Mittel zu neuen Versuchen über diesen Gegenstand, die in umfassender Weise und im großen Maßstabe ausgeführt werden sollten. Nach Plänen des zum Geschäftsführer des Ausschusses bestellten Herrn Dr.-Ing. W. Bauersfeld wurde im Frühjahr 1908 eine Versuchsanstalt auf dem Gelände des Königlich Preußischen Aeronautischen Observatoriums errichtet, wozu dessen Direktor, Herr Geh. Rat Aßmann, in dankenswerter Weise die Hand bot und die Genehmigung der Behörden erwirkte.

Dr.-Ing. Bauersfeld folgte, bevor noch der Bau vollendet war, einem Rufe in die Leitung einer großen optischen Anstalt. Seitdem (1. April 1908) ist der Verfasser mit der Leitung der »Geschäftsstelle für Flugtechnik« in Lindenberg betraut.

Es ist mir ein Bedürfnis, an dieser Stelle allen denen lebhaften Dank auszusprechen, die das Unternehmen ins Leben gerufen und in verschiedenster Weise gefördert haben.

Prof. von Linde hat, als Vorsitzender des Ausschusses, in laufendem Austausch mit der Geschäftsstelle die Arbeiten und den Geschäftsgang ständig überwacht. Geh. Rat Aßmann hat alle die Bemühungen im Interesse der Sache auf sich genommen, die mit dem Bestehen und dem Betriebe der Anstalt in Lindenberg verknüpft waren, und ihr in steter, liebenswürdiger Hilfsbereitschaft die äußeren Verhältnisse nach Möglichkeit erleichtert.

Der Sonderausschuß hat in einer Reihe von Sitzungen insbesondere über den Arbeitsplan und die Errichtung der Versuchsanstalt beraten.

Herrn Prof. Finsterwalder verdanken wir verschiedentliche Beiträge und Ratschläge theoretischer Art.

An Stelle des Geh. Rat Peters ist seit dessen Tode Herr Reg.-Baumeister G. Linde, Direktor des Vereins deutscher Ingenieure, Mitglied des Sonderausschusses geworden, dem auch Dr.-Ing. Bauersfeld seit seinem Ausscheiden aus der Geschäftsstelle angehört.

An materiellen Unterstützungen verdankt das Unternehmen außer den Bewilligungen der Jubiläumsstiftung von bisher insgesamt 70000 M. noch eine einmalige Zuwendung von 10000 M. dem Herrn W. Bauer, Stuttgart, und Beiträge von 5000 M. für 1909 und 10000 M. für 1910 dem Verein deutscher Ingenieure. Für den Bau und die erste Einrichtung der Versuchsanstalt sind rund 22000 M., im ganzen bisher rund 72000 M. verausgabt worden.

Hier möchte ich auch meinen Mitarbeitern bei der Geschäftsstelle Dank und Anerkennung aussprechen. Bei den Vorarbeiten im Sommer 1908 hat Herr Dipl.-Ing. F. Münzinger und seitdem Herr Dipl.-Ing. K. Grulich bei den Versuchen und ihrer Bearbeitung in vorzüglicher und sehr gewissenhafter Weise mitgewirkt. Außerdem war Herr O. Schimming als Mechaniker und seit Ende 1908 Herr F. Kersten als Techniker bei uns beschäftigt.

Die Versuchsanlage.

Luftschrauben kommen zu doppelter Verwendung in Frage: als Treibschrauben für Aeroplan oder Luftschiff und als Hebeschrauben zur unmittelbaren Erzeugung von Auftrieb. Seit dem erfolgreichen Auftreten der Aeroplane ist das Interesse für Hebeschrauben mehr zurückgetreten, doch ist die Frage des Schraubenfliegers, der vom Platz aus aufsteigen und in der Luft beliebig stillstehen kann, auch heute noch von großer praktischer Bedeutung. Bei der Einleitung unserer Arbeiten, kurz vor den entscheidenden Ereignissen im Frühjahr 1908, standen sich beide Gesichtspunkte gleichwertig gegenüber. Die Versuche sollten beides in möglichst allgemeiner Weise umfassen. Es sollte, ohne Beschränkung auf bestimmte praktische Ziele, in möglichst allgemeiner Weise auf planmäßige Erforschung der für die Schraubenwirkung maßgebenden Gesetzmäßigkeiten ausgegangen werden. Das Hauptaugenmerk war also mehr auf gute und mög-

1

lichst vielseitige Messungen zu richten, als auf Erfindung und Erprobung praktisch unmittelbar zu verwendender Treib- oder Tragschrauben.

Demgemäß waren für den Entwurf der Versuchsanlage folgende Gesichtspunkte maßgebend:

1. Die Versuche sollten nicht, wie das schon mehrfach geschehen, an kleinen Modellen, sondern in großem Maßstabe (Schrauben von 2 bis 5 m Durchmesser) ausgeführt werden, weil Ähnlichkeitsschlüsse vom Kleinen ins Große bei verwickelten aerodynamischen Vorgängen nicht genügend Sicherheit boten.

2. Die Versuche sollten in erster Linie im geschlossenen Raume und am festen Punkt stattfinden; daneben sollten aber auch Versuche in freier Luft möglich sein.

Versuche im Freien sind erfahrungsgemäß zur Erlangung wissenschaftlich vergleichbarer Versuchsreihen ungeeignet, weil der fast nie fehlende und in Stärke und Richtung beständig schwankende Wind stets erhebliche Störungen und Ungleichmäßigkeiten verursacht. Zur praktischen Prüfung von Treibschrauben mit Fahrbewegung muß man diesen Übelstand naturgemäß in Kauf nehmen und eine fahrbare Versuchseinrichtung auf weiter Bahn, also im Freien benutzen. Beide Aufgaben sind also kaum zu vereinigen oder doch nur mit Mitteln und Möglichkeiten, wie sie bei unserer Versuchsanlage nicht in Frage kommen konnten. Auf Versuche mit Fahrbewegung konnte um so mehr verzichtet werden, als die wesentlichsten Ergebnisse der Versuche am Festpunkt insbesondere über die Gestaltung des Flügelprofils nach Wölbung auf Schlag- und Rückseite, Kantenformen, Breitenverhältnis, sowie über Umrißform und Verdrehung

der Flügel u. a. voraussichtlich mit einziger Ausnahme der Schraubensteigung auf Tragschrauben übertragen werden können.[1]

3. Die Schrauben sollten auf senkrecht stehender Welle untersucht werden und im allgemeinen so betrieben werden, daß der ausgesandte Luftstrom nach oben geht, um ihm möglichst diejenige freie und symmetrische Ausbildung zu ermöglichen, die auch im freien Luftraum eintreten wird. Die Schrauben drücken dann also senkrecht nach unten.

4. Die Einrichtung sollte in weiten Grenzen veränderliche Drehzahlen und

5. auch die Untersuchung von gegenläufig betriebenen Schraubenpaaren auf gleicher Achse ermöglichen.

Es soll nun zunächst eine kurze Beschreibung der Versuchsanlage gegeben werden, deren Entwurf, wie schon erwähnt, von Dr.-Ing. Bauersfeld herrührt, der auch die Konstruktion der Hauptversuchsmaschine im einzelnen ausgearbeitet hat.

Die Versuchshalle umschließt, wie aus den Zeichnungen Fig. 1 und 2 zu sehen ist, einen offenen Raum von 9×9 m Grundfläche und 12 m lichter Höhe. Im Mittelpunkt steht die Versuchsmaschine, die durch Riementrieb vom seitlich stehenden Elektromotor angetrieben wird. Es ist ein Hilfspol-Nebenschlußmotor der A. E. G. (Type EHG.

[1] Betreffs Schraubenversuche mit Fahrbewegung sei auf den Aufsatz von Ing. Béjeuhr in Heft 1—4 d. Ztschr. f. Fl. u. M. verwiesen. Die Ergebnisse seiner Prüfungen wird der genannte Verfasser in einer der nächsten Hefte veröffentlichen (die Schriftleitung).

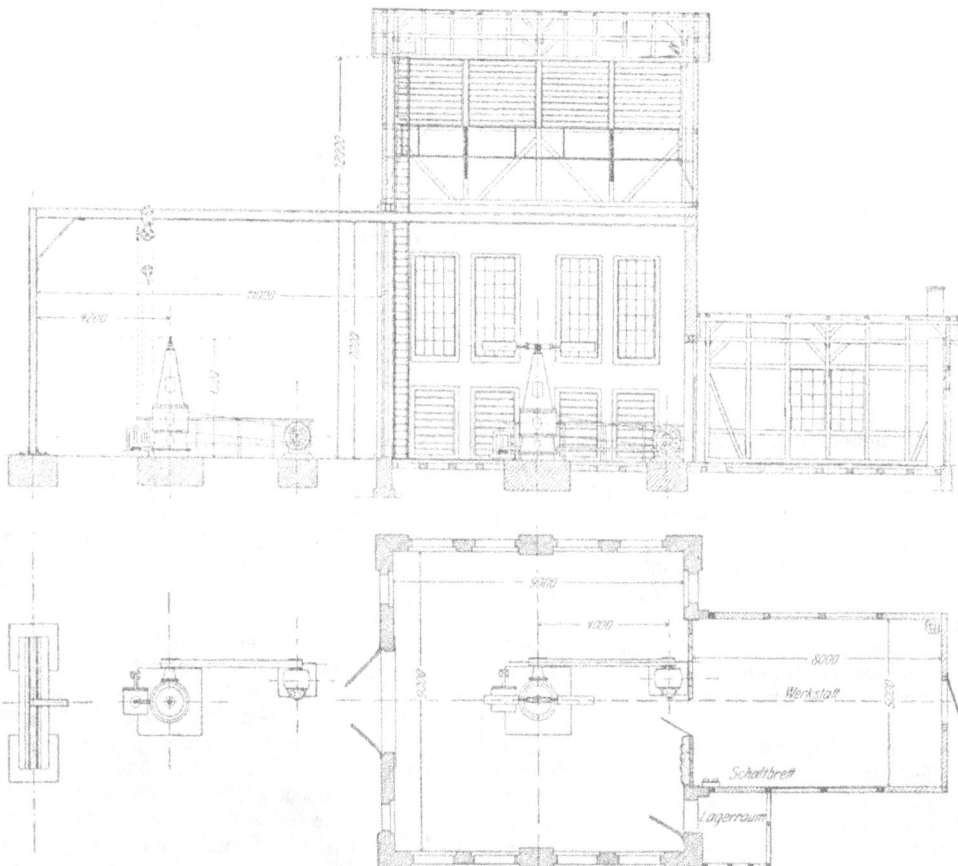

Fig. 1 und 2.

400; 34 PS); Gleichstrom (220 Volt) wird vom benachbarten Kraftwerk des Observatoriums geliefert.

Die Umlaufzahl des Motors kann durch Nebenschlußregelung etwa zwischen 500 und 1100 minutlichen Umläufen in vielen Stufen geregelt werden. Durch Haupt-

Tabelle 1.

Riemenscheiben		Über-setzung	Zahnräder-übersetzung	Gesamt-übersetzung	Ungefähres Drehzahl-bereich der Schrauben-wellen U. p. M.
Durchmesser rund treibende, mm getriebene. mm	Umfänge genau				
250 / 1000	797 / 3123	3,92	2,5	9,80	40—110
300 / 740	953 / 2324	2,44	2,5	6,10	65—180
450 / 600	1415 / 1888	1,334	2,5	3,34	120—330
600 / 450	1888 / 1415	0,750	2,5	1,874	210—580

stromdrosselung mittels des Anlaßwiderstandes erniedrigt sich die untere Grenze noch auf rund 400 Umdrehungen pro Minute. Austauschbare Riemenscheiben gestatten

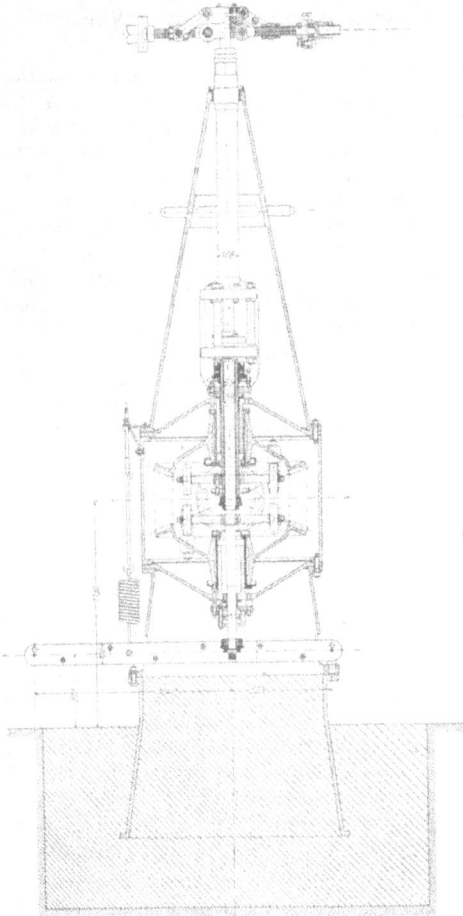

Fig. 3.

ferner, wie aus Tabelle I ersichtlich, die Umlaufzahlen der Schraubenwellen in den Grenzen von 40 bis etwa 600 in der Minute beliebig zu wählen.

Den Aufbau der Versuchsmaschine ersieht man aus Fig. 3 und 4. Sie besitzt zwei gleichachsige, vom wagerechten Vorgelege aus durch Kegelräder gegenläufig an-

getriebene Wellen, deren Köpfe aus der Spitze des kegelförmigen, gußeisernen Gehäuses so weit herausragen, wie zum Aufbringen der Schraubennaben nötig ist. Fig. 5 zeigt die Abmessungen der Köpfe und die vorgesehene Befestigung der Naben mittels dreiteiliger kegelförmiger Hülse, die gut zentrischen Sitz sichert, allerdings das

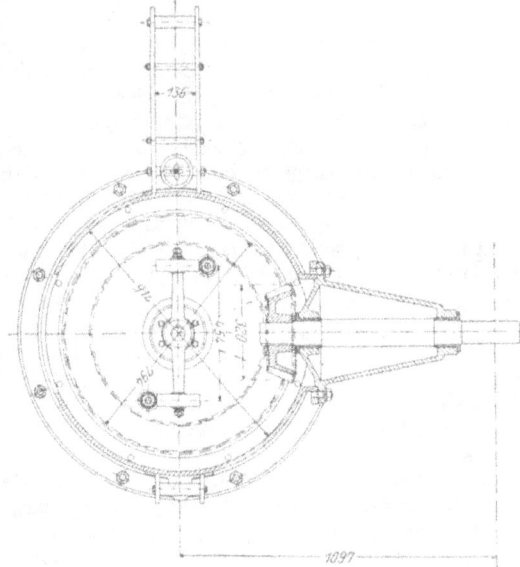

Fig. 4.

Aufbringen normaler Schrauben mit kleinen Naben etwas erschwert. Die in Fig. 5 aufgesetzte Nabe ist zu beliebiger Einstellung der an die Flanschen anzusetzenden Flügel nach Angriffswinkel und Armwinkel eingerichtet.

Jede der beiden gleichachsigen Schraubenwellen kann durch axiales Verschieben des zugehörigen Zahnrades nach Belieben ausgeschaltet werden. Die Zahnräder sitzen nicht unmittelbar auf den Wellen, sondern laufen auf hohlen Zapfen am Gehäuse. Das Drehmoment wird durch Mitnehmerbolzen an den Zahnrädern und Arme an den Wellen auf diese übertragen. Die Arme besitzen auf Kugeln gelagerte Rollen, wodurch freie axiale Beweglichkeit der Wellen ermöglicht ist. Die äußere Welle stützt sich in einem Kugelspurlager (zwischen dem Rädervorgelege) auf die innere, und diese wieder durch Kugellager auf einen unten quer durch den Gehäusefuß durchgehenden Wagebalken, dessen freies Ende den senkrecht abwärts gerichteten Schraubendruck, vermehrt durch die Eigengewichte der axial beweglichen Teile, auf eine außenstehende Wage überträgt. Es ist eine gewöhnliche, eiserne Dezimalwage, die zu leichterer Beobachtung nur mit einer die Ausschläge stark vergrößernden Zeigervorrichtung versehen wurde. Da die Schrauben, wie erwähnt, in der Regel nach unten drückend betrieben werden, so bewirkt ihr Axialschub eine Vergrößerung der zuvor durch Zusatzgewichte

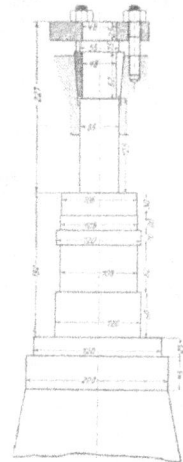

Fig. 5.

abgeglichenen, auf den Balken drückenden Totlasten. Werden die Schrauben ausnahmsweise nach oben ziehend betrieben, so erleichtert der Axialschub die Wage und die Wägung erfolgt dann durch Hinzulegen von Gewicht-

stücken auf die Brücke. Der Druck der äußeren Schraubenwelle kann nach Wunsch auch durch ein Spurlager am
Gehäuse (oberhalb des Zahnradgetriebes) abgefangen
werden; dessen untere Schale braucht nur durch drei
Druckschrauben um einige Millimeter gehoben zu werden.
So kann bei Untersuchung gegenläufiger Schraubenpaare
also auch der Schub jeder einzelnen für sich bestimmt
werden. Die Wage wurde, da der von den Schrauben
erzeugte Luftzug sie etwas beeinflußt, mit einem hölzernen
Schutzgehäuse umkleidet (in der Zeichnung nicht dargestellt). Zur Beruhigung von stets mehr oder weniger heftig
auftretenden Schwingungen wurde die Wagschale durch
einen dünnen Stab mit einer in einen darunter gestellten
Flüssigkeitsbehälter untergetauchten Blechscheibe verbunden, die als Flüssigkeitsbremse wirkt. Bei manchen Versuchen ließ sich die Wage trotzdem noch nicht zu ruhigem
Einspielen bringen, sondern fiel, weil das Wägesystem
nahezu labil war, von einer Grenzlage immer gleich in
die entgegengesetzte. Durch die in Fig. 3 vorn sicht-
bare Zusatzfeder, die zugleich einen Teil der Totlast aufnimmt, wurde dem System eine größere Stabilität gegeben. Die Feder war indessen bei den meisten Versuchen entbehrlich und wurde dann nicht benutzt, weil
die auf sie wirkenden Temperatureinflüsse einige Auf-
merksamkeit verlangten.

Zur Messung der Umlaufzahlen diente in der Regel
ein einfaches Handtachometer (Morell, Leipzig), das, für
drei Meßbereiche einstellbar, für alle vorkommenden
Umlaufzahlen ausreicht. Es wurde bei den Versuchen
stets auf einem festen Ständer aufgestellt und durch
einen Draht (als biegsame Welle) unmittelbar mit dem
Rädervorgelege verbunden. Es zeigt also stets die
2,5fache Drehzahl der Schrauben an. Zur Prüfung wird
bei vielen Versuchen gleichzeitig die Drehzahl des
Elektromotors durch Handzähler und Stoppuhr gemessen.
Beide Ablesungen stimmten stets im Verhältnis der
Riemenscheibendurchmesser bis auf wenige, dem Riemen-
schlupf entsprechende Tausendstel überein; irgendwelche
Berichtigung der Tachometeranzeige war daher niemals nötig.

Die ursprüngliche Einrichtung zur Bestimmung der
auf die Schrauben wirkenden Drehmomente erwies sich
aus schwer vorherzusehenden Gründen leider für viele
Fälle als unzureichend. Der von Dr.-Ing. Bauersfeld
angegebene »optische Torsionsindikator« löst die Aufgabe an sich vollkommen, die Verdrehungen der beiden,
ineinander steckenden Wellen durch feine Spiegelab-
lesung sehr genau zu messen. Die Vorrichtung war von
der optischen Anstalt Karl Zeiß, Jena, für diesen Zweck
eigens ausgearbeitet und uns mit allem Zubehör zum
Geschenk gemacht worden. Die vorzüglich ausgeführte
und als solche ausgezeichnet wirkende Vorrichtung stellt
eine hervorragende Leistung optischer und mechanischer
Präzisionsarbeit von beträchtlichem Werte dar. Der genannten Firma sei auch an dieser Stelle unser lebhafter
Dank dafür wiederholt. Daß der Apparat seinem Zwecke
bei uns nicht genügte, lag daran, daß die Ablesung der
Verdrehungen nur an einem Punkte jedes Wellenum-
gangs erfolgt. Es treten in der Regel Torsionsschwingungen auf, die also nur an zufällig herausgegriffenen
Punkten beobachtet werden. Bei niedrigen Umlaufzahlen
und großen Drehkräften waren trotzdem einwandfreie
Messungen möglich, wie sich durch vielfache Wiederholungen mit gewissen Änderungen der Verhältnisse nach-
weisen ließ. Bei höheren Drehzahlen erwies sich aber
richtige Bestimmung der mittleren Verdrehungswerte aber
in den meisten Fällen unmöglich. Nach eingehenden
Versuchen und nach Beseitigung anderweitiger, weniger
schwerwiegender Mängel, die zunächst ein abschließendes

Urteil hinderten, mußten wir es schließlich aufgeben,
hiermit zum Ziele zu kommen.

Ersatz zu schaffen war bei der fertig vorhandenen
Anlage recht schwierig. Es ist, freilich nicht ohne beträchtlichen Zeitverlust, recht befriedigend gelungen. Bei
den bekannten Dynamometerarten waren teils ähnliche
Fehler zu befürchten, da sie vielfach auch auf punkt-
weiser Ablesung beruhen. Die sonst in Frage kommenden waren an der gegebenen Maschine auf keine Weise
unterzubringen.

Eingehend überlegt wurde die naheliegende Möglichkeit der Leistungsmessung aus dem Stromverbrauch
des Elektromotors; dieser Gedanke mußte aber ganz
fallen gelassen werden. Die weitläufige Kraftübertragung
durch Riemen- und Zahnradgetriebe, die, wie auch der
Elektromotor selbst, für die höchsten vorkommenden Beanspruchungen bemessen sind, bedingt zu große, nicht
kontrollierbare und nicht gleich zu haltende Arbeitsverluste. Einzelne Lager neigten ohnehin zum Heiß-
laufen. Bei den günstigen, flachen Flügelstellungen der
schon recht großen Schrauben von 3,6 m Durchmesser
beträgt die Antriebsleistung oft viel weniger, als die
elektrischen und mechanischen Leergangswiderstände; der
Motor arbeitet dann mit weniger als 10 v. H. seiner
Normalbelastung, wobei also sein Wirkungsgrad sehr
veränderlich ist.

Das Drehmoment durch eine Lagerreaktion abzu-
wägen, wie bei den Raddruck-Dynamometern, war nicht
möglich, weil kein Lager beweglich gemacht werden
konnte. Das schöne Renardsche Verfahren zu benutzen,
wurde auch in Erwägung gezogen, wobei das Drehmoment
des Luftwiderstandes durch seine Reaktion auf das ganze
Gehäuse der Antriebsmaschine gemessen, also auch eine
stillstehende Wägungsvorrichtung benutzt wird. Dabei
hätte aber die ganze Versuchsmaschine um die Schraubenachse drehbar auf Rollen gestellt werden müssen mit
dem Elektromotor dazu, was bei Ersatz des Riemens
durch ein Stirnräderpaar immerhin denkbar war, sich
aber bei den großen umlaufenden Massen doch verbot.
Bei hohen Umlaufzahlen sind die Erschütterungen trotz
schwerer Fundamente ohnehin schon recht merklich.

So blieb nur die Einschaltung einer mitumlaufenden
Wägevorrichtung, eines neuen Dynamometers, das unter
recht schwierigen Bedingungen konstruiert und erprobt
werden mußte; eine höchst unerwünschte, bei der Sach-
lage aber unumgängliche weitere Vorarbeit, die uns erhebliche Zeit aufgehalten hat.

Hier sei nur kurz erwähnt, daß das neue Dynamometer auf einer Vereinigung von Feder- und hydraulischer
Preßkolbenwirkung beruht, deren keine bei den gegebenen
Raumverhältnissen und den sonstigen Bedingungen für
sich allein anwendbar war. Das Drehmoment wird hauptsächlich durch einfache, kurze Schraubenfedern an Stelle
der erwähnten Mitnehmerarme zwischen dem Kegelrad-
getriebe der Versuchsmaschine übertragen, und deren
Durchbiegung wird durch eine mitumlaufende Meßdose,
die nur einen kleinen Teil der Umfangskraft aufnimmt,
außen an einer einfachen Flüssigkeitssäule angezeigt. Die
hydraulische Druckübertragung gibt eine beliebig kräftige
Dämpfung und sehr bequeme Ablesung. Der Ausschlag
der Flüssigkeitssäule geht bis 1,6 m, die Empfindlichkeit
ist entsprechend sehr groß. Durch rasches Austauschen
der Meßfedern wird das Meßbereich dem jeweiligen
Bedürfnis angepaßt, wodurch die Empfindlichkeit bis zu
sehr kleinen Drehmomenten herab gleich gut bleibt.
Drehmomente von wenigen mkg können noch mit gleicher
Sicherheit bestimmt werden, wie die größten zulässigen
von 160 mkg; ein weites Meßbereich ist bei allge-

meinen Schraubenuntersuchungen geradezu unerläßliche Bedingung.

Die Versuche sind durchweg mit diesem neuen Dynamometer ausgeführt worden. Der auf statische Weise sehr genau geeichte optische Torsionsindikator, der durch die Änderung an sich unberührt blieb, diente bei niedrigen Umlaufzahlen mit großen Flügeln in Breitstellung, wo die Torsionsschwingungen erfahrungsgemäß keine Fehler verursachten, zur Bestimmung der absoluten Maßstäbe des neuen Dynamometers. Diese stimmten mit der theoretischen Berechnung gut überein, die aber in einigen Punkten auf nicht ganz sicheren Konstanten beruhte und deshalb einer Bestätigung bedurfte. Auch einige Vorversuche an einer Bremsvorrichtung auf einer allerdings nur für geringe Leistungen genügenden Drehbank hatten gleiche Resultate ergeben. Unmittelbare Eichung des fertig eingebauten Dynamometers durch Bremsung haben wir bisher vermieden, weil die Anbringung eines genügenden Bremszaums oben auf stehender Welle an Stelle der Schrauben recht umständlich und teuer ist. Es wäre aber wünschenswert, das noch nachzuholen, um die absolute Höhe der relativ zueinander sehr genau übereinstimmenden Drehmomente ganz außer Zweifel zu stellen.

Versuchsplan.

Gegenüber der Mannigfaltigkeit unseres Problems ist ein klarer Versuchsplan von größter Wichtigkeit.

Theoretische Anhaltspunkte für zweckmäßigstes Vorgehen zum Auffinden wirksamster Schraubenformen sind wenig vorhanden. Die weiterhin den Vergleichsrechnungen zugrunde gelegte Theorie gibt über Einzelfragen der Formgebung keinerlei Aufschluß. Die zur Berechnung von Treibschrauben aufgestellten Theorien (Drzewiecki, Eberhardt u. a.) beruhen auf notgedrungen gemachten Annahmen über eben die Fragen, die erst geklärt werden sollen.

Demnach haben wir im wesentlichen empirisch vorzugehen. Das kann systematisch oder durch vermutungsweises Probieren geschehen. Systematisches Vorgehen erweist sich bei der Zahl der in Frage kommenden Formverschiedenheiten, die sich gegenseitig unübersehbar beeinflussen, als recht langwierig. Beim Probieren kommt man rascher zu praktisch brauchbaren Formen, kaum aber zur Erfüllung unserer Aufgabe, maßgebende Gesetzmäßigkeiten aufzusuchen. Man erfährt wohl für eine Anzahl mehr oder weniger glücklich herausgegriffener Formbeispiele, was sie leisten, nicht aber in welcher Richtung weitere Verbesserungen zu suchen, welche konstruktiven Abweichungen schädlich oder unschädlich sind usw.

Das probeweise Vorgehen ist der selbstverständliche Weg für die praktische Luftschiffahrt. So hat sich auch die Technik der Schiffsschraube entwickelt, die noch bis heute nicht auf den Punkt gekommen ist, den die auf höchste Ökonomie viel stärker angewiesene Luftschiffahrt anstreben muß: mit Sicherheit die wirksamsten Formen für bestimmte Anwendungsfälle auffinden zu können. Im Sinne unserer Aufgabe wäre also ein systematisches Vorgehen vorzuziehen; wir müssen mindestens überlegen, ob es durchführbar ist. Das hängt zunächst von der Beschaffung der Versuchsobjekte ab.

Gute, leichte Luftschrauben werden heute meist ganz starr in einem festen Stück hergestellt, ohne einstellbare Flügel. Verstellt man bei schraubenförmig verwundenen Flügeln die Steigung, so ist doch die Verwindung nicht mehr richtig, die Form ist vielleicht praktisch verbessert, aber grundsätzlich unklar. Klare Vergleichsversuche verlangen also im allgemeinen für jeden Versuch einen neuen Versuchskörper.

Elastische Schrauben, die gleichfalls große Vorzüge haben, begegnen von unserem Standpunkt dem Einwand, daß man ihre Form im Betriebe nicht kennt. Wir untersuchten kürzlich ein Paar neuer Parseval-Flügel, wobei sich zeigte, daß sie ihre Wirkung mit dem Gebrauch fortschreitend verstärkten; der anfänglich straffe Bespannungsstoff wölbte sich nämlich allmählich. Solche Unklarheiten müssen wir zu vermeiden suchen.

Die Herstellung fester Luftschrauben ist nicht ganz einfach. Solange keine ausgebildete Technik vorhanden ist, kann man Luftschrauben nicht, wie andere Maschinenteile, schlechtweg nach Zeichnungen in der Fabrik bestellen. Ihre Anfertigung erfordert eine Zeitlang persönliche Anleitung oder gar Mitarbeit des Bestellers. In Lindenberg liegen die Verhältnisse dafür, wie überhaupt für Beschaffung ungewöhnlicher Versuchsgegenstände, nicht günstig; denn ein Besuch im nächsten Fabrikort — Berlin — kostet einen ganzen Arbeitstag[1]).

Die Herstellungskosten sind auch an sich zu hoch, um Hunderte von festen Schrauben anschaffen zu können, wie wir sie in einem Jahre gebraucht hätten. (Unsere bisherigen Versuche mit verstellbaren Schrauben repräsentieren mehrere Hundert fester Formen.) Ein Versuch ist ja, seitdem die Meßeinrichtungen in Ordnung sind, in kaum einer Stunde erledigt. (Messung der Kräfte bei einer Reihe verschiedener Umlaufzahlen).

Versuche mit festen Schrauben kommen also fürs erste gar nicht in Frage. Wir müssen mit verstellbaren Schrauben arbeiten. Darauf ist unsere Anlage auch von vornherein eingerichtet. Kleine, leichte Schraubennaben lassen sich an den Wellenköpfen der Versuchsmaschine gar nicht ohne weiteres anbringen (vgl. Fig. 3 und 5). Dem wäre wohl abzuhelfen. Aus obigen Gründen müssen wir aber bei systematischem Vorgehen auf die Ausbildung praktisch vorteilhafter Konstruktionen und auf Versuche bezüglich geringen Eigengewichtes der Schrauben ohnehin verzichten. Wir legen Wert darauf, vorab klarzustellen, daß sich beides schlechterdings nicht vereinigen läßt.

Zur Aufstellung des Planes zu systematischem Vorgehen müssen wir uns zunächst einen Überblick der in Betracht kommenden Verschiedenheiten der geometrischen Formen verschaffen.

Wesentlich verschieden, auch in der experimentellen Behandlung, sind Formen mit schmalen Flügeln, wie in der Praxis allein gebräuchlich, und solche mit breiten, einen größeren Teil des Schraubenkreises bedeckenden Flügeln. Beschränken wir uns zunächst auf die ersteren. Beträgt die Breite nicht mehr als etwa bis zu einem Viertel des Durchmessers, so kann man sie über den Radius konstant lassen. Daraus ergibt sich die ungefähre Grenze zwischen diesen Gruppen.

Im einzelnen setzen sich die Formen materieller Schrauben aus einer großen Anzahl von Elementen zusammen, die teilweise geometrisch voneinander abhängen und aerodynamisch in Wechselwirkung miteinander stehen. Eine mathematisch einfach bestimmbare Form, z. B. eine reine Schraubenfläche, kann man immer höchstens für eine Seite der Schraubenflügel vorschreiben. Bei Schiffspropellern die Druckseite eine reine Schraubenfläche, die Saugseite entsteht durch Auftragung der erforderlichen Materialstärke nach einem segmentförmig gewölbten Querschnitt mit mehr oder weniger scharfen Kanten. Eine solche Schraube läßt

---

[1]) Lindenberg liegt 75 km von Berlin, an der Nebenbahn Königswusterhausen—Beeskow. Man erreicht Berlin in rund drei Stunden.

sich durch Angabe von Durchmesser, Steigung und abgewickelter Druckfläche immerhin noch leidlich genau kennzeichnen.

Es ist aber eine nicht beweisbare und wahrscheinlich nicht ganz zutreffende Vermutung, daß gerade die reine Schraubenform für die Druckseite besonders günstig sei. Im allgemeinen Falle hat man es mit Formen zu tun, bei denen die Steigung weder radial noch tangential konstant ist. Bei tangential konstanter Steigung ist die sich an die Schraubenlinie anschließende Begrenzung des Flügelprofils praktisch geradlinig. Bei »tangential veränderlicher« Steigung ist auch diese Seite gewölbt. Nach dem, was im Schiffbau durch lange Erfahrung bewährt ist, hätte man zwar von Wölbung der Druckseite keinen Vorteil zu erwarten. Im Schiffbau wird aber auch die Wölbung der Rückenfläche nur als notwendiges Übel in Kauf genommen und ihre Form wenig beachtet. Wir wissen anderseits aber, daß bei Drachenflächen die Wölbungen entscheidenden Einfluß auf die geweckten Luftkräfte haben und müssen uns auch bei Luftschrauben darauf gefaßt machen. Die Wölbung der Rückenfläche ist, wie wir von hydrodynamischen Überlegungen her wissen, jedenfalls von erheblicher Bedeutung und es ist keineswegs sicher, daß die reine Schraubenform, wenn man sie ohne Dicke erproben könnte, die besten Wirkungen geben würde.

Unserer Aufgabe entsprechend müssen wir uns also schon zu einer weiter ins einzelne gehenden Differenzierung und Festlegung der geometrischen Formen entschließen. Das ist um so wichtiger, als gerade die Abweichungen von der reinen Schraubenform die Punkte sind, in denen theoretische Ansätze und Berechnungsmethoden, wie die erwähnten, keinerlei Aufschluß geben können.

Bei einem beiderseits gewölbten Flügel ist schon eine ganze Anzahl von Maßangaben nötig, um nur die Profilform hinreichend festzulegen. Entsprechend sind schon hierbei viele Formverschiedenheiten möglich, über deren Einfluß wir von vornherein nicht viel aussagen können. Sicher ist nur, daß ein schlanker und scharfer Verlauf nach der austretenden Kante hin jedenfalls von großem Vorteil ist. Nach hinten stumpf abschließende Formen scheiden wir also ohne weiteres aus. Stumpfe Abrundungen vorn sind dagegen nicht nur konstruktiv vorteilhaft, sondern vielleicht auch hydrodynamisch günstiger als scharfe Eintrittskanten, die eher zu schädlichen Wirbelbildungen Anlaß geben können.

Im allgemeinen Falle haben wir es also mit Profilen von dem in Fig. 6 dargestellten Typus zu tun, sofern

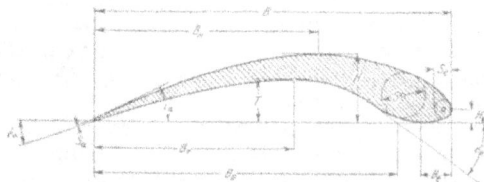

Fig. 6.

die Flügelbreite im Verhältnis zum Durchmesser klein ist, wie das bei der heute für Treibschrauben gebräuchlichen Grundform stets zutrifft. Die Wölbungen sind in Fig. 6 übertrieben, um das Grundsätzliche mehr hervortreten zu lassen.

Die Maße nach der Berührungssehne der Druckfläche zu orientieren empfiehlt sich aus praktischen Gründen. Grundsätzlich hat diese Linie keine besondere Bedeutung. Man könnte den Umriß natürlich punktweise durch Ko-ordinatenangabe beliebig genau festlegen. Wir haben es aber vorgezogen und halten es für ausreichend, die drei Kurvenstücke, die den Umriß bilden, durch je drei ausgezeichnete Punkte und die Richtungswinkel der zugehörigen Tangenten zu bezeichnen. So geben nämlich die Maßzahlen zugleich die hauptsächlichsten Merkmale der Form an, während reine Koordinatenangaben die eigentlichen Längen- und Winkelmaße nur mittelbar enthalten.

Druck- und Rückenfläche sind also bezeichnet durch die zugehörigen Austrittswinkel δ_a und ε_a, deren Unterschied den hinteren Zuschärfungswinkel angibt; ferner durch die größten Wölbungshöhen T bzw. H, wo die Tangenten der Sehne parallel sind, und die Abstände der betreffenden Punkte von der Hinterkante; schließlich die Druckfläche durch Richtung (δ_e) und Lage der Tangente in dem Wendepunkte, wo die vordere Abrundung beginnt. Die Lage der Wendepunktstangente ist durch die Entfernung B_D ihres Schnittpunktes mit der Sehne von der Hinterkante bestimmt. B_D kann man zugleich als die Länge der Druckfläche betrachten. Die Saugfläche erstreckt sich stets über die ganze Flügelbreite B. Für sie ist noch der vorderste Punkt mit senkrechter Tangente festgelegt (H_e). Somit ist die Abrundungskurve auch schon durch zwei Punkte und Tangenten bezeichnet; als dritter tritt ihr Berührungspunkt mit der Sehne (B_e) hinzu.

Man überzeugt sich leicht, daß diese geometrisch zwar nicht ganz genaue Art, die Umrißkurven zu bezeichnen, praktisch nicht viel Spielraum zu willkürlichen Unterschieden läßt. Die Genauigkeit entspricht durchaus den bei der Herstellung solcher Flügel doch nicht ganz zu vermeidenden kleinen Abweichungen. Daß die Krümmungsänderungen stetig verlaufen sollen, ist natürlich vorausgesetzt.

Außerdem sind noch drei Maße hinzugefügt, die für die Dicke des Flügels kennzeichnend sind. S ist der Durchmesser des größten Kreises, den man in das Profil einzeichnen kann; S_e der Krümmungsdurchmesser am vordersten Punkte und S_a die Dicke der Austrittskante, die sich praktisch meist nicht bis auf Null zuschärfen läßt. Zu S würden wir die Mittelpunktskoordinaten hinzufügen, wenn ihre Bestimmung nicht oft zu unsicher wäre, da die Dicke meist über ein längeres Stück fast gleich bleibt.

Ist ein Flügel vorn scharf, so werden die Maße der vorderen Abrundung zu Null; ist die Druckfläche eben, so entfallen T und B_T usw.

Derartige etwas umständliche und nicht einmal ganz befriedigende Festsetzungen dürften bei näherer Beschäftigung mit solchen Formen bei Schrauben- wie übrigens auch bei Drachenflügeln kaum zu umgehen sein, die sich eben nicht einfach und reinlich auf eine Formel bringen lassen.

Bei den praktisch benutzten Schrauben ist nun die Profilform auf verschiedenen Radien durchaus nicht die gleiche. Man verjüngt stets die Dicken nach außen hin, was konstruktiv selbstverständlich geboten und aerodynamisch wahrscheinlich vorteilhaft, für systematische Vergleiche aber sehr erschwerend ist; denn dadurch werden sämtliche Profile so verändert, daß sie sich nicht einmal ähnlich bleiben. Man muß dann zu vollständiger Kennzeichnung einer Flügelform eine ganze Reihe von Querschnitten auf verschiedenen Radien festlegen.

Ähnliches gilt von der äußeren Abrundung des Flügelumrisses, die wahrscheinlich die Wirbel am Umfange des Reaktionsstrahles vorteilhaft vermindert.

Für uns empfiehlt es sich aber entschieden, diese Vorteile zunächst außer acht zu lassen und Versuchs-

Tabelle 2. Übersicht der wichtigsten Profilverschiedenheiten.

Nr.	Form	Hinterkante Zuschärfung δ Grad	Dicke S/B	Wölbungen Saugseite Form	Wölbungen Druckseite Form	Vorder- kante	Wölbungsmaß bzg. auf Druckseite T/B	Anzahl der Variationen
1		5°, 10°, 20°	$\dfrac{1}{20}$	eben	eben	scharf	o	3
2		10°	$\dfrac{1}{20}$, $\dfrac{1}{15}$, $\dfrac{1}{10}$, $\dfrac{1}{8}$	eben	eben	gerundet	o	4
		3°, 5°, 20°	$\dfrac{1}{20}$	eben	eben	gerundet	o	3
3		versch.	$\dfrac{1}{20}$, $\dfrac{1}{15}$, $\dfrac{1}{10}$, $\dfrac{1}{8}$	Kreis	eben	scharf	o ($H/B = S/B$)	4
		∞ konst.	$\dfrac{1}{20}$	Kreis	Kreis	scharf	$\dfrac{1}{50}$, $\dfrac{1}{30}$, $\dfrac{1}{20}$, $\dfrac{1}{15}$, $\dfrac{1}{10}$	5
4		∞ konst.	$\dfrac{1}{20}$	para- bolisch	Kreis	scharf	o $\dfrac{1}{50}$, $\dfrac{1}{30}$, $\dfrac{1}{20}$, $\dfrac{1}{15}$, $\dfrac{1}{10}$	6
5		∞ konst.	$\dfrac{1}{20}$	para- bolisch	Kreis	gerundet	$\dfrac{1}{50}$, $\dfrac{1}{30}$, $\dfrac{1}{20}$, $\dfrac{1}{15}$, $\dfrac{1}{10}$	5
6		∞ konst.	$\dfrac{1}{20}$	para- bolisch	para- bolisch	scharf	$\dfrac{1}{50}$, $\dfrac{1}{30}$, $\dfrac{1}{20}$, $\dfrac{1}{15}$, $\dfrac{1}{10}$	5
7		∞ konst.	$\dfrac{1}{20}$	para- bolisch	para- bolisch	gerundet	$\dfrac{1}{50}$, $\dfrac{1}{30}$, $\dfrac{1}{20}$, $\dfrac{1}{15}$, $\dfrac{1}{10}$	5

flügel mit radial gleichen Profilen zu vergleichen. Nur durch solche Vereinfachungen der verwickelten Zusammenhänge ist Einblick in die Einflüsse der einzelnen Unterschiede zu gewinnen. Später müssen dann durch herausgegriffene Proben die durch Verjüngung und Abrundung erzielbaren Vorteile untersucht werden.

Lassen wir bei radial gleichen Profilen zunächst auch deren Stellungswinkel gegen die Drehebene, praktisch gekennzeichnet durch die Neigung (α_s) der Sehne, über alle Radien (r) gleich, so erhalten wir prismatische oder »gerade« Flügel, bei denen Hand in Hand mit den verschiedenen Profilen als wichtigste Veränderlichkeit stets der Verlauf der Leistungsgrößen bei verschiedener Stellung α_s zu untersuchen ist.

Wir nehmen weiterhin aber bald radial veränderliche Stellungswinkel hinzu, wobei im allgemeinen die inneren Profile steiler stehen als das äußerste auf dem größten Radius R, gegen dieses also eine wachsende Verdrehung besitzen. Der reinen Schraubenform mit konstanter Steigung (H) entspricht eine Verdrehung nach dem Gesetz:

$$r \tang \alpha = \frac{H}{2\pi} = \text{konst.}$$

Experimentell einfach durchführbar sind, wie sich zeigen wird, Versuchsreihen mit Flügeln, die nach dem Gesetz $\sin \alpha = A + B \cdot r$ verdreht werden. Darin kommt die reine Schraubenform zwar nicht genau, aber praktisch doch mit solcher Annäherung vor, daß man sich wohl damit begnügen kann. Anderseits kommt auch die Form mit konstantem α ($B = 0$) darin vor. Zur Variierung des Flügelwinkels tritt also noch diejenige der Verdrehung ($\alpha_i - \alpha_a$) hinzu, wenn α_i die Sehnenneigung auf einem inneren Radius bedeutet (wäre der Radius des Druckmittelpunktes am Flügel ohne

weiteres bestimmbar, so wären die Verdrehungen besser von hier aus zu messen).

Schließlich kommen noch Schrägstellungen der Flügelachse gegen die Drehebene in Frage (entsprechend Schräglage der Erzeugenden bei reinen Schraubenflächen).

Die abgewickelte Flügelbreite B ist bei radial gleichen Profilen natürlich konstant. Das ist auch bei den gebräuchlichen schmalflügligen Treibschrauben meist annähernd der Fall. Man kann annehmen, daß die Umrißform, von der Spitzenausbildung abgesehen, an sich keinen großen Einfluß hat.

Daß die Flügelneigung bzw. die Steigung für die Schraubenwirkung von entscheidendem Einfluß ist, liegt auf der Hand. Versuchsreihen mit veränderlicher Steigung sind bisher aber, soweit bekannt, nur in einem Falle in wenigen groben Stufen ausgeführt worden; mit Variation der Verdrehungen ist bislang überhaupt noch nicht experimentiert worden. Wir haben diesen Punkten deshalb besondere Beachtung gewidmet.

Auch Versuche mit planmäßiger Variierung der Profile liegen noch von keiner Seite vor. Wir versuchen deshalb hier sogleich noch eine Übersicht der zur Untersuchung in Frage kommenden Profilformen zu geben. Über die Auswahl und Gruppierung läßt sich natürlich streiten. Manche Vermutungen sind absichtlich außer acht gelassen. Reinliche Klassifizierung ist nicht möglich.

In Tabelle 2 sind sieben der Art nach verschiedene Typen aufgestellt, die die praktisch in Frage kommenden Möglichkeiten einigermaßen decken dürften. Sie müssen im einzelnen noch nach Dicken-, Winkel- oder Wölbungsmassen abgestuft werden, etwa in der aus der beigegebenen Aufstellung ersichtlichen Weise. Dann sind es im ganzen rund 40 Profile, die allmählich durchzunehmen wären. Die Unterscheidungsmerkmale der Typen, scharfe oder gerundete Eintrittskanten, ebene, kreisförmig oder parabelartig gewölbte Flächen usw. geben natürlich zu Zwischenformen noch weiten Raum. Die Versuche müssen ergeben, ob noch solche aufzunehmen und wo anderseits von jenen 40 Formen einige oder einige Gruppen ausgeschaltet werden können. Die Dicke S ist zunächst nur in zwei Fällen variiert, bei den übrigen auf das konstruktiv nötige Mindestmaß beschränkt gedacht. Wie schon bemerkt, ist es nicht ohne weiteres sicher, daß das aerodynamisch günstig ist. Daher scheint es unbedenklich, bei den durchzuprüfenden Formen zunächst eine verhältnismäßig große Dicke zuzulassen. Das ist nötig, wenn man mit radial gleichbleibender Profilform arbeiten will, da man dann die an der Flügelwurzel der Festigkeit wegen erforderliche Dicke nach außen hin beibehalten muß.

Die Breite B des Flügelprofils bei der prismatischen Grundform über $^1/_8$ bis äußerstens $^1/_2$ des Radius R zu steigern, hätte keinen Sinn. Bei größeren Breiten sind die Flügel vernünftigerweise sektorförmig zu gestalten (wenigstens an der Wurzel). Man gelangt dann zu einer ganz anderen Grundform mit breiten Flügeln und großer Flächenbedeckung. Die zahlreichen Möglichkeiten, die sich hierbei weiter eröffnen, sollen zunächst nicht weiter verfolgt werden. Auch von den Fällen mit mehr als zweiflügeligen und zusammengesetzten Schrauben sehen wir vorerst ab. Die Betrachtung der im Bereiche der schmalen Flügel liegenden Änderungsmöglichkeiten hat schon ein so umfangreiches Arbeitsfeld eröffnet, daß es geboten scheint, auf Abkürzung des sich aus obiger Entwicklung ergebenden Versuchsprogramms auszugehen und gegenüber dem theoretisch Wünschenswerten das praktisch Durchführbare und in mäßiger Zeit Erreichbare zu berücksichtigen. Man muß dann verschiedentlich Kompromisse schließen.

Bevor wir zum praktischen Vorgang kommen, müssen wir uns indessen noch darüber Rechenschaft geben, in welcher Weise wir die Versuchsergebnisse vergleichen und beurteilen wollen; denn auch das ist bei unserem Problem keineswegs ganz einfach.

Die vergleichende Bewertung der Versuchsergebnisse.

Da eine gute Luftschraube stets aus einem Kompromiß zweier sich widerstreitender Vorteile hervorgeht, ist die Bewertung ihrer Güte nach einem einheitlichen Vergleichsmaßstab nicht möglich. Die Schraube soll erstens eine gute Ausnutzung der aufgewandten Antriebsleistung geben, d. h. einen hohen Axialschub auf die Pferdestärke; sie darf zweitens nicht übermäßig groß und schwer sein, d. h. ihre Flächenausnutzung oder der Axialschub auf die Flächeneinheit darf nicht zu klein sein. Bei allen Schrauben sinkt aber stets die Kraftausnutzung mit steigender Flächenausnutzung und umgekehrt. Wo die günstigsten Werte liegen, das hängt von den Verwendungsbedingungen im einzelnen Falle ab, je nach der größeren oder kleineren Bedeutung guter Kraft- oder guter Raumausnutzung. Für uns kommt es also hauptsächlich darauf an, dem Konstrukteur die Unterlagen zur Entscheidung im Einzelfalle in möglichst einfacher und übersichtlicher Form an die Hand zu geben.

Zur Bewertung nach der Kraftausnutzung werden wir eine neue, sehr einfache und übersichtliche Beziehung zugrunde legen, die sogleich abgeleitet werden soll. Für die Bewertung nach der Flächenausnutzung benutzen wir

eine in der Hauptsache zuerst von Prof. S. Finsterwalder (1906 in privaten Mitteilungen an uns) begründete, seither im Austausch mit Prof. Prandtl vervollständigte Theorie.

Wir beschränken uns hier auf den für unsere Versuche allein in Frage kommenden Fall der am festen Punkt in ruhender Luft betriebenen Schraube. Die Anwendung auf Treibschrauben haben wir schon bei anderer Gelegenheit dargelegt.[1]

Der Axialschub P und die Antriebsleistung L wachsen in verschiedener Weise mit der Umlaufzahl; diese nämlich mit um eine Einheit höherer Potenz als jene. Die Kraftausnutzung P/L nimmt also für ein und dieselbe Schraube ganz verschiedene Werte an und kann an sich nicht als Vergleichsmaß dienen. Wir können den maßgebenden Bestandteil in P/L aber leicht herausschälen, indem wir L in seine Faktoren, Drehmoment M und Winkelgeschwindigkeit $\overline{\omega}$, zerlegen. Es ist also

$$\frac{P}{L} = \frac{P}{M \cdot \overline{\omega}}.$$

P und M hängen nun stets dadurch in einfacher Weise zusammen, daß sie die in axialer und in tangentialer Richtung genommenen Komponenten der am Schraubenflügel angreifenden Mittelkraft des Luftwiderstandes enthalten. Wir wissen nun im allgemeinen, daß die Luftkräfte bei zunehmenden Geschwindigkeiten, während sie an Größe wachsen, ihre Richtung und Lage nicht verändern und, was daraus zu schließen ist, daß das aerodynamische Strömungssystem sich bei verschiedenen Geschwindigkeiten geometrisch ähnlich bleibt. Daraus folgt unmittelbar, daß das Verhältnis P/M für die gleiche Schraube einen bei allen Winkelgeschwindigkeiten festbleibenden Wert hat. Denken wir uns nun dieselbe Schraube in anderem Maßstabe geometrisch ähnlich hergestellt, so können wir weiterhin die Annahme machen, und wir werden sie durch Versuche bestätigt finden, daß auch dann geometrisch ähnliche Luftbewegungssysteme entstehen werden. Die Größe P/M hat, da M das Produkt einer Kraft in eine Länge darstellt, die Dimension $1:$ Länge. Folglich verhalten sich die Werte P/M bei ähnlichen Systemen umgekehrt wie die Längen. Wählen wir als bezeichnendes Längenmaß den Radius R der Flügelspitzen, so können wir also schreiben

$$\frac{P}{M} = \frac{\text{konst.}}{R} \quad \text{oder} \quad \frac{P}{M} \cdot R = \text{konst.} = C.$$

Die Kraftausnutzung wird nun für die ganze Schar ähnlicher Schrauben:

$$(I) \quad \ldots \ldots \quad \frac{P}{L} = \frac{P}{M\overline{\omega}} = \frac{C}{R \cdot \overline{\omega}},$$

oder, wenn wir die Umfangsgeschwindigkeit $u = R \cdot \overline{\omega}$ einführen,

$$(Ia) \quad \ldots \ldots \quad \frac{P}{L} = \frac{C}{u}.$$

Die Kraftausnutzung ist also bei einer Schar ähnlicher Schrauben gleich, wenn sie mit gleicher Umfangsgeschwindigkeit gedreht werden, und sie sinkt proportional mit wachsender Umfangsgeschwindigkeit. Abgelöst von dieser allgemeinen Gesetzmäßigkeit gibt die Größe $C = \frac{P}{M} \cdot R$ den einfachsten und sehr bequemen Vergleichsmaßstab für die einem bestimmten Schraubentypus eigene Kraftausnutzung.

---

[1] Zeitschr. d. Vereins Deutscher Ingenieure 1910, S. 790 u. f.

Die hierin liegende Erkenntnis war schon in den gewissermaßen klassischen, besonders im Ausland viel benutzten Vergleichsformeln von Ch. Renard enthalten. Durch Verquickung mit den hier ausgeschiedenen, auch dort vorausgesetzten Gesetzmäßigkeiten ergaben sich aber verwickelte und in ihrem Verlauf schwer zu übersehende Exponentialausdrücke.

Aus der Gleichung (Ia) ergibt sich, daß die Kraftausnutzung sich dem Wert unendlich nähert, wenn die Umfangsgeschwindigkeit auf Null herabsinkt. Eine theoretische Grenze ist der Kraftausnutzung also nicht gezogen. Aber auch für den Wert der Konstanten C gibt es, wie weiterhin gezeigt wird, keine theoretische Grenze. Er kann im Falle einer idealen Schraube unendlich große Werte annehmen.

Die Beziehung (I) ist nicht abhängig von einer Voraussetzung über das Gesetz, nach welchem die Luftkräfte mit der Winkelgeschwindigkeit zunehmen. Dem Weiteren stellen wir aber zweckmäßig die bei den Versuchen natürlich stets nachzuprüfende, im allgemeinen aber zutreffende Annahme voran, daß die Widerstandsmittelkraft und darum auch P und M mit dem Quadrat der Winkelgeschwindigkeit wachsen. Die Proportionalitätsgrößen in den entsprechenden Ausdrücken nennen wir $\mathfrak{P}$ bzw. $\mathfrak{M}$, schreiben also

$$P = \mathfrak{P} \cdot \omega^2; \quad M = \mathfrak{M} \cdot \overline{\omega}^2.$$

Bei den Versuchsberechnungen ersetzen wir hierin später $\overline{\omega}$ durch die minutliche Drehzahl n, bzw. um unbequeme Dezimalen zu ersparen, durch $\frac{n}{100}$. Da P und M außerdem, wie die Luftkräfte bekanntlich im allgemeinen, der Dichtigkeit der Luft proportional sind, so reduzieren wir $\mathfrak{P}$ und $\mathfrak{M}$ immer sogleich auf eine mittlere Dichtigkeit γ_0, rechnen also:

$$\mathfrak{P} = 10^4 \frac{P}{n^2} \cdot \frac{\gamma_0}{\gamma}; \quad \mathfrak{M} = 10^4 \frac{M}{n^2} \frac{\gamma_0}{\gamma}.$$

Die Prüfung, ob $\mathfrak{P}$ und $\mathfrak{M}$ tatsächlich Konstanten sind und deren Feststellung ist die unmittelbare Aufgabe jeden Versuches. Die Leistungskonstante C ist dann offenbar auch $= \frac{\mathfrak{P}}{\mathfrak{M}} \cdot R$. Sie ist von γ ohnehin unabhängig.

Die Flächenausnutzung kennzeichnet sich durch den Einheitsdruck P/F auf die Schraubenfläche. Dieses Maß bezieht sich natürlich hier auf die von den Flügeln bestrichene Kreisfläche, $F = R^2 \pi$, da es vom Standpunkte der Raumausnutzung keinen Belang hat, ob die Flügel selbst einen größeren oder kleineren Teil dieser Fläche bedecken.

Den gleichbleibenden Bestandteil in P/F erhalten wir für ein und dieselbe Schraube sogleich, wenn wir schreiben

$$\frac{P}{F} = \frac{\mathfrak{P}}{F} \cdot \overline{\omega}^2,$$

darin ist $\mathfrak{P}/F$ unter obiger Voraussetzung konstant. Diese Größe hat, wie wir uns leicht überzeugen, die Dimension einer Fläche; es ist nämlich

$$\frac{\mathfrak{P}}{F} = \frac{P}{F \cdot \overline{\omega}^2} = \frac{\text{Masse} \times \text{Beschleunigung} \times \text{Zeit}^2}{\text{Länge}^2}$$
$$= \frac{\text{Masse}}{\text{Länge}}.$$

Die Massen verhalten sich wie die Räume, weil für große und kleine Schrauben die gleiche Flüssigkeit, nämlich Luft, in Betracht kommt. Es ist also in den Dimensionen $\frac{\text{Masse}}{\text{Länge}} = \text{Länge}^2$.

Für eine Schar ähnlicher Schrauben können wir also setzen

$$\mathfrak{P}/F = \text{konst.} \times \text{Länge}^2$$

oder

(II) . . . $\mathfrak{P}/R^4 = \text{konst.} = \mathfrak{p}$.

Diese Größe $\mathfrak{p}$ ist also das Vergleichsmaß, nach dem wir die Flächenausnutzung eines Schraubentyps einheitlich, unabhängig von der Größe, beurteilen können. Der Axialschub berechnet sich für irgendeinen Einzelfall daraus nach

(IIa) . . . . . $P = \mathfrak{p} \cdot R^4 \cdot \overline{\omega}^2$

oder

$$P = \mathfrak{p} \cdot R^2 \, u^2.$$

Bei von γ_0 abweichender Luftdichtigkeit tritt noch der Faktor $\frac{\gamma}{\gamma_0}$ hinzu.

Durch Angabe von C und $\mathfrak{p}$ können wir nun nach unseren Versuchen die Eigenschaften der jeweiligen Schraubenform in praktisch bequemer und hinreichender Weise kennzeichnen.

Wir sind aber in der Lage, für die Flächenausnutzung eine höchsterreichbare Grenze anzugeben, die theoretisch nicht überschritten werden kann. Den Schlüssel dafür liefert der wichtige Ansatz von Prof. Finsterwalder, nach welchem wir zunächst den größtmöglichen Axialschub bestimmen können, den eine ideale Schraube vom Radius R bei der Antriebsleistung L liefern würde.

Den Ausgangspunkt bildet der allgemein für alle dynamischen Flugvorgänge gültige Energieansatz: Eine sekundlich um die gleichförmige Geschwindigkeit v beschleunigte Luftmasse Q liefert nach dem Satz vom Antrieb den Rückstoß: $P = Q \cdot v$ und erfordert einen, der erteilten lebendigen Kraft entsprechenden Arbeitsaufwand

$$L = Q \frac{v^2}{2}$$

in jeder Sekunde. Daraus ergibt sich sogleich:

$$P/L = \frac{2}{v}.$$

Die Kraftausnutzung steht immer im umgekehrten Verhältnis zur Reaktionsgeschwindigkeit.

Bei Luftschrauben kann man nun im idealen Falle annehmen, daß die beschleunigte Luftmasse einen geschlossenen Strahl von überall gleichförmiger und rein axial gerichteter Geschwindigkeit bilde. Das stellt in der Tat den günstigsten denkbaren Fall dar. Denn wenn die Geschwindigkeit an irgendeinem Punkte größer wäre als die mittlere, so würde die aufgewandte Energie nach Obigem an diesem Punkte schlechter ausgenutzt, und das kann nicht durch die verbesserte Ausnutzung an Punkten mit niederer Geschwindigkeit wett gemacht werden, weil P von Σv, L aber von Σv^2 abhängt. Σv wird bei gegebener Σv^2 dann am größten, wenn alle v gleich sind.

Rein axiale Geschwindigkeit ist zwar bei einer einfachen Schraube nicht denkbar, weil hier stets eine dem Drehmoment entsprechende tangentiale Luftbewegung nebenherlaufen muß. Wohl aber kann dieser Fall eintreten, wenn zwei Schrauben auf gleicher Achse mit gleichem Drehmoment aber in entgegengesetzter Richtung gedreht werden.

In diesem Falle ist nun die sekundlich beschleunigte Luftmasse bestimmt durch

$$Q = \mu \, F_1 \, v,$$

wenn F_1 den Querschnitt des Strahles und $\mu = \frac{\gamma}{g}$ die

Masse eines Kubikmeters Luft bedeutet. Damit erhalten wir für P' und L

$$P' = \mu\,F_1\,v^2, \qquad L = \mu\,F_1\,\frac{v^3}{2} = P' \cdot \frac{v}{2}$$

und durch Elimination von v

$$\overline{P^3} = 4\,\mu\,F_1\,L^2.$$

Darin ist der Strahlquerschnitt F_1 aber nicht gleich der Schraubenkreisfläche F zu setzen. Wir müssen nämlich noch eine weitere Beziehung beachten: Wenn die Luft den Schraubenkreis mit einer Geschwindigkeit w durchströmt, so muß die theoretisch aufzuwendende Leistung auch gleich dem Produkt dieser Geschwindigkeit in den Axialschub sein: $L = P' \cdot w$, da die Schraube die Luftsäule mit dieser Geschwindigkeit gegen den Widerstand P' fortschiebt. Nach Obigem war aber $L = P' \cdot \frac{v}{2}$, w muß also von v verschieden sein und zwar

$$w = \frac{v}{2}.$$

Die Luft erreicht also in der Schraubenebene erst die Hälfte ihrer schließlichen Geschwindigkeit; sie beschleunigt sich dann vermöge des ihr erteilten Überdruckes noch weiter. Der Strahlquerschnitt F_1 ergibt sich nun aus

$$Q = \mu\,F_1\,v = \mu\,F \cdot w$$

zu

$$F_1 = F \cdot \frac{w}{v} = \frac{1}{2}\,F$$

und wir können nun den größtmöglichen Axialschub durch F ausdrücken:

$$\overline{P^3} = 2 \cdot \mu \cdot F \cdot L^2.$$

Diese wichtige Beziehung läßt sogleich den Zusammenhang der möglichen Kraft- und Flächenausnutzung übersehen, wenn wir schreiben:

$$\frac{P'}{F} = 2\,\mu \left(\frac{L}{P'}\right)^2.$$

Die mögliche Flächenausnutzung wächst in umgekehrtem Verhältnis mit dem Quadrat der Kraftausnutzung. Zu jedem Werte von P/L ist hiernach eine höchsterreichbare Grenze für P/F gegeben und umgekehrt; wir sind also in der Lage, bei jedem beobachteten Einzelfall das Verhältnis der wirklich erreichten zu der bei gleicher Flächenbelastung höchst erzielbaren Kraftausnutzung zu berechnen. Ist P der wirklich erzielte Axialschub, so sei

$$\zeta = \frac{P}{P'}$$

der Gütegrad der Schraube. Ersetzen wir P' durch seinen obigen Wert, so ist

(III) $\quad\cdots\cdots\cdots\quad \zeta^3 = \dfrac{P^3}{2\,\mu\,F\,L^2}.$

Nach dieser Gleichung hängen die Kraft- und die Flächenausnutzung in bestimmter Weise voneinander ab; wir können sie schreiben:

(IIIa) $\quad\cdots\quad \begin{cases} P/L = \sqrt{2\,\mu\,\zeta^3\,\dfrac{F}{P}}, \\[1mm] \text{oder} \\[1mm] P/F = 2\,\mu\,\zeta^3\left(\dfrac{L}{P}\right)^2, \end{cases}$

wobei ζ im idealen Falle höchstens den Wert 1 annehmen kann. Für die Kraftausnutzung ist also $\zeta^{3/2}$, für

die Flächenausnutzung ζ^3 maßgebend. Bei einer unvollkommenen Schraube sinkt also die Flächenausnutzung erheblich schneller als die Kraftausnutzung.

Führen wir unsere früheren Vergleichswerte C und $\mathfrak{p}$ nach Gleichung (I) und (II) ein, so ist, da

$$P/L = C/u \qquad \text{und} \qquad P/F = \frac{\mathfrak{p}}{\pi} \cdot u^2$$

war,

(IV) $\quad\cdots\cdots\cdots\quad \zeta^3 = \dfrac{\mathfrak{p} \cdot C^2}{2\,\mu\,\pi}.$

Das Produkt $\mathfrak{p} \cdot C^2$ kann also den Wert $2\,\mu\,\pi$ nicht überschreiten. Nachdem wir $\mathfrak{p}$ auf eine mittlere Luftdichtigkeit γ_0 reduziert hatten, ist $2\,\mu\,\pi$ eine Konstante mit $\mu_0 = \dfrac{\gamma_0}{g}$.

ζ stellt also einen vorzüglich begründeten, einheitlichen Vergleichsmaßstab dar, der vor allem anzeigt, wie viel bis zur Vollkommenheit noch zu gewinnen wäre.

Damit ist aber nicht gesagt, daß man den Schraubentyp mit bestem ζ für alle praktischen Fälle ohne weiteres als den besten hinstellen dürfe. Die Kraftausnutzung ist darin überwiegend, quadratisch, bewertet. Es sind Fälle möglich, wo bei hohem C, das ja theoretisch beliebig hoch werden kann, ein hohes ζ vorliegt, obwohl die Raumausnutzung unvorteilhaft niedrig ist, so daß man doch Typen mit etwas geringerer Kraftausnutzung praktisch vorzieht.

Wir werden deshalb neben ζ auch C und $\mathfrak{p}$ stets einzeln angeben.

Eine Gegenüberstellung unserer Vergleichsformeln mit der gewissermaßen klassischen Formulierung von Ch. Renard, die besonders im Ausland viel benutzt wird, von der wir aber aus triftigen Gründen abgewichen sind, soll noch folgen.

Der voraussichtliche Einfluß des Steigungswinkels auf Flächen- und Kraftausnutzung. Einige hydrodynamische Gesichtspunkte.

Wir konnten uns über die höchst erzielbare Flächenausnutzung bei gegebener Leistung nach der Finsterwalderschen Theorie in exakter Weise Rechenschaft geben. Für die beste Kraftausnutzung ist ein gleiches nicht möglich. Wir können uns aber doch näherungsweise über die Abhängigkeit der Kraftausnutzungsgröße C von der wichtigsten Veränderlichen, dem Stellungswinkel α_s, und über den allgemeinen Verlauf der später aus den Versuchen zu bestimmenden Kurven ein ungefähres Bild machen. Die dazu führenden Überlegungen werden zum Verständnis der Ursachen und Zusammenhänge mancher Erscheinungen bei den Versuchen dienlich sein.

C war definiert als $C = \dfrac{P}{M} \cdot R$ und bestimmt die Kraftausnutzung nach $\dfrac{P}{L} = \dfrac{C}{u}$. Für ein und dieselbe Schraube ist C proportional dem Quotienten P/M.

Wäre die Luftwiderstandsmittelkraft Q, die am Flügel angreift, stets zu diesem gleich gerichtet, so ergäbe die einfache Zerlegung von Q nach P in axialer und U in tangentialer Richtung

$$\frac{P}{U} = \operatorname{cotg}\alpha$$

und, da der Angriffsradius r_m von Q bzw. U annähernd gleich bleiben, also $\varrho = \dfrac{r_m}{R}$ eine Konstante sein wird,

so wäre

$$C = \frac{PR}{U \cdot r_m} = \frac{1}{\varrho} \cdot \cotg \alpha.$$

C wäre für $\alpha = 0$ unendlich groß. Nach der Annahme nähert sich Q mit abnehmendem α der rein axialen Richtung, U verschwindet also. Das würde bei einem idealen Flügel ohne Dicke zutreffen, der in der Nullage keinen Drehwiderstand erfährt.

Die entsprechende Lage bei einem wirklichen Flügel kennzeichnet sich dadurch, daß $P = 0$ ist, was auch im Idealfall zutrifft, wo $C = \infty$ ja nur den Sinn eines Grenzwertes hat. Während $P = 0$ wird, rückt U bzw. M aber nur bis auf einen kleinen Wert M_0 herab, der wahrscheinlich den kleinsten Formwiderstand des Flügels darstellt. Wir wollen die Annahme machen, die zwar der strengeren Begründung entbehrt, hier aber zur Klärung dient, daß dieser Wert M_0, nennen wir ihn den Leergangswiderstand, als ein unveränderlicher Verlustanteil des Drehwiderstandes M in allen anderen Flügelstellungen anzusehen sei. M zerlegt sich dann also in diesen unveränderlichen und einen von P bzw. von dem Flügelwinkel abhängigen Bestandteil M_1, vgl. Fig. 7. Den Drehmomenten M_1 und M_0 entsprechen Umfangskräfte U_1 und U_0, die am mittleren Radius r_m angreifen. U_1 und P sind dann die Seitenkräfte einer ideellen Mittelkraft Q_1, die nach Ablösung von U_0 übrigbleibt. Ihr Winkel gegen die Achse sei ϑ. Dann ist $P = U_1 \cdot \cotg \vartheta$ oder

$$\frac{P}{M} \cdot r_m = \frac{U_1 \, r_m \cotg \vartheta}{M} = \frac{M_1}{M_1 + M_0} \cotg \vartheta.$$

M_0 wächst, wie P und M, mit dem Quadrat der Winkelgeschwindigkeit. Führen wir deshalb noch ein

$$M = \mathfrak{M} \cdot \overline{\omega}^2; \quad M_0 = \mathfrak{M}_0 \, \overline{\omega}^2; \quad P = \mathfrak{P} \, \overline{\omega}^2,$$

und setzen wir wieder $\varrho = \dfrac{r_m}{R}$, so wird

$$C = \frac{\mathfrak{M}_1}{\mathfrak{M}_1 + \mathfrak{M}_0} \cdot \frac{\cotg \vartheta}{\varrho},$$

worin nun $\mathfrak{M}_1$ eine von Null Grad an zunehmende Funktion von ϑ ist.

Wir können nun mit besserem Recht annehmen, daß Q_1 seine Richtung zum Flügel nicht ändert. Nachdem M_0 bzw. U_0 abgesondert sind, muß das jedenfalls einigermaßen zutreffen. Wir setzen also $\vartheta = \alpha$, wobei α von der Stellung ab zu zählen ist, wo kein Axialschub stattfindet, und wo jetzt in der Tat $Q_1 = P = M_1 = 0$ ist. Wir müssen nun ferner, um die Formel beispielsweise auswerten zu können, eine Gesetzmäßigkeit zugrunde legen, nach der sich M_1 bzw. $\mathfrak{M}_1$ mit α ändert. Die experimentelle Aerodynamik bietet jetzt die Möglichkeit, dabei in einer grundsätzlich einigermaßen richtigen Weise der Wirklichkeit nahezukommen. Manche Erscheinungen bei unseren Versuchen werden so besser aufgeklärt, als wenn wir ohne weiteres eine der bekannten Luftwiderstandsformeln anwendeten.

Die Verhältnisse sind ähnlich wie bei geradlinig bewegten Flügeln. Auch bei kreisenden Flügeln befindet sich bei großem Einfallwinkel an der vorausgehenden

Fig. 7.

Seite ein Stauungsgebiet, worin die Luft relativ zum Flügel nur sehr geringe Geschwindigkeit hat ($w_1 \cong 0$). Auf der Rückseite wirbelt die Luft mit teilweise erheblich erhöhten Geschwindigkeiten. Den Geschwindigkeiten entsprechen die beiderseitig herrschenden Luftdrücke, die auf den Flügel wirken. Wir übersehen die Verhältnisse leichter, wenn wir die Schraube stillstehend und die umgebende Luft mit entsprechender Winkelgeschwindigkeit rückwärts kreisend denken, die relativen Luftgeschwindigkeiten w zum Flügel also als absolute betrachten. Die Wirkung muß die gleiche sein.

Da die Summe von statischem Druck und Bewegungsenergie im offenen Raume überall gleich ist (von der Schwere abgesehen), so gilt für die Luftpressungen p_1 und p_2, die auf Vorder- und Rückseite wirken:

$$p_1 + \frac{\mu}{2} w_1^2 = p_2 + \frac{\mu}{2} w_2^2,$$

also

$$p_1 - p_2 = \frac{\mu}{2} (w_2^2 - w_1^2),$$

(w_1 und w_2 sind darin die mittleren Absolutwerte der Geschwindigkeiten vorn und hinten; auf die Richtungen kommt es hier nicht an).

w_1 ist also klein und in erster Annäherung zu vernachlässigen; w_2, das Mittel der Geschwindigkeiten im Wirbelsystem, ist bei steilen Flügelstellungen noch etwas größer als die Umfangsgeschwindigkeit $r \cdot \overline{\omega}$ des betrachteten Flügelquerschnitts. Die dem Flügel ausweichende Luft, die den Wirbel erzeugt (vgl. Fig. 8), wird nämlich zu einer Geschwindigkeitssteigerung gezwungen, wie das stets an umströmten Körpern stattfindet. Deshalb teilt sich dem Wirbelbereich eine erhöhte Geschwindigkeit mit. Wir müssen also, wenn wir $w_1 = 0$ und $r \cdot \omega$ für w_2 einsetzen, den sich ergebenden Pressungsunterschied noch durch einen Beiwert vergrößern,

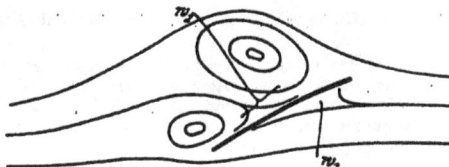

Fig. 8.

der um einige Zehntel größer als die Einheit anzunehmen wäre (nach Erfahrungen etwa gleich 1,3 bei ebenen Platten unter 90°).

Bezeichnen wir ihn mit $2k$ (um mit der üblichen Formulierung in Übereinstimmung zu bleiben), so ist nun

$$p_1 - p_2 = \frac{\mu}{2} w_2^2 = k \cdot \mu \cdot r^2 \cdot \overline{\omega}^2.$$

Das entspricht der bekannten Formel für quergestellte Platten.

Über den Einfluß abnehmender Schrägstellung gestattet nun die experimentelle Hydrodynamik einige zuerst recht befremdende Schlußfolgerungen, die zwar zahlenmäßig nichts weniger als sicher verwertbar, grundsätzlich aber zweifellos richtig sind. Wir haben schon bei anderer Gelegenheit [1]) diese Zusammenhänge klarzulegen versucht und ziehen hier nur kurz die Folgerungen. w_1 bleibt bis herab zu ziemlich flachen Winkeln annähernd unverändert $= 0$, da der Stauungskegel vorn, wenn auch immer spitzer werdend, doch als solcher er-

―――――――
[1]) Zeitschr. d. Vereins Deutscher Ingenieure 1910, S. 851 u. f.

halten bleibt. Auch auf der Rückseite werden bis herab zu Stellungen von etwa 20—40⁰, je nach der Flügelform, die Verhältnisse nicht in einer durchgreifenden, die Geschwindigkeitsgrößen stark beeinflussenden Weise verändert. Der Wirbelring wird zwar zunehmend verzerrt, bleibt aber als solcher bestehen. Deshalb bleiben wider Erwarten bis zu dieser Lage die Pressungsunterschiede am Flügel annähernd unverändert. Verschiedene Versuche mit Schrägflächen, so die von Eiffel, beweisen, daß das tatsächlich mit ziemlicher Annäherung zutrifft. Die hydrodynamische Ursache dafür, die diesen Forschern noch unbekannt war, wird durch unsere Auffassung aufgeklärt. Die einschneidende Wandlung, die das Strömungssystem in einer kritischen, etwa in den oben bezeichneten Grenzen liegenden Flügelstellung erfährt, hat Fr. Ahlborn aus seinen photographisch aufgenommenen Strömungsbildern in Wasser gefolgert. In der kritischen Gegend wird nämlich der Wirbelring im Rücken des Flügels gesprengt; es treten unregelmäßige und sehr verwickelte Erscheinungen ein, die nun mit weiter flacher werdenden Flügelstellungen stetig in den Zustand flachster Stellung übergehen, wo die Geschwindigkeiten beiderseits des Flügels gleich werden, also kein Pressungsunterschied mehr vorhanden ist ($Q_1 = 0$). Von dem Unstetigkeitspunkte ab nehmen nach den Messungen von Eiffel und von Dines, die in dieser Hinsicht gut übereinstimmen und die von den vielen sonstigen zweifellos die sichersten sind[1]), die Kräfte ziemlich linear mit dem Winkelmaß ab[2]). Über der kritischen Lage, die wir mit α_x bezeichnen wollen, ist der Luftwiderstand Q_1 senkrecht zur Fläche, wie aus obigem hervorgeht, annähernd konstant; für kleinere Winkel α ist die Kraft im Verhältnis $\frac{\alpha}{\alpha_x}$ kleiner.

Wir gelangen also, wenn wir der nicht mehr zu bezweifelnden Unstetigkeit Rechnung tragen, zu einem der Form nach der empirischen Formel von Eiffel ent-

---

[1]) Von den Göttinger Versuchen lag bei Abschluß dieses Aufsatzes noch nichts vor.

[2]) Auch nach den neuen Versuchen des Göttinger Laboratoriums ist das für ebene, quadratische Platten annähernd der Fall, wie die von Prof. Prandtl in Heft 7 d. Ztschr. f. Fl. u. M. (S. 75, Fig. 19) mitgeteilte Kurve zeigt, die zum ersten Male klar den Einfluß der Unstetigkeit zum Ausdruck bringt (vgl. auch die ausführlicheren Versuchsmitteilungen in Heft 7, S. 87, Fig. 2 ebendort). Dadurch sind zwei merkwürdige und allen älteren Forschern ganz unerwartete Tatsachen nun wohl endgültig festgestellt: der Luftwiderstand kann bei Platten in bestimmten Schräglagen unter Umständen erheblich (bis über 50%) größer werden, als in ihrer Querstellung: in der Nähe dieses Punktes kann er im Beharrungszustand verschieden groß ausfallen, je nachdem man den Winkel der Platte von größerer oder von kleinerer Neigung herkommend eingestellt hatte. Die Erklärung für dieses scheinbar paradoxe Verhalten ist durch unsere obige, schon früher ausführlich gegebene Darstellung der Strömungsvorgänge gegeben (Zeitschrift des Vereins Deutscher Ingenieure 1910, S. 854): Beim Aufbrechen des Wirbelringes (Fig. 8), von dem der obere Zweig zunächst noch bestehen bleibt, während der untere Zweig sich in rückwärts von den Seitenrändern der Platte ausstrahlenden Wirbelzöpfen verliert, verschwindet das sekundäre Stauungsgebiet im Rücken der Platte, das bei steiler Stellung einen Teil der im Wirbel aufgenommenen Energie an die Platte abgegeben hatte. Der Rücken ist jetzt nur noch mit rasch bewegter Flüssigkeit in Berührung; der Geschwindigkeitsmittelwert w_2 ist also größer und der dort herrschende Druck p_2 kleiner geworden. Der Druck p_1 auf der Vorderseite ist dabei immer noch annähernd gleich geblieben. So kommt im ganzen tatsächlich ein größerer Pressungsunterschied auf die Platte zur Wirkung, als in der Normalstellung.

Auch daß unter ganz gleichen äußeren Bedingungen verschiedene Bewegungssysteme und entsprechend verschiedene Kraftwirkungen möglich sind, je nachdem sie auf dem einen oder anderen Wege hergestellt wurden, war schon dort als wahrscheinlich ausgesprochen.

Es erscheint weiters einleuchtend, daß das Verschwinden des zurückgebliebenen oberen Wirbelzweiges bei einer noch flacheren Stellung nochmals zu Unstetigkeiten Anlaß geben kann. Damit mögen die eigentümlichen zum Teil doppelt gebrochenen Kurven eine Erklärung finden, die sich für zylindrisch gewölbte Platten ergeben haben (Heft 11, Tafel VIII, Fig. 4 und 5 d. Ztschr. f. Fl. u. M.).

---

sprechenden Ausdruck der Widerstandskraft. Es wird, wenn F_f die Flächengröße eines Flügels bedeutet,

$$Q_1 = F_f(p_1 - p_2) = k \cdot \mu \cdot F_f \cdot r_m^2\, \overline{\omega}^2 \cdot \frac{\alpha}{\alpha_x}$$

mit der Maßgabe, daß $\frac{\alpha}{\alpha_x}$ höchstens $= 1$ anzurechnen ist, so daß Q_1, dem obigen entsprechend, für $\alpha > \alpha_x$ unabhängig vom Stellungswinkel wird. Damit ergeben sich nun die uns interessierenden Seitenkräfte, womit wir die Flächen- und die Kraftausnutzungsgrößen $\mathfrak{p}$ und $\mathfrak{C}$ ausdrücken können. Aus

$$P = Q_1 \cos \alpha = k \mu F_f r_m^2\, \overline{\omega}^2 \cos \alpha$$

wird mit

$$\mathfrak{P} = \frac{P}{\omega^2}; \qquad r_m = \varrho \cdot R,$$

und bei Einführung von

$$\varphi = \frac{F_f}{F} = \frac{F_f}{R^2 \pi} \text{ (Völligkeit des Flügels),}$$

sowie

$z = $ Anzahl der Schraubenflügel,

($z \cdot \varphi = $ Völligkeit der Schraube)

die Axialdruckkonstante

$$\mathfrak{P} = k \cdot \mu \cdot \pi \cdot z \cdot \varphi \cdot \varrho^2 \cdot R^4 \cdot \frac{\alpha}{\alpha_x} \cdot \cos \alpha,$$

woraus die Flächenausnutzung:

$$\mathfrak{p} = k \cdot \mu \cdot \pi \cdot z \cdot \varphi \cdot \varrho^2 \cdot \frac{\alpha}{\alpha_x} \cos \alpha.$$

Ferner wird:

$$U_1 = Q_1 \sin \alpha, \qquad \text{also} \qquad M_1 = Q_1 r_m \sin \alpha,$$

woraus mit entsprechender Einsetzung

$$\mathfrak{M}_1 = k \mu \pi z \varphi \varrho^3 R^5 \frac{\alpha}{\alpha_x} \sin \alpha.$$

Damit ergänzen wir nun unsern obigen Ausdruck für C so weit, daß wir den Einfluß des Stellungswinkels übersehen können. Wir hatten mit $\vartheta = \alpha$, wie oben begründet,

$$C = \frac{\mathfrak{M}_1}{\mathfrak{M}_1 + \mathfrak{M}_0} \cdot \frac{\operatorname{ctg} \alpha}{\varrho},$$

worin wir nun abkürzend $\mathfrak{M}_1 = K \cdot \frac{\alpha}{\alpha_x} \cdot \sin \alpha$ setzen, da wir hier nur den Einfluß des Winkels betrachten wollen. Wir erhalten

$$C \cdot \varrho = \frac{K \cdot \frac{\alpha}{\alpha_x} \sin \alpha \cdot \operatorname{ctg} \alpha}{K \frac{\alpha}{\alpha_x} \sin \alpha + \mathfrak{M}_0} = \frac{\frac{\alpha}{\alpha_x} \cos \alpha}{\frac{\alpha}{\alpha_x} \sin \alpha + \frac{\mathfrak{M}_0}{K}},$$

was sich mit $\mathfrak{M}_0 = 0$, der ersten einfachen Annahme entsprechend, auf $C \cdot \varrho = \operatorname{ctg} \alpha$ vereinfacht.

In Fig. 9 sind zunächst die den Größen $\mathfrak{P}$ und $\mathfrak{M}_1$ entsprechenden Winkelfunktionen $\frac{\alpha}{\alpha_x} \cos \alpha$ und $\frac{\alpha}{\alpha_x} \sin \alpha$ für zwei Werte von α_x (30⁰ und 40⁰) dargestellt. Hätten wir eine der bekannten stetigen Luftwiderstandsformeln zugrunde gelegt, etwa die bei solchen Rechnungen meist bevorzugte Sinusformel $Q_1 = k \mu \cdot F \cdot r^2 \sin \alpha$, so hätte sich für die $\mathfrak{P}$-Funktion eine symmetrische Kurve ($\sin \alpha \cdot \cos \alpha$) mit dem Höchstwert bei 45⁰, für $\mathfrak{M}$ die $\sin^2$-Kurve mit Wendepunkt bei 45⁰ ergeben. Bei den Versuchen werden uns aber stets mehr oder weniger ausgeprägt die verwickelteren Erscheinungen begegnen, die durch die tatsächlich bestehende Unstetigkeit bedingt und durch unsere Auffassung sicher grundsätzlich richtig gedeutet sind. Wir finden in den $\mathfrak{P}$- und $\mathfrak{M}$-Kurven, die wir nach unseren Versuchen mit Variierung von α stets aufzeichnen, vielfache Beweise dafür und besitzen die Erklärung für die sonst unverständlichen und oft fast

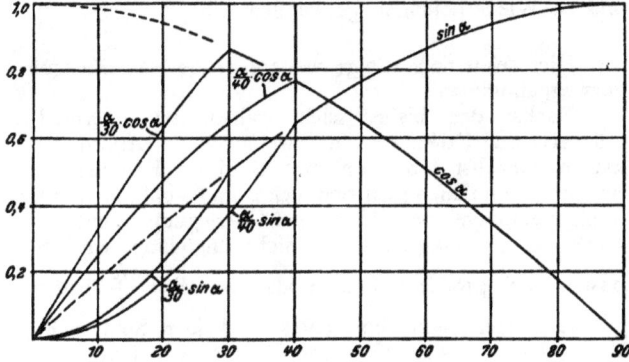

Fig. 9.

unwahrscheinlichen Unstetigkeiten, die uns bei den Versuchen begegnen. Die Knickpunkte in den Kurven sind natürlich in Wirklichkeit nicht so ausgeprägt, wie nach der Berechnung. An der kritischen Grenze spielen sich

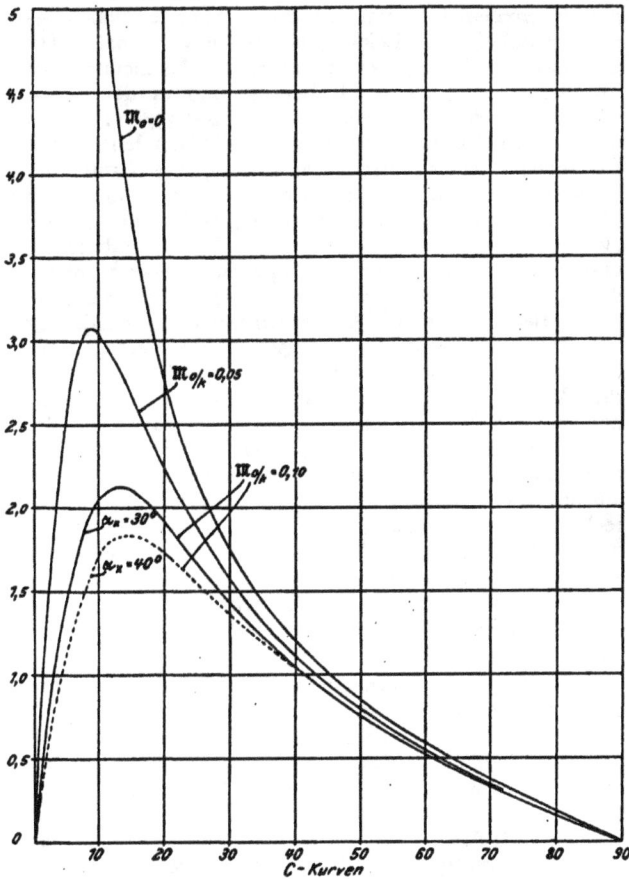

Fig. 10.

ja beim »Aufbrechen« des Wirbelringes (Fig. 8), d. h. bei einer Grenzlage, wo die Strömungsvorgänge einen einschneidenden Systemwechsel erleiden, höchst verwickelte Vorgänge ab. Die Zustände sind sehr labil, d. h. geringfügige Änderungen in den Versuchsbedin-

gungen, z. B. unmerkliche Bewegungsänderungen in der umgebenden Luft, bringen starke Schwankungen in den aerodynamischen Wirkungen hervor, so daß es manchmal unmöglich ist, eindeutige Versuchswerte zu erhalten. Wir wissen nun, woraufhin wir die $\mathfrak{P}$- und $\mathfrak{M}$-Kurven anzusehen haben: der Höchstwert von $\mathfrak{P}$ und der Wendepunkt in der $\mathfrak{M}$-Kurve, die wahrscheinlich beim gleichen Winkel zusammenfallen werden, bezeichnen die kritische Stellung des Systemwechsels. Sie werden wahrscheinlich aus der Mitte ($\alpha = 45^0$) nach der Seite der kleineren Winkel hin verschoben sein. In der Tat trifft das besonders bei den Flügeln mit ebener Druckseite stets zu; bei stärkerer Wölbung finden wir aber auch etwas entgegengesetzt verschobene $\mathfrak{P}$-Kurven.

In den Kurven für C (Fig. 10) tritt dagegen der Unstetigkeitsknick schon nach der Berechnung gar nicht mehr auffällig in Erscheinung. Entsprechend glatt verlaufen die Kurven meist auch in Wirklichkeit. Ihr Charakter stimmt unverkennbar mit der Berechnung überein.

Die Höchstwerte von C wachsen natürlich sehr rasch mit abnehmendem Leergangswiderstand $\mathfrak{M}_0$; zugleich rückt der Winkel höchster Kraftausnutzung immer tiefer, also auch die entsprechende Flächenausnutzung $\mathfrak{P}$ bzw. $\mathfrak{p}$.[1]

Das praktisch wichtige Gebiet liegt im allgemeinen unterhalb der Unstetigkeitsstelle α_r. Mit diesem Teil der Kurven haben wir uns in der Folge besonders zu befassen. Nur in einigen Fällen dehnen wir die Versuche über den ganzen Winkelbereich bis $\alpha = 90^0$ aus.

Aus dem vorangeschickten Überblick und den vorstehenden theoretischen Erörterungen erhellt, daß man zu planmäßiger Untersuchung der für gute Schraubenwirkung maßgebenden Elemente nicht mit fertigen, der geometrischen Form nach also komplizierten Schrauben irgendeiner Art beginnen konnte.

Den Ausgangspunkt bildet vielmehr das Flügelquerschnittselement, die Profilform, woraus sich alles Weitere zusammensetzt, über die wir aber theoretisch noch fast gar nichts wissen.

Wir nehmen Flügelstücke genügender Länge, um den Einfluß der Ränder klein zu halten (etwa 1 m), lassen das Profil und ebenso auch den Angriffswinkel über diese radiale Länge unveränderlich, haben also nicht verwundene, sondern »gerade« (zylindrische) Versuchsflügel. Die radial konstante Breite nehmen wir klein, ähnlich den gebräuchlichen Treibschrauben, höchstens bis etwa $B = R/2$.

Die verschiedenen Profile werden nun mit ausgiebiger Variation des Angriffswinkels (α_r, bezogen auf die Wölbungssehne) untersucht, um sie in ihren wirksamsten Stellungen zu vergleichen. So ist die Durchnahme der zahlreichen Profilvariationen (vgl. S. 7) eine immerhin übersehbare Arbeit. (Mit verwundenen Flügeln brauchte man zu jedem Profil eine ganze Schar von Versuchskörpern.)

Nach den Ergebnissen wird man wohl bald eine Reihe von Formen als entschieden ungünstig ausscheiden können. Bei anderen Breiten B werden sich die Leistungs-

[1] Ähnlich unseren obigen C-Kurven müssen, wie man leicht verfolgen kann, offenbar auch für geradlinig bewegte Drachenflügel die Kurven ausfallen, die man erhält, wenn man die Werte des wichtigen Quotienten aus der lotrechten (tragenden) und der wagerechten (hemmenden) Komponente des Luftwiderstandes in Abhängigkeit vom Stellungswinkel darstellt. O. Lilienthals bekannte Versuche geben, so aufgetragen, Kurven von ganz ähnlich glattem Verlauf. Die Göttinger Versuche (Heft 11, Tafel VIII, Fig. 7 d. Ztschr. f. Fl. u. M.) zeigen infolge der starken Unstetigkeit der Tragkraftskomponente allerdings zum Teil etwas ausgeprägtere Ecken, aber doch wesentlich den gleichen Charakter. Dieser Quotient bestimmt bei Aeroplanen in ganz entsprechender Weise, wie unsere Größe C bei Schrauben, die Höhe der Kraftausnutzung.

verhältnisse aber wieder verschieben; und da auch die Bewertungsgesichtspunkte verschieden sind, werden immer noch mehrere Gruppen von Formen übrigbleiben. Diese sind nun mit variierten Breiten (bei gleichem R) von neuem durchzunehmen. Dann erst wären, bei ganz systematischem Gange, die günstigsten Formen auf den Einfluß der Flügelverdrehung zu untersuchen, und auf Grundlage der günstigsten Profile, Breiten und Verdrehungen wäre schließlich zu richtigen Schrauben überzugehen mit nach außen an Dicke verjüngten und abgerundeten Flügeln, also radial veränderlichen Profilen.

Damit dürfte der rationellste systematische Versuchsgang vorgezeichnet sein, soweit es sich um schmale Flügelformen handelt.

Dem begreiflichen Wunsch, womöglich Abkürzungen zu finden, sind wir gefolgt, ehe wir noch den Plan in dieser Vollständigkeit aufgestellt hatten. Wir haben an wichtigen Punkten Versuche vorweggenommen, um über die Größe der in Frage kommenden Unterschiede und über die technische Durchführung der Versuche einen Überblick zu gewinnen. Wir haben bei einigen Profilen schon mit der Breite gewechselt, womit zugleich bessere Ausnutzung des Versuchsmaterials möglich wurde; ein Gesichtspunkt, der bei den beträchtlichen Kosten der Versuchsobjekte das systematische Vorgehen oft unliebsam durchkreuzt.

Ferner haben wir mit einigen Versuchsreihen über den Einfluß der Flügelverdrehungen vorgegriffen, ein Punkt, in dem der Versuchsplan besonders auf technische Durchführbarkeit Bedacht nehmen muß. Denn, da man sich nicht von vornherein auf die reine Schraubenform beschränken kann, sind mit verwundenen Flügeln in jedem Falle Doppelreihen von Versuchen mit je einer Folge äußerer Stellungswinkel (α_{sa}) bei je einer Anzahl verschiedener Verdrehungswerte ($\alpha_{sa} - \alpha_{si}$) erforderlich. Dazu scheint, um mit einer mäßigen Anzahl von Versuchsobjekten durchzukommen, zunächst die Benutzung verwindbarer Flügel ratsam, die sich auf viele Verdrehungsvariationen einstellen lassen. Mit einer größeren Untersuchungsreihe dieser Art, deren Ergebnisse wir nachher wiedergeben, wurde das Verfahren erprobt. Dagegen mußte die systematische Durchnahme der Profilvariationen zunächst mehr zurücktreten.

Die bisherigen Versuche erscheinen deshalb etwas unsystematisch. Die Ergebnisse werden erst, eingereiht in den sonstigen Gang, bündige Schlüsse erlauben. Ganz mechanisch nach vorgefaßtem Schema zu verfahren, wäre trotzdem wohl nicht das Richtige gewesen.

Es liegt im Wesen der Aufgabe, daß es ungemein schwer ist, klare Anhaltspunkte zu finden. Wir dürfen, bevor wir zur Besprechung der Versuchsergebnisse übergehen, noch daran erinnern, daß bei den Schiffsschrauben trotz einer durch viele Jahrzehnte fortgesetzten Entwicklung und trotz vieler theoretischer und experimenteller Forschungen noch recht wenig sichere, allgemein gültige Berechnungsgrundlagen gefunden sind. Von gewissen, enger begrenzten Anwendungen abgesehen, wo die Fülle des Erfahrungsmaterials reichliche Sicherheit geliefert hat, sieht man auch im Schiffbau, sobald neue Fragen auftauchen (Turbinenantrieb), und auch sonst in wichtigen Fällen, oft nur tastendes Probieren.

Hier ist ferner auf die besonderen Schwierigkeiten hinzuweisen, die bei den folgenden Versuchsergebnissen von selbst ins Auge fallen und die mit den verwickelten Strömungsvorgängen an den Schraubenflügeln zusammenhängen, in die uns der vorige Abschnitt einen Einblick gegeben hat. Die Gesetzmäßigkeiten, denen wir nach-

gehen, haben oft keinen regelmäßigen, sondern unstetigen Verlauf, der stellenweise gar nicht eindeutig bestimmbar ist, wo in der Nähe von Unstetigkeitspunkten labile, hin und her flackernde Zustände obwalten. Die entstehenden Unregelmäßigkeiten in den Versuchswerten bringen manche Verlegenheit, weil man zuerst Messungsfehler vermutet und zu Wiederholungen gezwungen wird.

Hier seien noch einige weitergehende Bemerkungen vorweggenommen.

Nächst den bisher allein behandelten schmalflügeligen Formen in zweiflügeliger Anordnung kämen zunächst Formen mit breiten Flügeln in Betracht, von denen man sich meist, und wohl mit Recht, wenig verspricht, obwohl gewisse Überlegungen und Versuche sie als Tragschrauben nicht ungünstig scheinen lassen. Bei größeren Breiten als etwa $B = \dfrac{R}{2}$ hätten gerade Flügel (radial konstantes B) keinen Sinn mehr. Man gelangt zu sektorförmigen Flügeln, wobei nun statt B der Zentriwinkel γ des Flügels als Veränderliche erscheint. Auch als Profile erscheinen wesentlich andere Typen. Verstellbarkeit der Flügel ist in bisheriger Weise nicht mehr weit durchführbar; man kann aber durch Ansetzen oder Fortnehmen sektorförmiger Lamellen mancherlei Formvariationen schaffen.

Konstruktiv scheinen außen durchlaufende Kränze — gewissermaßen bis zum Umfang erweiterte Naben — der Festigkeit und Leichtigkeit wegen vorteilhaft. Die Schrauben bilden nun ein festes Stück, das nicht einfach herzustellen und zu handhaben ist und in der Größe unserer bisherigen Schraubendurchmesser (3,6 m) schon bald an die Grenze des Bahntransportfähigen heranreicht. Es scheint daher entschieden ratsam, die Größe der Versuchskörper hierfür um ein Erhebliches unter das Maß herabzusetzen, das wir bislang beibehalten haben, um die Einheitlichkeit der Versuche nicht zu unterbrechen, und mit Rücksicht auf die gegebene Versuchsanlage, die eine wesentliche Verminderung der Größe nicht zuläßt. Bei der zweckmäßig scheinenden Verminderung auf etwa die Hälfte der jetzigen Größe werden z. B. die Axialdrucke um das $2^4 = 16$fache kleiner, wodurch die Wägung zu unsicher würde. Man müßte mit erheblich höheren Drehzahlen arbeiten, wozu bei der schweren Versuchsmaschine aber auch kaum noch Spielraum ist. Da, wie in einem späteren Abschnitt noch ausführlicher zu zeigen, der in unseren Vergleichsrechnungen zugrunde gelegte Einfluß der Schraubengröße (R) durch neuere Versuche jetzt ziemlich gesichert scheint (bei Beginn unserer Arbeiten bzw. beim Entwurf unserer Anlage war das noch nicht zu beurteilen), so sprechen gegen die Größenverminderung keine erheblichen Bedenken mehr.

Durch solche Verminderung vereinfacht sich Herstellung und Handhabung aller Teile ungemein; man kommt meist mit Handarbeit aus; die äußeren Versuchsumständlichkeiten wachsen (bei Objekten unserer Größenordnung) mindestens mit der dritten Potenz der Abmessungen.

Ähnlich den Versuchen mit breitflügeligen Schrauben sind solche mit größerer Flügelanzahl zu behandeln. Einzelne Versuche der Art werden wir unter Benutzung vorhandener Versuchsobjekte demnächst ausführen können. Systematische Untersuchungen mit vielflügeligen Schrauben sind, wie man sich leicht vergegenwärtigen kann, im bisherigen Größenmaß so gut wie ausgeschlossen.

Noch mehr gilt das für Versuche mit gegenläufigen Schraubenpaaren. Da das eine von ihnen rechts-, das andere linksgängig sein muß, ist Wiederverwendung der Teile — auch der einzelnen Flügel — nicht möglich. Für jeden derartigen Versuch ist also die zweite Schraube ganz neu anzuschaffen. Bisher sind solche Versuche, obwohl an sich sehr reizvoll, als vorläufig zu wenig berechtigt unterblieben.

Versuche mit gleichläufigen Doppelschrauben (zellenförmiger Anordnung, nach Art der Doppeldeck-Aeroplane u. dgl., die gelegentlich auch empfohlen werden) dürften wenig Wert haben.

Dagegen könnten noch Versuche mit Leitapparaten, äußeren Führungskränzen u. dgl. in Frage kommen. Proben dieser Art hätten zunächst aber in großem Maßstabe entschieden keine Berechtigung.

Versuche und Auswertung.

Die Einzelversuche bestehen stets in einer Reihe von Aufnahmen der Schraubendrücke P und der Drehmomente M bei verschiedenen Drehzahlen n.

Bei ähnlichen Versuchen hat man sonst aus M und n sogleich die Leistungen L oder N berechnet und damit graphische Darstellungen gezeichnet, z. B. $P =$ Funkt. (L), die den Vorteil haben, diese beiden praktisch wichtigsten Größen in ihrem gegenseitigen Zusammenhang unmittelbar zu zeigen. Man erhält parabolisch geschwungene Kurven, die aber keinen guten Anhalt zu Vergleichen geben, da der regelmäßige, meist doch wenigstens annähernd quadratische Einfluß der Winkel-

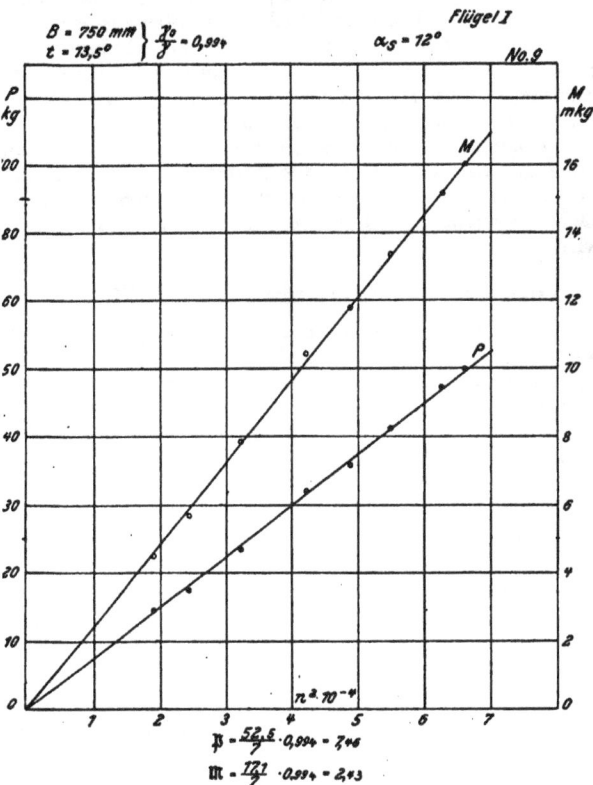

Fig. 11.

geschwindigkeit darin versteckt ist. Meist sind wir in der Lage, eine solche Kurve einfach durch zwei Zahlenwerte zu ersetzen.

Wir prüfen zunächst ein für allemal, ob die Proportionalität von P und M mit n^2 zutrifft und stellen dann die Proportionalitätswerte $\mathfrak{P}$ und $\mathfrak{M}$ fest. Dazu tragen

wir die aufgenommenen Werte nach dem Beispiel der Fig. 11 über den zugehörigen Größen von n^2 bzw. $\left(\dfrac{n}{100}\right)^2$ auf. Die Punkte müssen gerade Linien bilden, die durch den Nullpunkt gehen. Abweichungen von dem quadratischen Gesetz fallen sofort ins Auge.

Wie nun als wichtiges Ergebnis sogleich festzustellen ist, haben wir an unseren zweiflügeligen Versuchsschrauben von rd. 3,6 m Durchmesser bei den gewöhnlichen Drehzahlen (bis $n = 450$, also bei Umfangsgeschwindigkeiten bis etwa 70 m/sek.) nennenswerte Abweichungen derart niemals gefunden. Wir haben besonders auch darauf geachtet, ob sich etwa beim Nullpunkt Abweichungen der Versuchsgeraden zeigen. Denn hier könnte sich der Einfluß der Hautreibung geltend machen. Er ist aber stets verschwindend klein.

Die Aufnahmen liefern also regelmäßig dasselbe Bild, wie das in Fig. 11 gezeigte Beispiel. (Gewählt ist die Winkelstellung höchsten Gütegrades bei Flügelpaar I.) Es ist deshalb im allgemeinen überhaupt unnötig, diese Originalaufnahmen einzeln wiederzugeben. Es wäre auch undurchführbar, denn sie zählen nach vielen Hunderten, die also ebenso viele feste Schraubenformen repräsentieren. Das gleiche gilt von den zugrunde liegenden ursprünglichen Zahlenaufschreibungen, von denen wir nur das in Tab. 3 gegebene, zu Fig. 11 gehörige Beispiel hierhersetzen.

Tabelle 3.

$B = 750$ mm. $\alpha_s = 12^0$.   Flügel I.
$t = 13,5^0$.   Nr. 9.
Feder Nr. I.   13./VII. 09, V.

Reglerstellung	Ablesungen			Berechnet		
	n_1 (Vorgelege) U. p. M.	M' mkg	P' g	$n^2 \cdot 10^{-4}$	M mkg	P kg
0	347	4,49	484	1,92	4,49	14,5
4	390	5,67	584	2,44	5,67	17,5
8	450	7,84	784	3,23	7,84	23,5
12	514	10,40	1063	4,23	10,40	31,9
14	552	11,77	1193	4,89	11,77	35,8
16	586	13,35	1375	5,50	13,35	41,2
18	626	15,13	1574	6,27	15,13	47,2
19	644	16,03	1664	6,62	16,03	49,9

Aus der Unterschrift von Fig. 11 ersieht man, wie aus den P- und M-Graden jedesmal die Proportionalitätswerte $\mathfrak{P}$ und $\mathfrak{M}$ bestimmt werden, die, sofern sie überhaupt als Konstante angebbar sind, das vollständige Ergebnis des Einzelversuchs bilden.

Wir beziehen hier also $\mathfrak{P}$ und $\mathfrak{M}$ nicht mehr auf die Winkelgeschwindigkeit $\bar{\omega}$, sondern auf die minutliche Drehzahl n, und zwar, weil wir so bequeme und übersichtliche Zahlenwerte erhalten, stets auf $n/100$. $\mathfrak{P}$ und $\mathfrak{M}$ sind also einfach die P und M für $n = 100$; für eine andere Drehzahl n_1 erhält man diese durch Multiplikation mit $(n_1/100)^2$.

$\mathfrak{P}$ und $\mathfrak{M}$ sind stets zugleich auf eine mittlere Luftdichtigkeit r_0 umgerechnet; wir haben dafür den Wert

$$\gamma_0 = 1,200 \text{ kg/cbm}$$

zugrunde gelegt. Diese runde Zahl paßt sich zugleich den wirklich häufigsten Luftzuständen und einem einfachen, physikalischen Ausgangspunkte an [1]; $\gamma_0 = 1,200$

---

[1] Die physikalisch übliche Reduktion auf 0^0 und 760 mm ($\gamma = 1,293$) setzt so schwere Luft voraus, wie sie praktisch nur selten eintritt. Meist ist sie 6 bis 10 v. H. leichter. Die flugtechnisch beliebte Festsetzung $\gamma_0/g = 1/8$, also $\gamma_0 = 1,226$ ist nur für besondere Fälle bequem und entspricht keinem einfachen physikalischen Ausgangspunkt.

entspricht nämlich fast genau der Temperatur von $+ 10^0$ C beim technischen Einheitsdruck von 1 kg/qcm oder 735 mm Quecksilberdruck. (Genau, wenn die Luft dabei zu 78 v. H. mit Feuchtigkeit gesättigt ist.) Zugleich ist die Umrechnung besonders bequem, weil sich für den Faktor γ_0/γ, mit dem die Kräfte zu multiplizieren sind, die leicht zu merkende Formel

$$\frac{\gamma_0}{\gamma} = 2,6 \frac{T}{B}$$

ergibt, worin B den Barometerstand in mm Quecksilbersäule und T die absolute Temperatur (Celsiusgrade $+ 273$) bedeutet. (Genau ist die Konstante der Formel 2.597, statt 2,6.) Um Rechenfehler möglichst zu vermeiden, haben wir die in Fig. 12 wiedergegebene bequeme Tafel gezeichnet, der man die Reduktionsfaktoren unmittelbar entnimmt. Die Geraden entsprechen 1 v. H. Dichtigkeitsunterschied; sie konvergieren nach dem absoluten Nullpunkt.

Den Einfluß wechselnder Luftfeuchtigkeit haben wir vernachlässigt. Er ist minimal, falls er in der Änderung

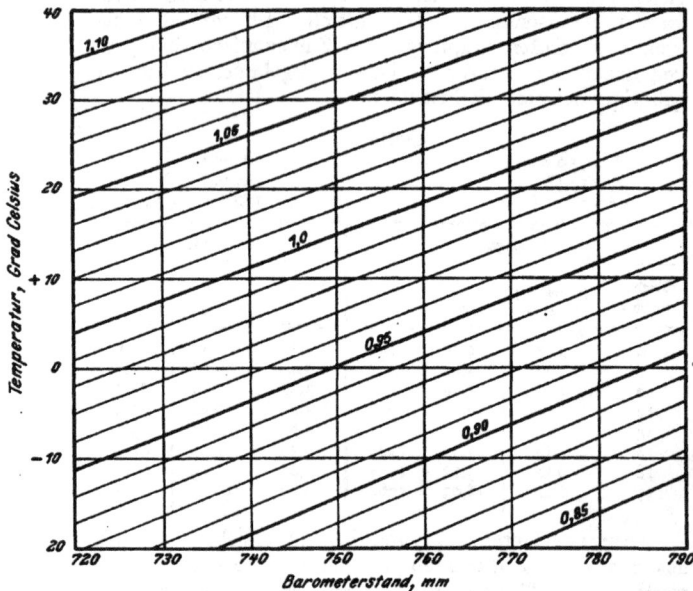

Fig. 12.

der Dichtigkeit vollständig zum Ausdruck kommt, und nicht etwa, was immerhin möglich wäre, die Zähigkeit der Luft ändert.

Mit jeder Flügelform wird nun eine Anzahl solcher Versuche bei verschiedenen Steigungswinkeln α_s ausgeführt. Die Befestigung an der Nabe mittels Flanschen und Schrauben gestattet, sie in beliebige Lage zu bringen. Der Winkel wird durch eine Winkellibelle (Wasserwage mit in halbe Grade geteiltem Quadranten) gemessen. Auf die hohlgewölbte oder höchstens ebene Druckseite, die bei uns im allgemeinen oben ist, weil die Schrauben nach unten drücken, wird ein Lineal gelegt, das also die Richtung der Sehne hat. Die darauf gesetzte Winkellibelle ergibt α_s. Die unvermeidlichen Ungenauigkeiten der Herstellung bedingen gelegentlich Abweichungen bis zu $\pm \frac{1}{2}^0$ an verschiedenen Punkten, denen man beim Einstellen leicht Rechnung tragen kann.

Ausdehnung und Abstufung der so durchgenommenen Winkelstellungen sind in den einzelnen Fällen sehr verschieden. Mit dem zuerst untersuchten Flügelpaar (IIa)

sind, veranlaßt durch die Messungsschwierigkeiten im Anfang, sehr viele Versuche gemacht worden, von denen einige Reihen ganz ausgeschaltet werden mußten. Sonst sind grundsätzlich alle Versuche, die überhaupt ausgewertet wurden, in die Zahlentafeln der $\mathfrak{P}$- und $\mathfrak{M}$-Werte und in die graphischen Zusammenstellungen ($\mathfrak{P}$- und $\mathfrak{M}$-Kurven) eingetragen worden, welche nun die Axialdrücke und Drehmomente in Abhängigkeit vom Steigungswinkel übersichtlich zeigen. Sie geben zugleich eine gute Kontrolle und gestatten eine feinere Interpolation der Versuchswerte. Sie enthalten die Ergebnisse schon in stark verdichteter Form. Nach den früheren Erörterungen ist nicht zu erwarten, daß sie durchaus stetig verlaufen. Die $\mathfrak{P}$-Kurven haben meist mehrere Wendepunkte. Im praktisch wichtigsten Gebiet verlaufen sie immerhin ziemlich regelmäßig, so daß man sie in diesem Teil einigermaßen richtig durch empirische Formeln ausdrücken könnte. Bisher haben wir davon aber abgesehen.

Die Bestimmung der $\mathfrak{M}$ ist bis herab zu den kleinsten vorkommenden Drehmomenten ziemlich gleich sicher, weil der Drehkraftmesser durch Wechseln der Federn die Empfindlichkeit weit zu steigern erlaubt, und weil Werte von der Größe Null hier nicht vorkommen. Bei den Axialdrücken ist das der Fall, und die Bestimmung der neutralen Winkelstellung des Flügels ($P = \pm 0$) hat, wie wir sahen, besonderes Interesse. Es wurden deshalb meist einige Stellungen mit negativem P hinzugenommen, wodurch man $P = 0$ als Schnittpunkt scharf erhält. Er fällt anscheinend mit dem Kleinstwert von $\mathfrak{M}$, den wir, dem früheren entsprechend, mit $\mathfrak{M}_0$ bezeichnen, nicht immer zusammen, was theoretisch auch nicht unbedingt erforderlich ist. Aus dem flach verlaufenden Minimum der $\mathfrak{M}$-Kurve läßt dieser Punkt sich aber nicht scharf bestimmen. Eine sorgfältigere Untersuchung auf $P = 0$ bei $\alpha_s = 90^0$ konnte unterbleiben.

Auch die Stellung des Höchstwertes von P, wo nach früherem die Wandlung des Strömungsvorganges am Flügel anzunehmen wäre, brauchte nicht genauer aufgesucht zu werden, weil damit praktisch wenig gewonnen wird.

Versuchsergebnisse mit geraden Flügeln.

Im folgenden sind zunächst die Ergebnisse von 6 geraden Flügeln, Nr. Ia, I, IIa, IIIa, V und Va wiedergegeben, deren Profile mit den geeigneten Maßangaben gemäß Fig. 6 aus Fig. 13 bis 18 zu ersehen sind. Die zugehörigen Grundrißabmessungen (in Projektion auf die Sehnenebene) zeigen Fig. 13a, 14a und 17a. Sie sind für Nr. I bis IIIa und V und Va gleich bzw. nur in Kleinigkeiten verschieden.

Die Formen I, IIa und IIIa gehören zum Typ 6 unserer Einteilung nach Übersichtstafel 2 (parabolische Wölbungen, vorn gerundet). Sie sind in Breite ($B = $ rd. 0,5 m), Dicke und vorderer Abrundung wesentlich gleich und nur in den Wölbungen unterschieden (Wölbungsmaß der Druckseite rund 0, 4, 8 vH).

Flügel Ia ist ähnlich gewölbt, aber vorn scharfkantig (Type 7). Er ist durch Ansetzen der Eintrittskante aus Flügel I entstanden, im rückwärtigen Teil diesem also gleich, Wölbung der Druckseite ebenfalls $= 0$, aber in Breite (und »Völligkeit«) um rund $\frac{1}{4}$ größer.

Flügel V und Va haben ähnliche Profile wie I und IIa, aber im Verhältnis 5 : 2 verkleinert.

Fig. 19 bis 24 enthalten nun die sämtlichen Versuchswerte $\mathfrak{P}$ und $\mathfrak{M}$, die die ursprünglichen Aufnahmen in oben besprochener Weise zusammenfassen. Die entstehenden $\mathfrak{P}$- und $\mathfrak{M}$-Kurven sind die Grundlage der schließlich zu berechnenden Vergleichswerte C, $\mathfrak{y}$ und ζ.

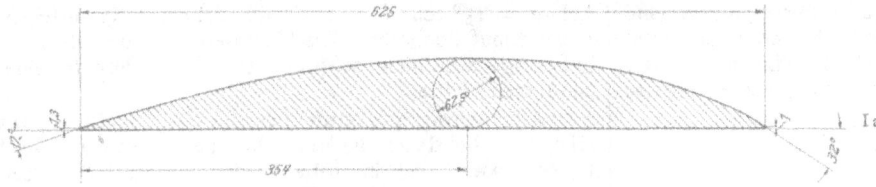

Fig. 13.

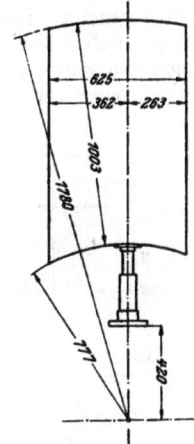

Fig. 13a.

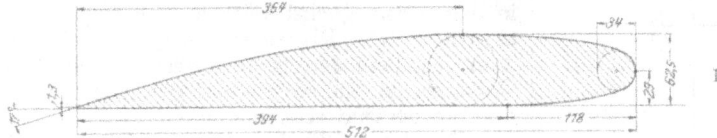

Fig. 14.

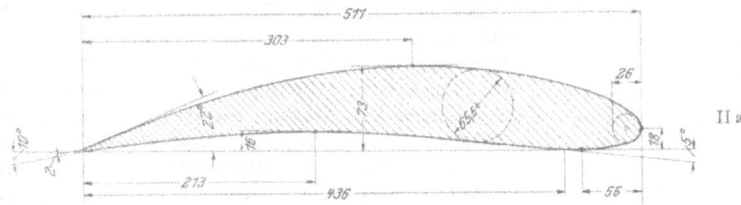

Fig. 15.

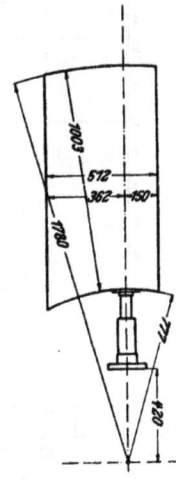

Fig. 14a.

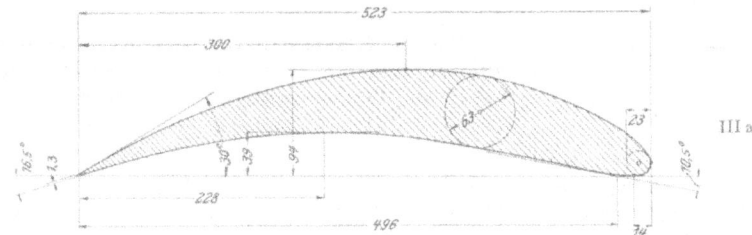

Fig. 16.

In Fig. 26 bis 31 sind auch diese in Abhängigkeit vom Steigungswinkel dargestellt.

Der allgemeine Verlauf der $\mathfrak{P}$- und $\mathfrak{M}$-Kurven entspricht im ganzen den früher berechneten Kurven (Fig. 9, S. 13) und ist nach den dort gegebenen Gesichtspunkten zu beurteilen. Die Unterschiede im einzelnen werden besonders zu betrachten sein.

Bei den Flügeln I, IIa und IIIa, die rund 0,5 m breit und zunehmend gewölbt sind, ist von stärkeren Unstetigkeiten, die besonders in den $\mathfrak{P}$-Kurven zutage treten müßten, nicht viel zu bemerken. Bei I (Druckseite eben) ist der Verlauf überhaupt fast glatt. Bei IIa und IIIa (Druckseite gewölbt) zeigen sich bei etwa 20°, also weit unterhalb des Maximums, kleinere Wellen, die zuerst für Versuchsfehler gehalten wurden, die aber nach mehrfacher Nachprüfung doch der Wirklichkeit entsprechen. Sie treten auch beidemale ähnlich und bei gleichen Winkeln auf. Danach scheint sich schon in dieser Gegend eine Wandlung zu vollziehen.

Höchst auffallende Unstetigkeiten, wesentlich anders als erwartet, zeigen sich bei dem schmaleren Flügel Va ($B = 0,2$ m) mit gleichfalls fischförmigem, beiderseits gewölbtem Profil (Fig. 17). Bei der $\mathfrak{P}$-Kurve (Fig. 24) erscheint der ganze Gipfel von $\alpha_s = 15°$ bis 50° gewissermaßen abgebrochen. In diesem Bereich war es durchaus unmöglich, einen klaren Verlauf der Kurve festzustellen. Offenbar kämpfen in diesem ganzen Bereich die beiden früher gekennzeichneten Luftbewegungszustände mitein-

ander; statt auf nützliche axiale Beschleunigung wird von 15° ab schon ein unverhältnismäßiger Teil der aufgewandten Arbeit in der Wirbelung verzehrt, die sonst erst

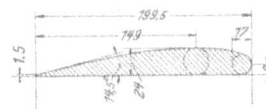

Fig. 17.

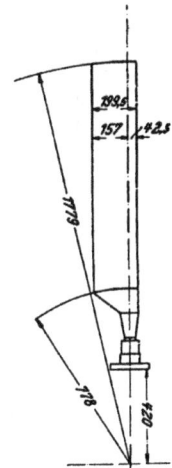

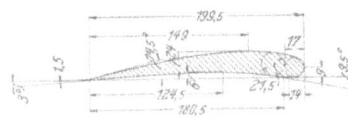

Fig. 18.   Fig. 17a.

bei viel steileren Flügelstellungen ansetzt. Dabei liegen die Versuchspunkte der P im n^2-Diagramm auch etwas unregelmäßiger als sonst, doch viel weniger, als man nach der $\mathfrak{P}$-Kurve erwarten möchte. Ein Beispiel ist in Fig. 25

3

$(\alpha_s = 36^0)$ gezeigt. Der jeweilige Luftbewegungszustand wird also durch Änderung der Drehzahl wenig beeinflußt. Bei Wiederholungen fällt er durch Zufälligkeiten anders aus. Wie man sieht, werden die Drehmomente von den

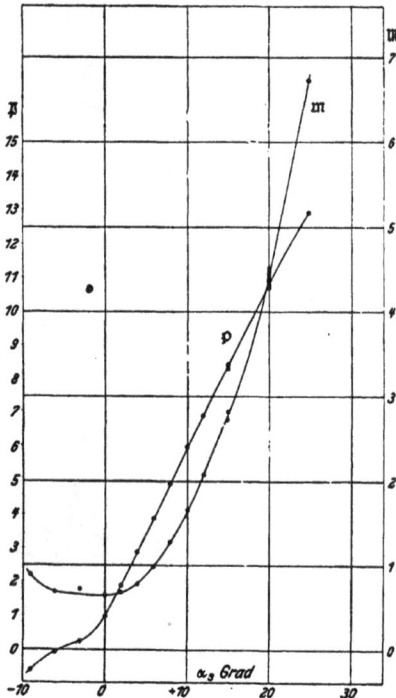

Flügel Ia.

Fig. 19.

Schwankungen weniger betroffen; die M-Linie in Fig. 25 und auch die $\mathfrak{M}$-Kurve in Fig. 24 zeigen weniger Unregelmäßigkeiten. Für die späteren Rechnungen ist schließlich doch durch das Unstetigkeitsgebiet eine, wenn auch etwas willkürlich gezogene $\mathfrak{P}$-Kurve benutzt worden, die

bei $\alpha_s = 15^0$ scharf in den gewöhnlichen, stetig ansteigenden Verlauf übergeht. Die Unsicherheiten der absoluten $\mathfrak{P}$-Beträge sind nicht so groß, daß die Rechnung keinen Sinn mehr hätte.

Merkwürdig gut trifft bei den 4 Flügeln (I, IIa, IIIa, Va), bei denen die Versuche über das ganze Bereich bis 90°, wenn auch in groben Stufen, ausgedehnt wurden, die theoretisch vermutete Folgerung zu, daß der Höchstwert von $\mathfrak{P}$ mit dem Wendepunkt der $\mathfrak{M}$-Kurve bei gleichem Stellungswinkel zusammentreffen müsse. Selbst in dem Unstetigkeitsbereich an den Flügeln Va ist ganz absichtslos die Übereinstimmung zustande gekommen. Zum Teil, besonders bei den Flügeln I, ist allerdings die $\mathfrak{M}$-Kurve auf ein so langes Stück fast geradlinig, daß der Wendepunkt sehr unbestimmt ist.

Da das praktisch wichtige Gebiet der Stellungen stets bei den kleineren α_s liegt, so brächte eine mühsame, genauere Verfolgung der Erscheinungen über der Unstetigkeitsgrenze bei allem theoretischen Interesse nicht viel Nutzen. Größter Wert ist natürlich auf sichere Bestimmung der Kurven zwischen 0° und 20 bis 30° gelegt worden, wo die Höchstwerte der Kraftausnutzung C und des Gütegrades ζ liegen. Der Berechnung dieser Größen wurden nicht mehr die Versuchswerte selbst, sondern den Kurven entnommene, interpolierte $\mathfrak{P}$- und $\mathfrak{M}$-Werte zugrunde gelegt. Die Notwendigkeit und Bedeutung der Vergleichswerte C, $\mathfrak{p}$ und ζ haben wir im Abschnitt über die Vergleichsrechnungen dargetan. Wir wiederholen sie kurz, um zugleich noch einige praktische Vereinfachungen zu treffen.

Für die Kraftausnutzung war bei einer Schar geometrisch ähnlicher Schrauben die Größe C maßgebend. Wir geben ihr hier noch eine anschaulichere Deutung: Es war (Gl. I)

$$\frac{P}{L} = \frac{C}{u}.$$

Multiplizieren wir beide Seiten mit 75, so steht links im Nenner die Leistung in Pferdestärken $\left(N = \dfrac{L}{75}\right)$, und

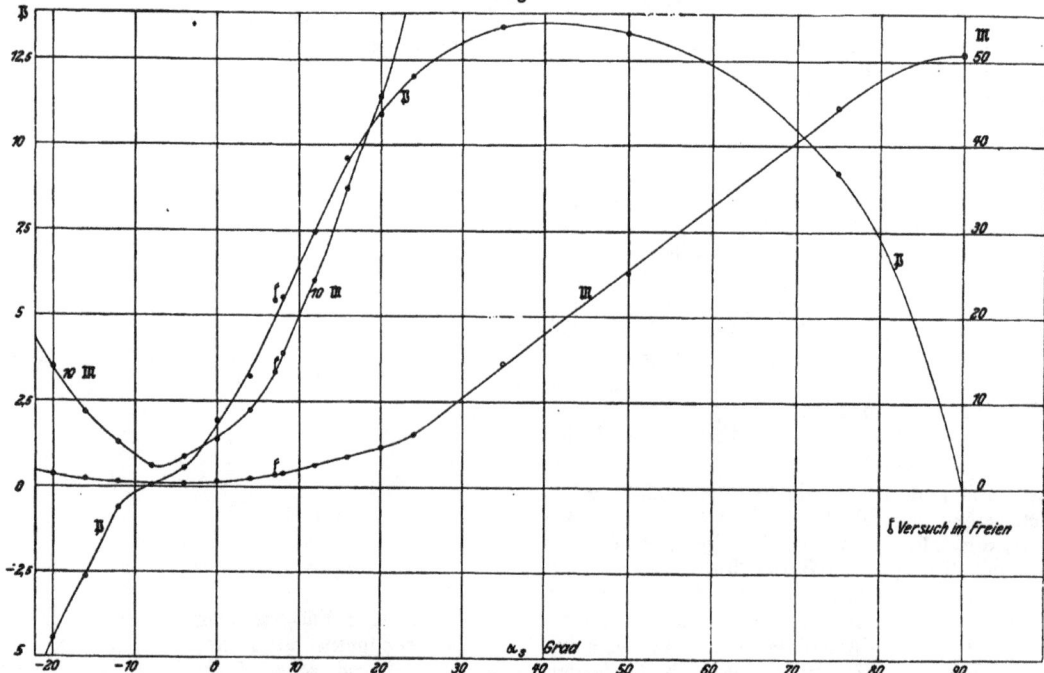

Flügel I.

Fig. 20.

Flügel IIa.

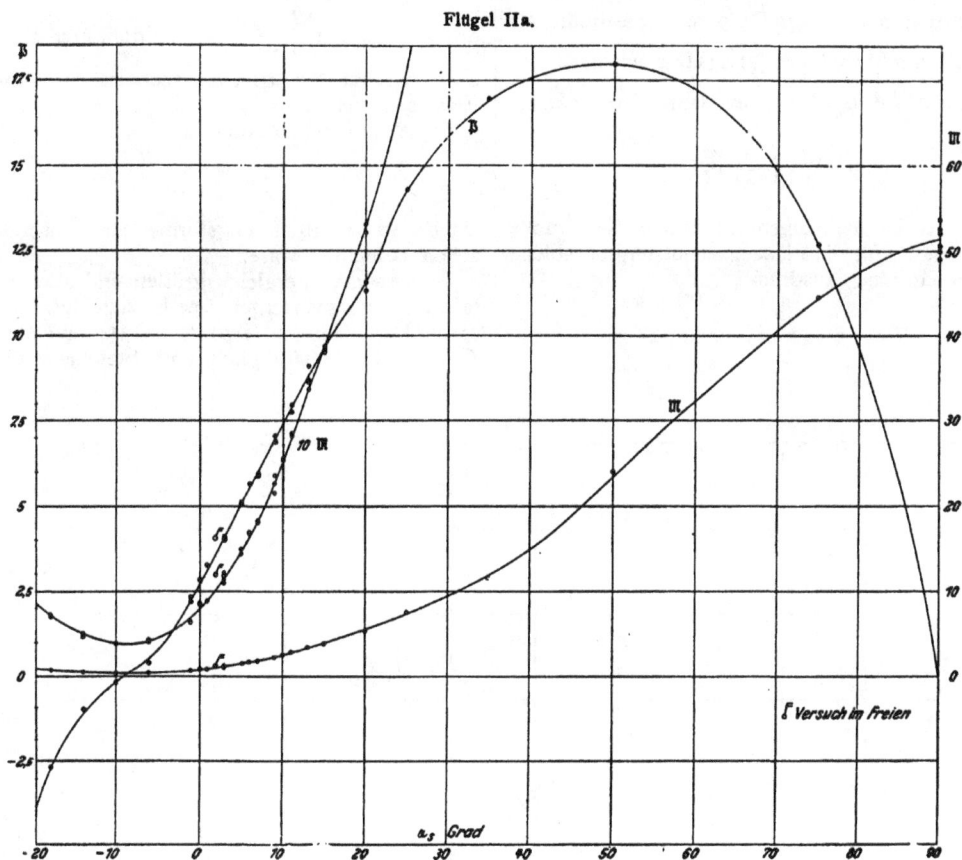

Fig. 21.

wir haben:

$$\frac{P}{N} = C \cdot \frac{75}{u}.$$

C ist also auch unmittelbar der Axialdruck pro Pferde-stärke, wenn die Schraube mit $u = 75$ m/sek. Umfangs-

geschwindigkeit läuft, ein Wert, der praktischen Verhält-nissen gerade gut entspricht. C berechnet sich einfach aus seiner Definition:

$$C = \frac{P}{M} \cdot R = \frac{\mathfrak{P}}{\mathfrak{M}} \cdot R.$$

Flügel IIIa.

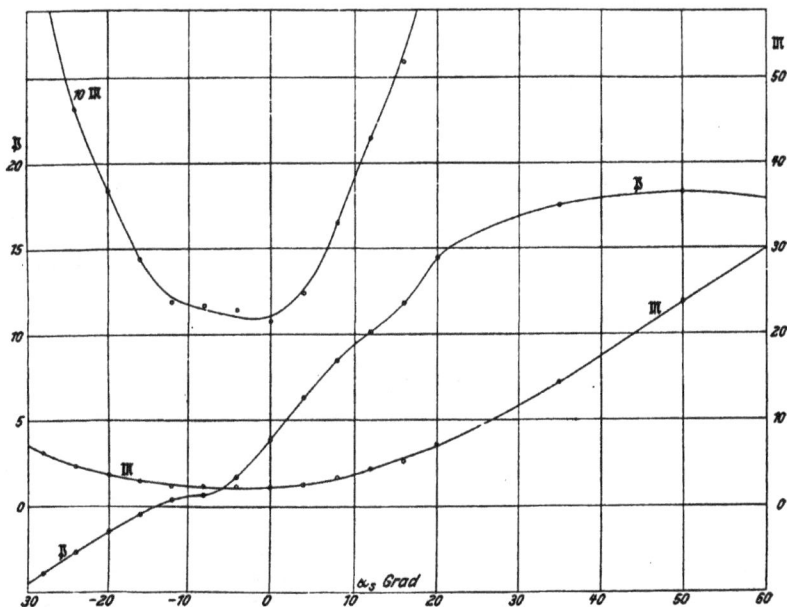

Fig. 22.

Flügel V.

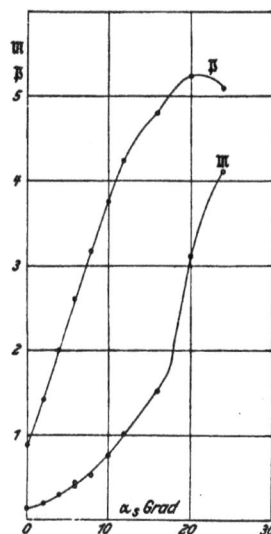

Fig. 23.

Die Flächenausnutzungsgröße $\mathfrak{p}$ war bestimmt als $\mathfrak{p} = \dfrac{\mathfrak{P}}{R^4}$ (Gl. II), mit $\mathfrak{P} = P/\overline{\omega}^2$; jetzt setzen wir auch hier praktischer $\mathfrak{P} = P/n^2\, 10^{-4}\,{}^1)$. $\mathfrak{p}$ ist dann also definiert durch

$$P = \mathfrak{p} \cdot R^4 \cdot \left(\frac{n}{100}\right)^2,$$

woraus anderseits bei beliebigem R und n die Drücke zu berechnen sind. Für die Flächenausnutzung als solche ergibt sich der einfache Ausdruck

$$\frac{P}{F} = \frac{0,09}{\pi^3} \cdot \mathfrak{p} \cdot u^2 = 0,0029\ \mathfrak{p}\ u^2$$

druck noch mit $\left(\dfrac{0,3}{\pi}\right)^2$ zu multiplizieren, um mit dem eben berechneten $\mathfrak{p}$ weiter rechnen zu können. Durch Einsetzen von $\mu = \gamma_0/g$ mit unserem $\gamma_0 = 1,200$ und $g = 9,81$ m/sek^2 erhalten wir

$$\zeta = 0,228\ \sqrt[3]{\mathfrak{p}\ C^2}$$

als bequemste Rechnungsformel für ζ, nachdem $\mathfrak{p}$ und C schon berechnet waren.

Diese drei Vergleichsgrößen sind also in den Zahlentafeln der Versuchsergebnisse hinzugefügt. In den graphischen Darstellungen (Fig. 26 bis 31) sind nur die Größen C und ζ in Abhängigkeit vom Stellungswinkel α_s aufge-

Flügel V a.

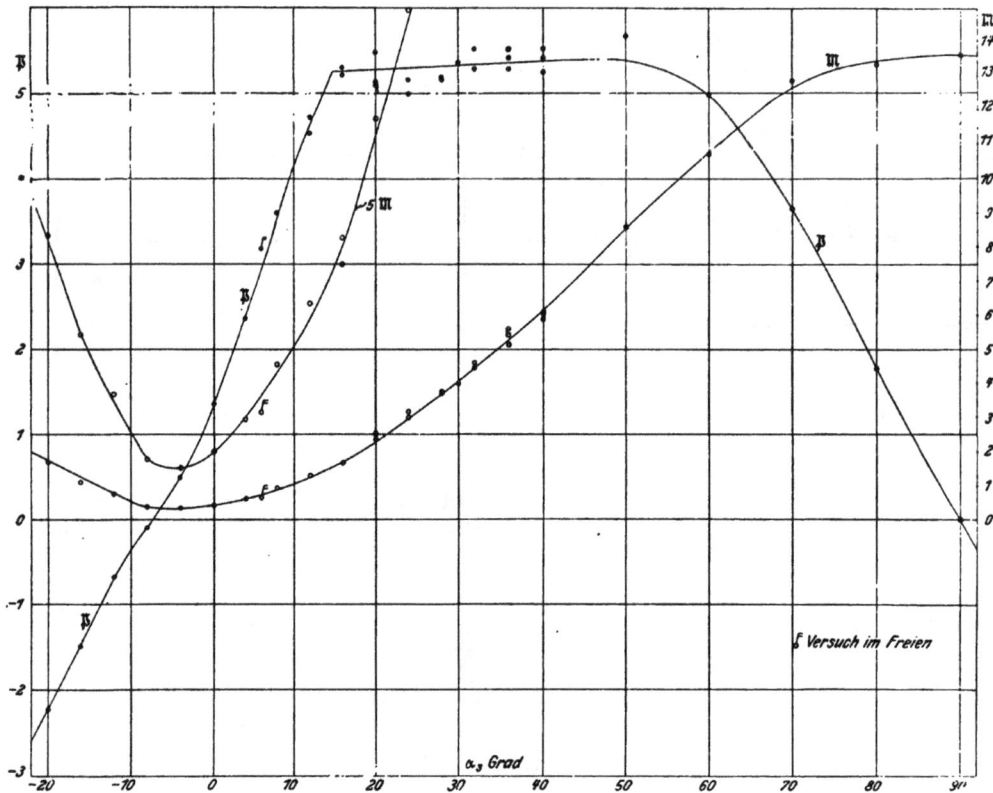

Fig. 24.

in kg/qm. $\mathfrak{p}$ bedeutet unmittelbar den Axialdruck einer Schraube von 1 m Radius bei $n = 100$ minutlichen Umdrehungen.

Schließlich war der Gütegrad ζ, der in früher näher bezeichnetem Sinne die Kraft- bzw. Flächenausnutzung der Schraube zu den höchsten theoretisch erreichbaren in Vergleich setzt, bestimmt durch

$$\zeta^3 = \frac{\mathfrak{p} \cdot C^2}{2\,\mu\,\pi}$$

(Gl. IV), worin $\mathfrak{p}$ auf $\overline{\omega}$ bezogen war. Jetzt ist der Aus-

zeichnet, weil die Vergleichszahl der Flächenausnutzung $\mathfrak{p}$ schon durch die $\mathfrak{P}$-Kurven gekennzeichnet ist; $\mathfrak{p}$ ist bei konstantem R offenbar proportional $\mathfrak{P}$.

Die C- und ζ-Kurven haben je nach der Stetigkeit der $\mathfrak{P}$- und $\mathfrak{M}$-Kurven einen mehr oder weniger glatten Verlauf. Die C-Kurven entsprechen im allgemeinen durchaus dem, was nach der früheren Ableitung (Fig. 10) zu erwarten war. Das Wesen der Erscheinungen ist damit also zutreffend erklärt. Die Höchstwerte von C liegen dementsprechend stets bei sehr kleinen Stellungswinkeln, wo der immer steiler ansteigende Verlauf fast in einer Spitze plötzlich abgebrochen wird. Um die Lage genau zu finden, müssen die Versuchswerte $\mathfrak{P}$ und $\mathfrak{M}$ sehr eng interpoliert werden. Die Höhe ist schon etwas bedingt durch den Widerstand der Nabe mit den freien Armstumpfen, der als ein in allen Fällen gleicher und im allgemeinen belangloser Betrag nicht in Betracht gezogen ist.

${}^1)$ Es ist immer $\mathfrak{P}\overline{\omega} = \mathfrak{P}_n \cdot \left(\dfrac{0,3}{\pi}\right)^2$, wie man aus $\overline{\omega} = \dfrac{2\pi n}{60}$ leicht herleitet. $\mathfrak{P}$ bezogen auf n ist also rd. 100 mal größer als $\mathfrak{P}$, bezogen auf $\overline{\omega}$. Die Unterscheidungszeichen haben wir sonst weggelassen, weil Verwechslungen kaum vorkommen können. Zahlenangaben beziehen sich stets auf $\mathfrak{P}_n$. Entsprechendes gilt für $\mathfrak{M}\overline{\omega}$ und $\mathfrak{M}_n$.

Wichtiger sind die Höchstwerte von ζ, die natürlich erst bei etwas größerem α_s auftreten, da sie in der theoretisch bedingten Weise zwischen Kraft- und Flächenausnutzung vermitteln. Sie gleichen, da C quadratischen Einfluß hat, etwas verschobenen und abgeflachten C-Kurven. Die Maxima sind, besonders bei den Formen mit gewölbter Druckseite (IIa, IIIa, Va), auf ein etwas breiteres Winkelbereich ausgedehnt und werden in dieser Gegend von geringen Winkelunterschieden wenig verändert, die aber in C und $\mathfrak{p}$ große Verschiebungen hervorbringen.

Tabelle 4 gibt nun eine Übersicht der bisher gezeigten Untersuchungen in einer für die weiteren Vergleiche

Flügel Va.

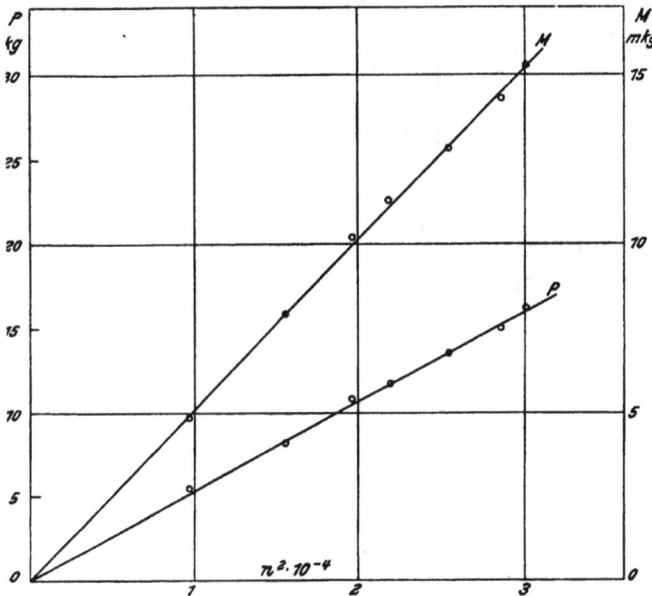

Fig. 25.

geeigneten Form. Darin sind zunächst die Hauptmerkmale der Profile nach Maßgabe der früheren Überlegungen zusammengestellt; den Höchstwerten von ζ sind dann die zugehörigen Werte C und $\mathfrak{p}$ und der entsprechende Stellungswinkel α_s zugefügt, schließlich sind den $\mathfrak{P}$- und $\mathfrak{M}$-Kurven noch einige zur Beurteilung wichtige Angaben entnommen.

Daß sich aus sechs solchen Untersuchungsreihen, obwohl sie schon ein großes Versuchsmaterial darstellen, bereits allgemeine, einheitliche Folgerungen ziehen lassen, ist nach dem früher Erörterten nicht zu erwarten. Daher sollen nur einige Punkte hervorgehoben werden.

Wir haben bei überall gleichem R drei Fälle (I, IIa, IIIa) mit gleicher Breite ($B =$ rd. 0,5 m) und gleicher

Dicke ($S =$ rd. 60 mm), bei denen nur die Wölbungen verschieden sind. Mit zunehmender Wölbung $\left(\dfrac{T}{B_D} \text{ und } \dfrac{H}{B}\right)$ nimmt ζ_{max} ab. Form I mit ebener Druckfläche hat von diesen den höchsten Gütegrad. Der Einfluß der Wölbung ist aber nicht einheitlich: C nimmt mit der Wölbung anfangs zu, dann wieder ab; $\mathfrak{p}$ verhält sich umgekehrt. Die starke Wölbung bei IIIa gibt die höchste Flächenausnutzung ($\mathfrak{p} = 1,17$), der Leergangswiderstand $\mathfrak{M}_0$ ist dabei sehr groß, zehnfach größer als bei Form I; die Kraftausnutzung erscheint im Hinblick darauf noch verhältnismäßig gut.

Form Ia ist mit I in Vergleich zu ziehen: sie ist aus I dadurch entstanden, daß die vordere Abrundung in eine scharfe Kante ausgezogen ist. Der Flügel, bzw. die ebene Druckfläche ist dadurch um ein Viertel breiter geworden; in diesem Verhältnis ist also auch die Flächenbedeckung (Völligkeit) des Schraubenkreises gestiegen. Trotzdem ist $\mathfrak{p}$ etwas gesunken; C und ζ sind aber höher geworden. $\mathfrak{M}_0$ hat sich gegenüber der gerundeten Form I erheblich vergrößert; die neutrale Lage hat sich nach $\alpha_s = 0$ hin verschoben.

Die Flügel V und Va sind mit I und IIa zu vergleichen; sie haben ähnliche, jedoch in Breite und Dicke bedeutend verkleinerte Profile; $B = 0,2$ gegen $0,5$ m. Die Völligkeit beträgt also nur noch 40 v. H. der früheren. Die Flächenausnutzung ist dementsprechend sehr gesunken, die Kraftausnutzung aber erheblich gestiegen. Bei leicht gewölbter Druckfläche (Va) ist der Gütegrad derselbe wie bei der entsprechenden breiten Form (IIa); bei ebener Druckfläche (V) ist er noch erheblich höher als bei I; wäre die Flächenausnutzung nicht so gering, so wäre diese Form mit 75 v. H. der theoretisch erreichbaren Wirkung schon als recht günstig zu bezeichnen. Die neutrale Lage ist bei dieser Form nicht aufgesucht worden. Wie die zugehörige $\mathfrak{M}$-Kurve zeigt, ist $\mathfrak{M}_0$ aber äußerst klein (etwa 0,1), während es bei Va noch erheblich höher ist als bei dem so viel größeren, aber ebenen Flügel I. Die leichte Wölbung der Druckseite (rund 1 : 30) hat also bei dem schmalen Flügel den erwarteten, sehr erheblichen Einfluß; sie steigert die Flächenausnutzung, allerdings sehr auf Kosten der Kraftausnutzung. Bei den breiteren Flügeln tritt diese Wirkung erst bei stärkerem Wölbungsgrad deutlich hervor.

Im ganzen sieht man aus dieser Zusammenstellung, daß die Einflüsse sehr durcheinandergehen. Um sie klar sondern zu können, sind viele Vergleichspunkte nötig. Es dürfte deshalb nicht zu weit gegriffen sein, wenn wir im mitgeteilten Versuchsplan eine zuerst vielleicht überflüssig groß erscheinende Anzahl von Profilen zu systematischer Durchnahme aufgestellt haben.

Um die Leistungsgrößen der Tabelle 4 mit anderweitigen Versuchsergebnissen zu vergleichen, mögen hier

Tabelle 4.

Flügel Nr.	Radius außen R m	Breite $\frac{B}{R}$ v. H.	Wölbung Druckseite $\frac{T}{B_D}$ v. H.	Wölbung Saugseite $\frac{H}{B}$ v. H.	Dicke $\frac{S}{B}$ v. H.	Abrundung vorn $\frac{S_e}{B}$ v. H.	ζ_{max} und zugehöriges v. H.	C	$\mathfrak{p}$	α_s Grad	$\mathfrak{M}_{min}$	α_s für $\mathfrak{M}_{min}$ Grad	α_s für $\mathfrak{P}=0$ Grad	α_s für $\mathfrak{P}_{max}$ Grad	$\mathfrak{P}_{max}$	$\mathfrak{M}_{max}$ (bei $\alpha_s = 90°$)
Ia	1,780	35,1	0	10	10	0	67,2	6,3	0,64	11	0,63	−2	−5	—	—	—
I	1,780	28,8	0	12	12	6,6	66,5	5,7	0,75	12	0,22	−8	−8	40	13,6	50,7
IIa	1,788	28,6	3,7	14	13	5,1	63,5	6,05	0,595	7	0,38	−8	−9	49	18,0	51,6
IIIa	1,779	29,4	8	18	12	4,4	60,2	4,0	1,17	15	2,2	−2	−14	50	18,3	53,6
V	1,779	11,2	0	12	12	8,5	74,5	11,6	0,26	6	—	—	—	20...	5,2	—
Va	1,779	11,2	3,3	12	11	8,5	63,8	7,05	0,44	11	0,3	−5	−7	15...50	5,3	13,6

noch die entsprechenden Angaben für Ch. Renards »Helix optima« folgen, die, wie unsere spätere Zusammenstellung noch näher zeigen wird, von neueren Versuchen

worin n hier die sekundliche Drehzahl, D den äußeren Durchmesser, P und L, wie sonst, Axialschub und Antriebsleistung bedeuten. Unsere Vergleichsgrößen er-

Flügel Ia.

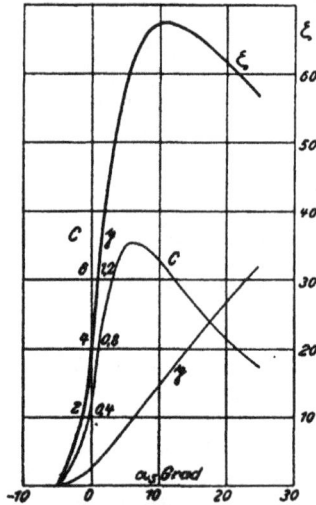

Fig. 26.

Flügel I.

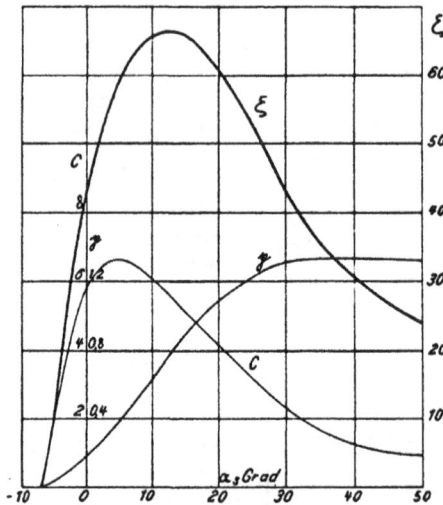

Fig. 27.

Flügel II.

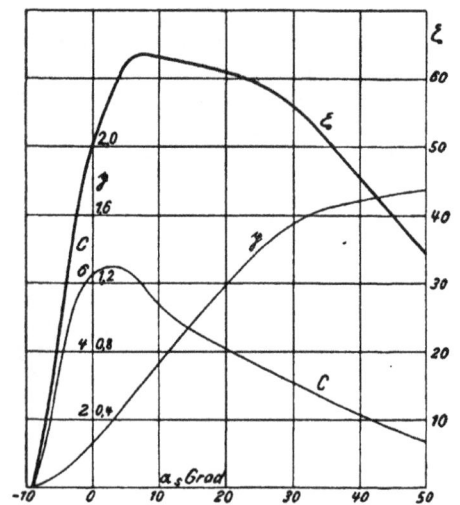

Fig. 28.

Flügel IIIa.

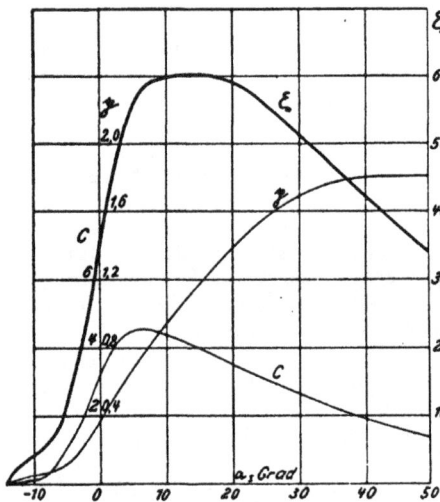

Fig. 29.

Flügel V.

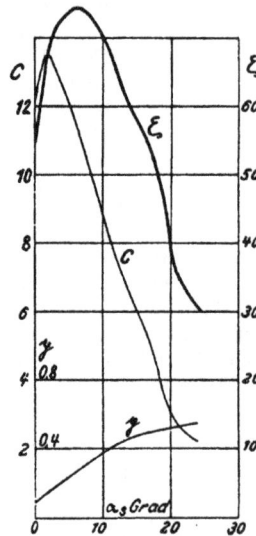

Fig. 30.

Flügel Va.

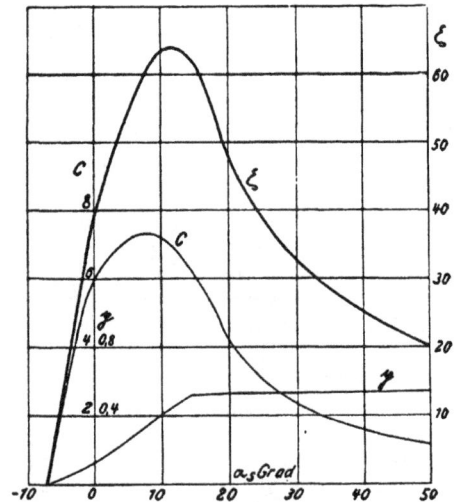

Fig. 31.

noch nicht nennenswert übertroffen ist. Renard hatte bekanntlich unter verschiedenen Schrauben mit konstanter Steigung (H) diejenige mit $H = 0{,}75\,D$ als wirksamste ermittelt. Über Profil, Umrißform usw. dieser Schraube ist Genaueres nicht bekannt. Wie man aus Abbildungen sehen kann, war sie recht scharf geschnitten, nach außen verjüngt und abgerundet; insofern müßte sie unseren geraden, außen immer unvorteilhaft dicken Flügeln (mit konstantem Profil) erheblich voraus sein.

Renard hat für diesen Schraubentyp folgende Leistungsformeln angegeben:

$$P = 0{,}026\, n^2\, D^4.$$
$$L = 0{,}01521\, n^3\, D^5,$$

geben sich daraus leicht zu

$$C = 5{,}37; \quad \mathfrak{p} = 1{,}15; \quad \zeta = 0{,}734.$$

Der Gütegrad ist also nicht höher, als wir ihn schon bei der geraden, nicht verjüngten Form bald erreicht haben. Unsere Flügel V sind, nach dem Gütegrad beurteilt, der Renardschen gleichwertig. Sie geben mehr als doppelte Kraftausnutzung auf Kosten der Flächenausnutzung, die entsprechend fast vierfach kleiner ist. Bei planmäßiger Durchnahme der Profile kann man danach annehmen, daß schon mit geraden Flügeln die Renardschen Zahlen übertroffen werden können.

Systematische Versuche.

1. Versuche über den Einfluß radial veränderlicher Schraubensteigung.

Bei den bisher von uns mitgeteilten Luftschrauben-Untersuchungen[1]) waren die 'Flügel immer »gerade« (prismatisch), die Flügelwinkel und -profile also auf allen Radien gleich. Um eigentliche Schraubenformen von verschiedener Steigung zu erhalten, genügt es nicht, feste Flügel mit verschiedenem Wirkungswinkel gegen die Drehebene einzustellen, sondern sie müssen, wenn man nicht für jeden Versuch neue Flügel benutzen will oder kann, in sich selbst verwindbar sein. Dann kann man aber zugleich auch beliebige Übergangsformen zwischen der geraden und der eigentlichen Schraubenform herstellen und darüber noch hinaus Formen mit nach innen zunehmender Steigung erzeugen.

Fig. 32 Taf. 1 zeigt die benutzte Konstruktion. Hölzerne Profilscheiben sitzen drehbar auf dem durchgehenden Stahlrohrarm des Flügels; die äußerste Profilscheibe ist mit diesem Arm fest verbunden; die innerste ist an einem, auf dem Arm besonders feststellbaren Flanschenstück befestigt; man kann sie beliebig gegen die äußere verdrehen. Durch sämtliche Scheiben läuft außerdem eine Stellstange, die bei Verdrehung windschief zum Rohrarm gerichtet wird und alle Zwischenscheiben in gleichmäßigen Winkelunterschieden festhält. Sie erleidet dabei eine kleine schraubenförmige Verbiegung derart, daß ihre Mittellinie in radialer Projektion als Kreisbogen erscheint. Vernachlässigt man die kleinen Pfeilhöhen dieses Bogens, was zulässig ist, da es sich höchstens um rund 20° Bogenlänge, entsprechend der Verdrehung, handelt, so läßt sich das hervorgebrachte Verdrehungsgesetz in einfacher Form ausdrücken: es ist $\sin \alpha = H - B \cdot r$, worin α den Steigungswinkel auf einem beliebigen Radius r, H und B Konstante bedeuten, die von der jeweiligen Einstellung abhängen. Wie eine nähere Untersuchung leicht zeigt, kommt darin die reine Schraubenform $r \cdot \operatorname{tang} \alpha = \operatorname{konst.}$ mit guter Annäherung vor, wenn man den Flügel nicht ganz bis zur Nabe fortsetzt. Wir bezeichnen die auf die Sehne bezogenen Stellungswinkel außen und innen jetzt als α_{sa} und α_{si}. Ihr Unterschied $\alpha_{si} - \alpha_{sa}$ ist das unmittelbare Maß der jeweiligen Verdrehung. Stellt man nun bei irgendeinem α_{sa} den inneren Winkel so ein, wie es das Gesetz der Schraubenfläche verlangt, so beträgt die größte Abweichung von diesem Gesetz in der Mitte des Flügels bei den größten vorkommenden Verdrehungen nur etwa 3°. Man ist also in der Lage, sowohl eine Folge verschiedener »reiner« Schraubenformen mit konstanter Steigung (bezogen auf die Sehnenrichtung der Druckseite), als auch beliebige Zwischenformen mit radial veränderlicher Steigung einzustellen.

Die Bespannung der Flügelfläche mußte, um die Verdrehung zuzulassen, natürlich nachgiebig sein. Trotzdem glatte Flächen zu erhalten, war die Hauptschwierigkeit. Als geeignet erwies sich ein Bezug mit Drahtgewebe, das bei hoher Dehnbarkeit doch eine steife Unterlage bildet, um einen durch dünne Blechstreifen darauf befestigten Ueberzug aus Flügel-Stoff gegen Einbeulen durch den Luftdruck zu unterstützen. Die Bespannung bleibt dadurch im Betriebe vollständig glatt und straff, wie man in Fig. 33 und 34 sehen kann. Nur beim Zurückstellen von stark verdrehter Form mußten leichte Falten durch etwas Nachspannen beseitigt werden. Hohle Wölbungen sind natürlich schwerer glatt zu bespannen als konvexe, weil die Spannung den Stoff ab-

[1]) Ztschr. f. Fl. u. M. 1910 Heft 22 u. 23.

zuheben sucht. Zuerst wurde deshalb ein Profil mit ebener Druckfläche gewählt. Doch ist später auch bei konkaver Druckfläche der Versuch vollständig gelungen. Die Stoffoberfläche ist natürlich nicht ganz so glatt wie der Blechbelag bei den geraden Flügeln. Die etwa 2 mm weiten Maschen des Drahtgewebes zeichnen sich an den Druckstellen allmählich durch leichte Eindrücke

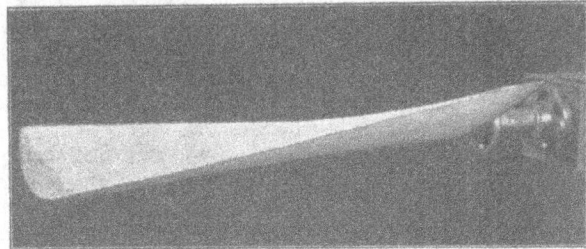

Fig. 33.

ab. Wie Vergleiche zeigen, haben aber die kleinen Unterschiede der Oberflächenbeschaffenheit keinen merkbaren Einfluß.

Des Vergleichs mit den früheren Formen wegen ist ein diesen ähnliches Profil gewählt worden; es ist gleich dem Flügel IIa, Fig. 15, nur ist die Wölbung der Druckseite zunächst geradlinig ausgefüllt worden, das Profil hier also durch die Sehne begrenzt. Damit ist den Versuchserfordernissen ein gewisses Opfer gebracht.

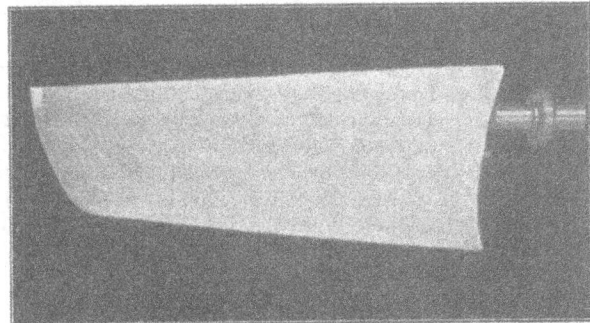

Fig. 34.

Die Flügel sind noch etwas dicker als die bisherigen, nicht verdrehbaren, was sich in den Leistungszahlen geltend macht. Doch konnte es hier überhaupt weniger auf hohe Güte an sich ankommen als auf eine Übersicht der durch die Verdrehungen auftretenden Verschiebungen in den Leistungsgrößen.

Zum Ausgangspunkt für die durchzunehmenden Verdrehungen wurde eine Folge von sechs »reinen« Schraubenformen gewählt mit von 0 ab um je 20 % wachsendem Steigungsverhältnis. Folgende Übersicht zeigt die dementsprechenden Winkel α_{sa} und α_{si} auf dem äußeren und inneren Radius:

Steigungsverhältnis $\frac{H}{2\,R}$ ..	0	0,2	0,4	0,6	0,8	1,0
α_{sa} auf $R = 1{,}785$ m, Grad	0	3,6	7,2	10,8	14,3	17,6
α_{si} auf $R_i = 0{,}785$ m, Grad	0	8.2	16,1	23,5	30,1	35,9
Verdrehung $\alpha_{si} - \alpha_{sa}$, Grad	0	4,6	8,9	12,7	15,8	18,3

Um zu diesen Schrauben von konstanter Steigung noch eine Reihe von Zwischenformen mit radial veränderlicher Steigung zu erhalten, wurden einerseits die Verdrehungen, anderseits die äußeren Stellungswinkel α_{sa} nach obiger Übersicht festgehalten, aber wechselweise kombiniert. So entstand ein Netz von Versuchspunkten, das zwei sich kreuzende Kurvenscharen ergibt, eines für konstante äußere Steigung, eines für konstante Verdrehung.

Fig. 35 u. 36 Tafel 1 zeigen dieses Netz in räumlicher Darstellung, und zwar Fig. 35 für die Schraubendruckkonstante $\mathfrak{P}$, Fig. 36 für die Drehmomentenkonstante $\mathfrak{M}$[1]). Diese Darstellung diente zur übereinstimmenden Interpolation nach dem doppelten Zusammenhang. Trotz des vorgängigen Ausgleichs der ursprünglichen Versuchswerte beim Ermitteln der $\mathfrak{P}$ und $\mathfrak{M}$ waren noch manche Unstimmigkeiten übrig geblieben, die meist nicht von eigentlichen Messungsfehlern, sondern von Ungenauigkeiten der beabsichtigten Winkeleinstellung u. dergl. herrührten, wie man bei näherem Vergleich daran sieht, daß entsprechende $\mathfrak{P}$- und $\mathfrak{M}$-Punkte vielfach übereinstimmende Abweichungen in beiden Figuren zeigen. In den weiter zu berechnenden Vergleichsgrößen C (bzw. $\mathfrak{C}_N$) und ζ bringen aber schon kleine Unterschiede große Verschiebungen hervor. Um gewisse Zweifel aufzuklären, mußten wir schließlich noch 5 weitere Versuchsreihen einlegen, die nun das Netz auf Steigungsunterschiede von je $0,1\,D$ verdichteten. So erst war zu entscheiden, daß einige auffällige Wellen, die zuerst vorzukommen schienen (und die nach früherem auch wohl vorkommen können), in diesen Kurven nicht der Wirklichkeit entsprachen. Die Kurven verlaufen im ganzen Versuchsbereich durchaus stetig. (Es sind, wie immer, alle überhaupt ausgewerteten Versuche in die Darstellungen eingetragen. Jeder Punkt repräsentiert aber bereits eine Reihe von Messungen bei verschiedenen Umlaufsgeschwindigkeiten (vergl. Fig. 11).

Fig. 37 u. 38 Taf. 1 enthalten schließlich die aus den interpolierten $\mathfrak{P}$- und $\mathfrak{M}$-Kurven berechneten Vergleichszahlen für Kraft- und Raumausnutzung, C (bzw. hier ausnahmsweise $\mathfrak{C}_N$) und ζ. Die mit 0 bis 10 bezeichneten Kurven entsprechen immer je einem gleichbleibenden Verdrehungswert $\alpha_{si} - \alpha_{sa}$ von 0 bis $18,3^0$ nach Maßgabe obiger Aufstellung mit den zwischengelegten Werten. Sie geben also für je eine feste Flügelform die Änderungen von $\mathfrak{C}_N$ bzw. ζ bei zunehmender äußerer Steigerung. Die Kurven 0 entsprechen der geraden Flügelform und sind gleichbedeutend den früheren C- und ζ-Kurven. In Kurve 1 hat der Flügel die kleine, der Schraubenfläche $\frac{H}{D} = 0,1$

---

[1]) Es bedeutet, wie früher erläutert (Ztschr. f. Fl. u. M. 1910, S. 177 ff.)

$$P = \mathfrak{P}\left(\frac{n}{100}\right)^2 \text{ den axialen Schraubendruck in kg,}$$

$$M = \mathfrak{M}\left(\frac{n}{100}\right)^2 \text{ das Drehmoment in mkg. } (n \text{ die minutliche Drehzahl)},$$

ferner

$$\zeta = \sqrt[3]{\frac{P^3}{2\,\mu\,F\,L^2}} \text{ den Gütegrad,}$$

worin $F = R^2\,\pi$ die Fläche des Schraubenkreises in qm, L die Antriebsleistung in mkg/Sek. und in Fig. 37 Tafel 1 ausnahmsweise

$$\mathfrak{C}_N = 7,162\,\frac{P}{M} \text{ die Vergleichsgröße für die}$$

Kraftausnutzung, die wir sonst in die allgemeinere, dimensionslose Form $C = R\cdot\frac{P}{M}$ fassen, in der sie unabhängig von der gerade vorliegenden Schraubengröße (Radius R) für die ganze Schar geometrisch ähnlicher Schrauben den gleichen Wert hat. Obiges $\mathfrak{C}_N$ hat dagegen eine mehr unmittelbar anschauliche Bedeutung; es ist der Schraubendruck in kg, der auf 1 PS bei $n = 100$ erzeugt wird. Die Umrechnung ist in diesem Falle besonders einfach. Mit $R = 1,785\,m$ ist zufällig fast genau $C = \frac{1}{4}\,\mathfrak{C}_N$.

Die allgemeine Vergleichsgröße für den Schraubendruck, $\mathfrak{p}$, ergibt sich ebenfalls sehr einfach aus $\mathfrak{P}$: es ist $\mathfrak{p} = \frac{\mathfrak{P}}{R^4} = \frac{\mathfrak{P}}{10,10}$.

entsprechende Verdrehung. Ihr Schnittpunkt mit der Ordinate $0,1$ bzw. $\alpha_{sa} = 1,8^0$ repräsentiert also diese Schraubenfläche. Entsprechendes gilt für die weiteren Kurven. Die eingetragene Verbindungskurve der hervorgehobenen Schnittpunkte stellt also die ganze Folge der Schraubenflächen von $\frac{H}{D} = 0$ bis 1 dar. Hinzugefügt ist noch nach einigen besonderen Aufnahmen (vgl. Fig. 35 und 36 Tafel 1) ein Kurvenstück (mit 14 bezeichnet), wobei die Verdrehung noch erheblich stärker ist.

In beiden Figuren sieht man, daß die Verdrehung 0, also die gerade Flügelform, mit nach außen proportional den Radien abnehmender Steigung, nicht günstig ist, wie das nach früherem nicht anders zu erwarten war. Sowohl $\mathfrak{C}_N$ wie ζ wachsen mit zunehmender Verdrehung. Aber auch die »reine« Schraubenform mit konstanter Steigung stellt noch nicht den günstigsten Fall dar. Erst bei noch stärkeren Verdrehungen, also nach innen zunehmender Steigung, werden die Höchstwerte erreicht, und zwar für die Kraftausnutzung, wenn die Steigung außen $0,1\,D$, innen $0,6$ bis $0,7\,D$ beträgt; für den Gütegrad, wenn die Steigung außen $0,3\,D$ ($\alpha_{sa} = 5$ bis 6^0), innen $1\,D$ beträgt.

Man sieht aber auch, daß die Unterschiede im Höchstwert der Gütegrade, die man mit den verschiedenen Verdrehungen erreichen kann, nicht sehr groß sind. Die Höchstpunkte sind in Fig. 38 Tafel 1 hervorgehoben. Alle Kurven erreichen einmal Werte von ζ, die zwischen 61 bis 64 % liegen. Konstante Steigung ergibt im Höchstfall 63 %.

Beträchtlicher sind die Unterschiede im Höchstwerte der Kraftausnutzung: Sie steigt von 22,0 kg/PS bei gerader Form (immer bezogen auf $n = 100$) auf 23,3 kg/PS bei Schraubenform und bis 23,9 kg/PS bei günstigster Steigungszunahme. Das sind Verbesserungen um 6 bzw. $8\frac{1}{2}$ %.

Wir haben zum Vergleich noch entsprechende Aufnahmen mit einem ganz ähnlichen, nur auf der Druckseite gewölbten Flügelprofil gemacht. Dabei treten innerhalb des Versuchsbereiches schon Unstetigkeiten der früher besprochenen Art auf. Es gibt Flügelstellungen, bei denen sich die zusammengehörigen Werte von $\mathfrak{P}$ und $\mathfrak{M}$ ohne Veranlassung sprunghaft ändern. Deshalb ist es außerordentlich schwierig, ein klares Bild des durchschnittlichen Verhaltens zu bekommen, und wir wollen, obwohl wir viel Mühe darauf verwandt haben, auf die Veröffentlichung von Ergebnissen lieber verzichten, die keine klaren Schlußfolgerungen zulassen. Man sieht daran von neuem, daß es bei solchen Versuchen eines ungewöhnlichen Maßes von Sicherheit in den Messungen bedarf.

2. Einige Versuche über den Einfluß von Vorsprüngen auf verschiedenen Stellen des Flügelprofils.

Bei Schrauben mit Flügeln aus Stahlblech oder aus dünnen, stoffbespannten Rahmen findet man die durch den tragenden Arm u. dgl. verursachte Verdickung und auch sonstige unvermeidliche Unregelmäßigkeiten der Oberfläche gewöhnlich auf die Saugseite verlegt. Man ist gefühlsmäßig bestrebt, die Druckseite möglichst glatt zu machen. Die folgenden Versuche liefern eine deutliche Bestätigung dafür, daß dieses Gefühl aus falschen Vorstellungen entspringt.

Das schon früher untersuchte gerade Flügelpaar IIa, dessen Profil in Fig. 39 nochmals abgebildet ist, wurde bei dem Anstellwinkel von 2^0, bei dem es früher die beste Kraftausnutzung gegeben hatte, nacheinander an sechs verschiedenen Stellen mit einer außen aufgeschraubten Leiste versehen, die parallel zu den Erzeugenden über die ganze Flügellänge durchlief (äußerer Radius $R = 1{,}788$, innerer $0{,}753$ m). Die verschiedenen Stellungen, von denen also für jeden Versuch immer nur

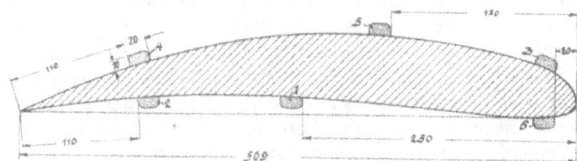

Fig. 39.

eine gilt, sind in der Reihenfolge zunehmender Verschlechterung der Schraubenwirkung numeriert. Folgende Zahlentafel zeigt die Verhältnisse. In der ersten Reihe stehen die Werte ohne Leiste.

Stellung der Leiste	$\mathfrak{P}$	$\mathfrak{M}$	C	$\dfrac{C_0 - C}{C_0}$ %	ζ	$\dfrac{\zeta_0 - \zeta}{\zeta_0}$ %
	3,60	1,20	5,37	0	0,493	0,
1	3,53	1,19	5,30	1,1	0,486	1,4
2	3,24	1,22	4,75	11,5	0,439	11,0
3	3,30	1,28	4,61	14,1	0,433	12,2
4	3,01	1,33	4,05	24,6	0,385	21,9
5	2,94	1,36	3,87	28,0	0,370	24,9
6	3,06	1,49	3,67	31,5	0,363	25,5

Natürlich sind die Verhältnisse durch die mit ungeminderter Stärke über die ganze Flügellänge durchlaufende Leiste stark übertrieben. In Wirklichkeit flacht man aufgenietete Arme u. dgl. rasch ab und läßt sie kaum bis zur halben Länge gehen.

Man sieht aber, daß die Mitte der Saugseite, wo man sie gewöhnlich anbringt, gerade eine recht ungünstige Stellung ist. Hier betrug der Verlust an Kraftausnutzung 28%. Dagegen hat in der Mitte der Druckseite selbst unsere durchlaufende Leiste überhaupt kaum einen merklichen Verlust hervorgebracht (ca. 1%).

Die Ursache dieser Erscheinung ist aerodynamisch leicht verständlich. Auf der Saugseite herrschen stark verminderte Drücke und deshalb hohe Relativgeschwindigkeiten der Luft gegen die Flügel; hier erzeugen Unregelmäßigkeiten besonders heftige Wirbel. An der konkaven Druckseite ist es umgekehrt. Wir dürfen daraus schließen, daß die Wölbungsform der Druckseite überhaupt keinen so erheblichen Einfluß hat, wie man gewöhnlich meint. Die Saugseite ist viel wichtiger. Das gilt in gleichem Maße übrigens auch für Drachenflügel.

3. Versuche über den Einfluß des Armwinkels.
(Neigung der Erzeugenden gegen die Drehebene.)

Unsere verstellbare Schraubennabe (Fig. 40) erlaubt eine Winkelverstellung der Flügelarme aus der Drehebene bis um 20^0 nach beiden Seiten. Wir bezeichnen den Armwinkel mit β und zählen ihn positiv gegen die Eintrittsseite der Luft hin, also nach vorn im Sinne des Schiffes, und bei unseren Versuchen nach unten.

Benutzt wurden die früher schon untersuchten geraden Flügel IIa[1]), und zwar mit dem unveränderten Anstellwinkel $\alpha_s = 7^0$, bei dem sie früher den besten Gütegrad gegeben hatten.

Die gemessenen Werte von $\mathfrak{P}$ und $\mathfrak{M}$ (Fig. 41) zeigen, daß mit zunehmendem β die Luftwiderstandskräfte nicht

[1]) Vgl. Fig. 15 u. 21 (Ztschr. f. Fl. u. M. 1910 Heft 23).

unerheblich wachsen. $\mathfrak{P}$ überschreitet bei $\beta = +15^0$ ein Maximum, $\mathfrak{M}$ erreicht es erst bei $\beta = +20^0$.

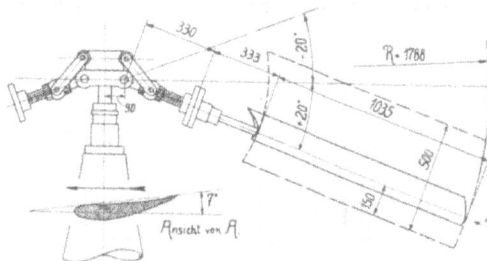

Fig. 40.

Folgende Zusammenstellung gibt die verhältnismäßige Steigerung der Kräfte, bezogen auf die Werte bei $\beta = 0^0$.[1])

$\beta =$	-20	-15	-10	-5	0	$+5$	$+10$	$+15$	$+20^0$
$\mathfrak{P}_\beta / \mathfrak{P}_0 =$	0,60	0,71	0,81	0,91	1	1,08	1,13	1,16	1,14
$\mathfrak{M}_\beta / \mathfrak{M}_0 =$	0,51	0,64	0,77	0,89	1	1,10	1,17	1,21	1,21

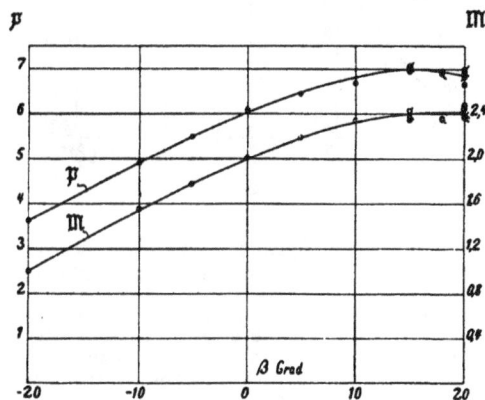

Fig. 41.

Die Drehmomente nehmen, wie man sieht, nach negativem β hin verhältnismäßig stärker ab als die Schubkräfte. Das bedingt eine verbesserte Kraftausnutzung.

Bei Berechnung der allgemeinen Vergleichszahlen

$$C = \frac{\mathfrak{P}}{\mathfrak{M}} \cdot R \quad \text{für die Kraftausnutzung,}$$

$$\mathfrak{p} = \frac{\mathfrak{P}}{R^4} \quad \text{für die Flächenausnutzung,}$$

$$\zeta = 0{,}228 \sqrt[3]{\mathfrak{p} \, C^2} \quad \text{als Gütegrad}$$

ist zu beachten, daß der Schraubenradius R sich verkleinert, wenn die Flügel schräg gestellt werden, und der Unterschied ist besonders bei $\mathfrak{p}$, wo R in 4. Potenz auftritt, nicht zu vernachlässigen. Ist $R_\beta = \lambda R$, so erhält man aus den zunächst mit unverändertem R bezeichneten C, $\mathfrak{p}$ und ζ die wahren Werte C_β, $\mathfrak{p}_\beta$ und ζ_β durch folgende Reduktion:

$C_\beta = C\lambda$; $\mathfrak{p}_\beta = \mathfrak{p}\lambda^{-4}$; $\zeta_\beta = \zeta\lambda^{-2/3}$, und zwar ist

$$\lambda = \frac{90 + 1698 \cos\beta}{1788}, \quad \text{also bei}$$

$\beta =$	0	5	10	15	20^0
$\lambda =$	1	0,996	0,986	0,967	0,943
$\lambda^{-4} =$	1	1,016	1,058	1,145	1,266
$\lambda^{-2/3} =$	1	1,003	1,009	1,023	1,040

[1]) Die Drehmomentenkonstante $\mathfrak{M}$ hat sich dabei gegen früher nicht unerheblich vergrößert, was von gewissen Verschlechterungen der Flügelform herrühren mag. Die Flügel waren inzwischen zu anderen Versuchen abgeändert und wiederhergestellt worden. Hier kommt es nur auf die relativen Werte bei den verschiedenen β an.

4

In Fig. 42 sind die mit einfachem R berechneten Werte gestrichelt dargestellt, dazu dann in vollen Linien die auf R_β umgerechneten, die beim Vergleich der Schrauben-

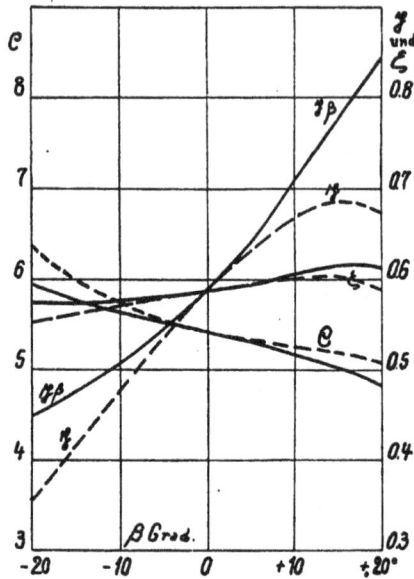

Fig. 42.

typen schließlich maßgebend sind. Im Verhältnis zu der Schraube mit $\beta = O^0$ stellen sie sich wie folgt:

$\beta =$	-20	-15	-10	-5	0	$+5$	$+10$	$+15$	$+20$
$C_\beta/C_0 =$	1,10	1,065	1,035	1,016	1	0,974	0,952	0,932	0,884
$\mathfrak{p}_\beta/\mathfrak{p}_0 =$	0,76	0,81	0,86	0,93	1	1,10	1,20	1,33	1,43
$\zeta_\beta/\zeta_0 =$	0,97	0,97	0,97	0,98	1	1,01	1,02	1,05	1,04

Bei Schiffsschrauben findet man oft eine nach hinten gerichtete, also negative Schrägstellung der Flügel um 5^0 bis 15^0. Nach Erfahrungen soll das den Wirkungsgrad verbessern. Unsere Versuche bestätigen in der Tat, daß die Kraftausnutzung bei Neigungen bis 20^0, und anscheinend noch darüber hinaus, zunimmt. Man wird dieses Ergebnis also wohl verallgemeinern dürfen.

Trotzdem verschlechtert sich dabei der Gütegrad etwas. Denn der Gewinn an Kraftausnutzung wird durch eine so starke Einbuße in der Flächenausnutzung erkauft, daß dieser Verlust im Gütegrade überwiegt, obwohl C darin quadratischen Einfluß hat. $\mathfrak{p}$ ist z. B. bei $\beta = -20^0$ schon um 24% gesunken, während C nur um 10% gestiegen ist.

Wo man im Schraubendurchmesser beschränkt ist, wird man den Flügeln also eher eine positive Neigung nach vorn geben. Dann kann man mit geringfügigem Opfer an Kraftausnutzung, z. B. von 5% bei $\beta = +10^0$, die Flächenausnutzung schon um 20% steigern, also mit einem rd. 10% kleineren Schraubendurchmesser auskommen.

Die hydrodynamische Erklärung dieser Verhältnisse hat anzuknüpfen an die in und hinter der Schraube sich vollziehende Strahlkontraktion. Die konvergierenden Stromfäden werden erst bei erheblich negativer Armstellung von den Schraubenflügeln rechtwinkelig geschnitten. In diesem Falle geht die Luft auf dem kürzesten Wege durch die Schraube, und es ist verständlich, daß sie dann am wenigsten in tangentialer Richtung mitgerissen wird. Die Rotation des Strahles wird also am kleinsten und damit wird eine der wichtigsten Energieverlustquellen eingeschränkt. Diese Erklärung der Kraftersparnis durch rückwärts geneigte Flügel wird die Sache besser treffen als die

öfter gegebene Erklärung, daß schräg nach hinten gestellte Schraubenflügel den Strahl »gegen die Fliehkräfte zusammenhalten«. Denn dafür sorgt schon das aus dynamischen Gründen immer vorhandene Bestreben des Strahles, sich in und hinter der Schraube einzuschnüren und die Fliehkräfte, die ja nur als sekundäre Folge der dem Strahl erteilten Rotationsgeschwindigkeiten auftreten, reichen selbst bei schlechten Schrauben und viel zu steilen Flügelstellungen nicht aus, um dem entgegen die Luft nach außen zu schleudern. Schon bei flüchtigen Beobachtungen an Fähnchen oder Fäden, die man den Flügelspitzen nähert, kann man sehen, daß sie die Luft immer lebhaft nach innen saugen und nirgends nach außen treiben.

Die immer wieder auftauchenden Erfindungen, welche die »Fliehkräfte ausnutzen« wollen, haben daher, wie man bei Schiffsschrauben längst vielfach erprobt hat, auch bei Luftschrauben keinen Zweck.

Der Gewinn der Flächenausnützung bei positivem β erklärt sich wohl daraus, daß vorwärts geneigte Flügel der Strahleinschnürung entgegenwirken und dadurch größere Luftmengen in den Strahl hineingezogen werden.

4. Versuche über den Einfluß der Wölbung bei Kreissichel-Profilen mit ebener und gewölbter Druckseite.

Wegen der Auswahl dieser zunächst ausführlicher untersuchten Formen beziehen wir uns auf das in unseren vorjährigen Berichten Gesagte, ebenso bezüglich der vorläufigen Beibehaltung »gerader« (nicht schraubenförmig verwundener) Versuchsflügel und bezüglich der Festsetzungen über die verschiedenen Rechnungsgrößen und Vergleichszahlen. Wir behalten als schließliche Vergleichsgröße den Gütegrad (ζ) bei, der zwischen den widerständigen Interessen hoher Kraftausnutzung (C) und hoher Flächenausnutzung ($\mathfrak{p}$) immerhin den besten Vermittlungsmaßstab bildet. ζ und C stellen wir, wie früher, für jede Form als Kurve dar, abhängig vom Stellungswinkel (α); $\mathfrak{p}$ ist proportional der unmittelbar aus den Versuchen gewonnenen Größe $\mathfrak{P}$ ($= 10^4 \dfrac{P}{n^2}$; $P =$ Axialschub in kg) und braucht nicht besonders dargestellt zu werden. Man hat $\mathfrak{p} = \mathfrak{P} : R^4$, also mit dem gemeinsamen Schraubenradius $R = 1{,}795$ m $\mathfrak{p} = 0{,}0965\,\mathfrak{P}$.

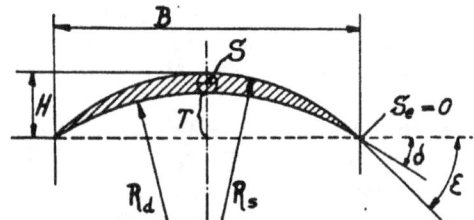

Fig. 43.

Fig. 43 zeigt den Typus der untersuchten Sichelprofile und die benutzten Bezeichnungen. Obwohl gewisse noch zu erwähnende aerodynamische Gesichtspunkte gegen die Güte solcher, auch vorn scharf geschnittener Formen als Drachenflügel sprechen, scheint ihre eingehende Untersuchung als Schraubenflügel doch in erster Linie geboten, weil die gedachten Gründe auf diesen Fall nicht ohne weiteres anwendbar sind. Dem unbefangenen Gefühl müssen solche Formen vielmehr als die aussichtsvollsten erscheinen. Im praktischen Propellerbau sind sie denn auch die gebräuchlichsten; und schließlich sind sie geometrisch am einfachsten scharf zu bestimmen, wenn man wenigstens von Kreiszylinderschalen mit gleicher Wölbung auf beiden Seiten absieht, die unnötig dicke Hinterkanten verlangen und zu praktischer Anwendung kaum in Frage kommen.

Umrißform, Größe und Bauart der Versuchsflügel sind aus den Fig. 44 bis 49 zu ersehen. Das Flügelblatt

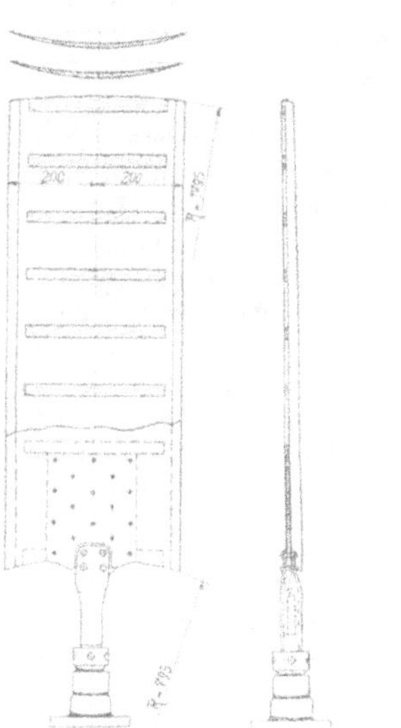

Fig. 44 u. 45 (Flügel 1, 2, 4, 5, 6). 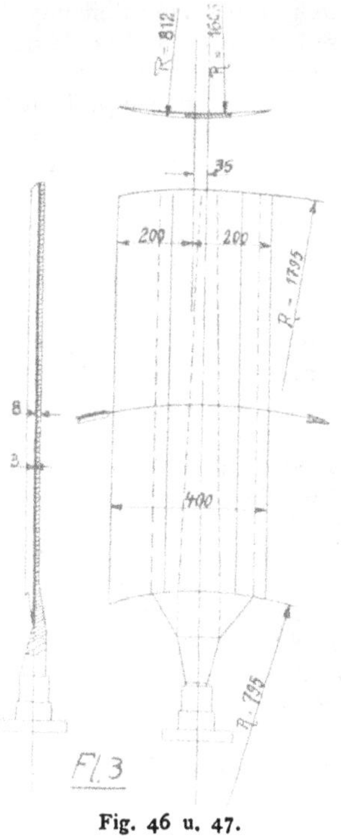 Fig. 46 u. 47.

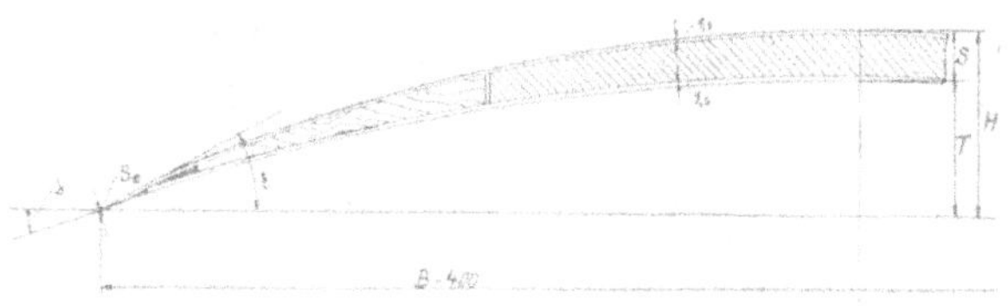

Fig. 48 (Fl. 1, 2, 4, 5, 6).

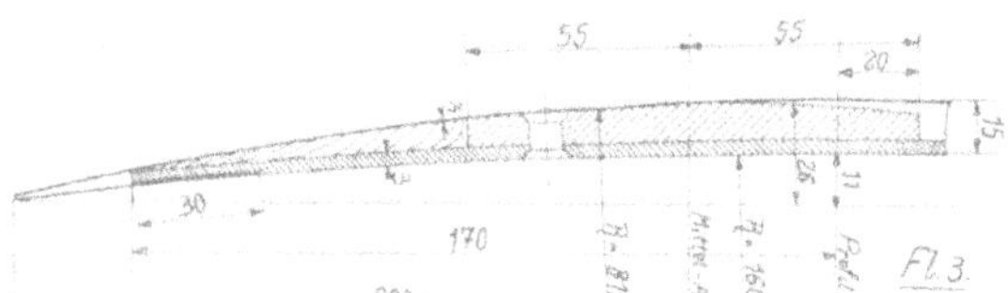

Fig. 49.

hat stets 1 m radiale Länge bei 0,4 m Breite und etwa 12 mm größter Dicke S (in der Mitte). Das ist ziemlich das geringste, was man bei Flügeln dieser Größe erreichen kann, ohne die Dicken nach der Wurzel hin zu vergrößern, wenn merkliche Deformationen im Gange nicht vorkommen sollen. Der äußere Radius R beträgt immer 1,795 m.

Die Konstruktion ist bei allen die gleiche, bis auf das Flügelpaar Nr. 3, bei dem ein schon früher für andere Versuche hergestelltes Gerippe wieder benutzt wurde. Dadurch weicht auch die äußere Form in Kleinigkeiten ab,

von denen man merklichen Einfluß auf die Wirkung kaum erwarten konnte; die Ergebnisse fallen bei dieser Form aber doch etwas aus der Reihe. Der Umriß (Fig. 47) ist nicht, wie bei den übrigen, symmetrisch zu einem Radius, sondern die Profilmitten sind um 35 mm nach hinten verschoben. Das 3 mm starke Stahlblech, das die Mitte der Druckseite bildet (Fig. 49) und mit dem schwertförmig ausgeschmiedeten, im Inneren des Profils bis zum äußeren Umfang durchlaufenden Arm vernietet ist, ragt aus Festigkeitsgründen etwas nach innen aus dem normalen Umriß heraus und bildet eine kleine, dreieckförmige Vergrößerung der Flügelfläche, die aber nahe der Drehachse belegen nur wenig Wirkung haben kann. Schließlich sind bei Nr. 3 auch die Kanten des Profils etwas weniger scharf als bei den übrigen, wie aus den unten folgenden Maßaufnahmen des näheren zu ersehen. Die Kanten sind bei diesen Flügeln noch durch möglichst scharfes Umbiegen eines 0,5 mm starken Bleches (Weißblech) gebildet, welches, wie Fig. 49 zeigt, glatt an das erwähnte starke Druckseitenblech anschließend in einem Stück den hauptsächlichsten Teil der Oberfläche bildet. Die kaum bemerkbaren Stoßfugen liegen also auf der Druckseite, wo selbst starke Vorsprünge, wie wir aus besonderen Versuchen wissen, fast ganz einflußlos sind.

Bei den übrigen sind Saug- und Druckseite durch besondere Bleche gebildet, die an den Kanten ausgeschärft, leicht aneinander vernietet und mittels Lötmasse abgeglättet sind. So erhält man bei sorgfältiger Herstellung recht scharfe Kanten; es wurde aber nur in einem Falle (Nr. 1) das äußerste in dieser Hinsicht angestrebt; denn die erhebliche Arbeit scheint sich nicht zu verlohnen, und besondere Fabrikationsverfahren kann man leider für solche Versuchsobjekte nicht einrichten. Bei dieser normalen Konstruktion geht der blattförmig ausgeschmiedete Arm nur auf etwa ein Fünftel der Flügellänge zwischen die Bleche hinein; weiterhin tragen sie sich selbst. Einige zwischengepaßte, leicht angeheftete Profilhölzer sichern die Innehaltung der Form. Bei 1,5 mm starkem Stahlblech auf der Rückseite und ebensolchem Aluminiumblech auf der Druckseite erwies sich die erzielte Steifigkeit schon bei den flachsten Flügeln (Nr. 1) völlig ausreichend. Irgendwelche Deformationen waren bis zu den höchsten Umlaufzahlen (600 i. d. M.) und bei steilen Stellungen nicht festzustellen. (Man erhält so auch recht leichte Schrauben, wenn man Arme und Schwert auf Leichtigkeit konstruiert, auch an den Blechen noch etwas spart, was bei unseren Versuchen aber mit dem notwendigen Bestreben, unkontrollierbare Deformationen auszuschließen, unvereinbar ist.)

Eine weiterhin folgende Zusammenstellung enthält nach Maßaufnahmen an den fertigen Flügeln die Abmessungen im einzelnen. Die angegebenen Zahlen sind Mittelwerte nach Aufnahmen an je fünf verschiedenen Querschnitten jedes der beiden Flügel. Gewisse Unregelmäßigkeiten, kleine Abflachungen oder Buckel sind natürlich nicht ganz zu vermeiden. Es kommen öfters Abweichungen von $\frac{1}{2}$ und ausnahmsweise bis zu 1 mm von dem normalen Profil vor. Die angegebenen Kantendicken bzw. Abrundungsdurchmesser S_e im Betrage von 0 bis 1,5 mm sollen natürlich nur für einen ungefähren Anhalt geben; auch die Kantenwinkel (ε und δ) lassen sich nicht sehr genau messen. Streng genommen gibt es, wenn die Kanten nur etwas gerundet sind, gar keinen ausgezeichneten Punkt, in dem man die Tangente anzulegen hätte. Praktisch ist man aber nicht sehr im Zweifel, wenn man z. B. bei der konvexen Wölbung einen übergespannten Faden als Lineal benutzt. Kleine Unregelmäßigkeiten der Bleche nahe den Kanten beeinflussen die Winkel natürlich erheblich. Stellenweise sind Abweichungen von einigen Graden kaum zu vermeiden. Im Mittel entsprechen die Formen aber

recht genau den Kreisbogen mit den angegebenen Pfeilhöhen.

Ein gutes Verfahren zum Aufmessen der
Schrauben, das wir neuerdings benutzen, sei bei
dieser Gelegenheit erwähnt. Eine ebene Holztafel mit
beliebig eckigem Ausschnitt von reichlicher Weite wird
über den Flügel gestreift und am aufzunehmenden Querschnitt so angelegt, daß die Hinterkante in einer Ecke
und die Profilsehne an einer Seite des Ausschnittes anliegt.

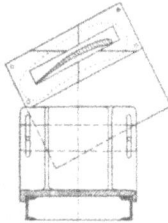 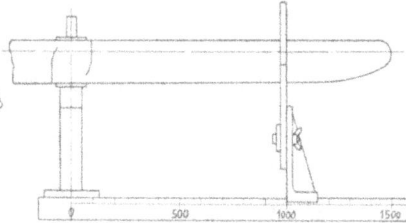

Fig. 50.   Fig. 51.

Auf die Tafel ist ein entsprechend geschnittener Bogen
Papier gespannt. Hierauf wird mit einem einfachen Gerät
eine genaue Äquidistante der Umrißkurve verzeichnet.
Dazu dient eine kreisrunde Blechscheibe, die im Mittelpunkt eine kleine Bohrung und darin eine federnd nieder-
drückbare Nadel besitzt. Man rollt die auf die Tafel gelegte
Scheibe an dem Profil entlang ab und zeichnet die Äquidistante durch eine Reihe von Punkten, die man mit der
Nadel in das Papier einsticht. Das erhaltene Diagramm
legt man nachher auf das Reißbrett, schlägt von den Einstichen aus Kreisbögen mit dem Halbmesser der Scheibe
und hüllt so den Umriß beliebig genau ein. Man kann
auch statt der Kreisscheibe ein Lineal anlegen und das
Profil durch Tangenten einhüllen, die man auf dem Schab-
lonenblatt zieht. Das versagt aber auf der gehöhlten Seite
und wird überhaupt weniger genau. Bei verwundenen
Flügeln entsteht noch das Bedürfnis, die einzelnen Profile
nach einem gemeinsamen Achsensystem zu orientieren.
Dann spannt man die Schraube mit der (irgendwie anzu-
nehmenden) Flügelachse parallel auf eine Bank (Fig. 51)
mit parallelgeführtem, schlittenartigen Befestigungsbock
für die Schablonentafel, stellt den Bock in radialem Sinne
auf den aufzunehmenden Querschnitt ein, schlägt die Tafel
entsprechend an und kann nun zugleich mit der Profil-
äquidistante leicht auch ein gemeinsames Achsenkreuz
auf den Blättern anzeichnen. Man versteht leicht den
Vorteil dieses Verfahrens, daß man auf rascheste Weise

Die Genauigkeit der Messungen an sich
betreffend, müssen wir im Anschluß an frühere Mitteilungen kurz bemerken, daß die Unsicherheit über die
absolute Höhe der gemessenen Drehmomente inzwischen
behoben ist. Die damals angenommenen Maßstäbe für
das neue, hydraulische Dynamometer waren nach theoretischer Berechnung und nach Vergleichen mit dem ursprünglich vorhandenen, in vieler Hinsicht ausgezeichneten, aber für die Versuche selbst nicht brauchbaren optischen Torsionsdynamometer ausgemittelt. Sie wurden
nun durch unmittelbares Abbremsen der Schraubenwelle
selbst an Ort und Stelle nachgeprüft, und sie ergaben eine
so gute Übereinstimmung mit den Bremsmomenten (auf
± 3 v. H. im hauptsächlichen Bereich der Versuche), daß
sich nachträgliche Berichtigungen erübrigen.

Seither wurden die Fehlergrenzen bzw. das Meßbereich durch wesentliche Verbesserungen an diesem Apparat noch weiter verbessert. Es kam besonders darauf
an, bei sehr kleinen Drehkräften und bei hohen Umlaufzahlen noch sicher genug messen zu können. Das ist
wichtig, weil der Charakter der $\mathfrak{M}$- und C-Kurven usw.
sehr durch die Verhältnisse bei ganz flachen Flügelstellungen bedingt wird, wo man auf hohe Umlaufzahlen
gehen muß, um einigermaßen meßbare Axialschübe zu
bekommen. Die Drehmomente erreichen dabei oft kaum
einige Hundertel der Größe, für die unsere Versuchsmaschine ursprünglich bemessen ist (160 m/kg); dann
spielen schon die Lagerreibungen eine erhebliche Rolle.
Wir haben es neuerdings möglich gemacht, sie dadurch
größtenteils auszuschalten, daß wir die äußere, für gegenläufigen Antrieb vorgesehene Schraubenwelle, in der die
gewöhnlich benutzte Versuchswelle zweimal gelagert ist,
gleichsinnig und gleichschnell mit dieser, jedoch unmittelbar für sich angetrieben mitlaufen lassen.

Über die Ausdehnung der Versuche ist
zu bemerken, daß wir uns auf das für den eigentlichen
Betrieb von Schrauben allein in Frage kommende Bereich
der Anstellwinkel α bis etwa höchstens 15 oder 20⁰ hätten
beschränken können, wenn es nicht wegen des ersten An-
laufes von Flugmaschinen von großem Interesse wäre, auch
die Leistungsverhältnisse von Schrauben mit hoher Steigung, bevor sie eine axiale Fortschreitungsgeschwin-
digkeit erlangt haben, näher kennen zu lernen. Anderseits haben wir grundsätzlichen Wert darauf gelegt,
stets auch die neutrale Winkelstellung zu ermitteln, bei
der die Schraube in keiner Richtung einen axialen Schub
entwickelt.

Wir lassen nun die Zusammenstellung den Maßaufnahmen folgen

Flügelserie *k o k*. Maßaufnahmen.

Nr.	1	2	3	4	5	6	
Breite *B*	401	400,5	398,5	401,2	399 8	400,3	mm
Saugseite { Höhe *H*	12,5	18,4	26,0	32,3	39,1	45,8	»
Saugseite { Kantenwinkel *ε*	7,2	10,5	15,0	18,3	22,1	25,8	Grad
tang *ε*	0,125	0,185	0,266	0,331	0,406	0,484	—
Größte Dicke *S*	12,5	12,4	15,0	12,1	12,8	13,3	mm
Druckseite { Wölbungspfeil *T*	0	6,0	11,0	20,2	26,3	32,6	»
Druckseite { Kantenwinkel *δ*	0	3,4	6,4	11,5	15,0	18,5	Grad
tang *δ*	0	0,060	0,113	0,204	0,268	0,334	—
ε—δ	7,2	7,1	8,6	6,8	7,1	7,3	Grad
Wölbungsverhältnis $\frac{B}{T}$	∞	67	36,4	19,8	15,2	12,3	—
Kantendicke $S_\varepsilon \cong S_\delta \cong$	0	1,2	1,5	1,0	0,5	0,9	mm

eine mechanisch genaue und dokumentarisch belegte Aufnahme erhält, ohne Zahlen ablesen, aufschreiben und übertragen zu müssen.

Diese Flügelserie ist mit »*k o k*« bezeichnet (kreisbogenförmige Druckseite, vorderer Abrundungsdurchmesser ∽ 0, kreisbogenförmige Saugseite).

Daran haben wir sogleich noch eine weitere Serie »e o k« angeschlossen, bei welcher die Druckseite eben durch eine glatte Blechverkleidung auf untergelegten Füllhölzern überdeckt ist. Sonst sind die Formen unverändert, also mit obiger Zusammenstellung schon vollständig beschrieben. S ist gleich H geworden, T und δ sind = null. Die Kanten haben sich zum Teil um eine Kleinigkeit verschlechtert, da das ebene Druckseitenblech nicht immer so glatt, wie erwünscht, in der Wölbung anlag. Die Vergrößerungen der Dicke an den Kanten liegen aber innerhalb des Dickenmaßes dieses Bleches (0,5 mm). Klaffende Kanten wurden sorgfältig vermieden und nötigenfalls durch leichte Nietung oder Lötung beseitigt.

Die an sich schon ebene, flachste Form Nr. 1 gehört beiden Serien an.

Je zwei zusammengehörige Formen der Serien *e o k* und *k o k* stellen Grenzfälle weiterer Serien dar, bei denen bei gleicher Saugseitenwölbung die Wölbungstiefe der Druckseite zu variieren wäre. Wahrscheinlich, allerdings nicht ganz sicher, würden sich die Leistungsverhältnisse dieser Zwischenformen innerhalb der Grenzfälle halten. Einige Stichproben werden darüber hinreichenden Aufschluß geben.

In den Fig. 52 bis 62 sind die $\mathfrak{P}$- und $\mathfrak{M}$-Kurven dieser elf Flügelformen wiedergegeben. Infolge der verbesserten Messungen bilden die Versuchspunkte fast immer von selbst glatte Linien, soweit sich nicht, wie meist bei den steileren Winkelstellungen, aerodynamische Unstetigkeiten geltend machen. Nennenswerte Interpolationen brauchten, wie man sieht, bei diesen Kurven nicht mehr vorgenommen zu werden. Es sind, wie immer, sämtliche überhaupt ausgewerteten Versuchspunkte aufgenommen, und es ist daran zu erinnern, daß jeder Punkt immer schon eine Folge von acht bis zehn und mehr Messungen bei verschiedenen Umlaufzahlen repräsentiert.

A b w e i c h u n g e n   v o n   d e m   q u a d r a t i s c h e n   G e s e t z, nach welchem die P und M mit den Winkelgeschwindigkeiten anwachsen, und welches die Zusammenfassung der Einzelmessungen in den Größen $\mathfrak{P}$ und $\mathfrak{M}$ erst ermöglicht, sind bis zu den höchsten Umlaufzahlen auch jetzt niemals vorgekommen. Das ist besonders hervorzuheben gegenüber dem von vielen praktischen Flugtechnikern gehegten Mißtrauen gegen die Gültigkeit dieses Gesetzes. Es kann nicht wohl eingewandt werden, daß die vergleichsweise niedrigen Umlaufzahlen bei unseren Versuchen einen erheblichen Unterschied veranlassen. Wir erreichen (mit n bis zu 600) allerdings nur die Hälfte der praktisch meist gebräuchlichen Umlaufzahlen; aber unsere Schrauben sind im Durchmesser fast doppelt so groß als die üblichen, und wir erreichen Umfangsgeschwindigkeiten von über 110 m/sek., die auch praktisch meist nicht viel übertroffen werden. In der Tat besteht auch, wie schon öfters dargelegt, kein ersichtlicher physikalischer Grund, aus dem im Bereiche solcher Geschwindigkeiten, die noch weit von der Geschwindigkeit des Schalles entfernt sind, Abweichungen von praktischem Belang eintreten sollten. Stärkere Abweichungen könnten nur Deformationen der Schraubenflügel im Gange zugeschrieben werden, falls sie nicht auf Täuschungen beruhen, die bei solchen Beobachtungen in der flugtechnischen Praxis leicht entstehen können, wo man wohl fast immer auf den mutmaßlichen Leistungen eines Explosionsmotors bei den verschiedenen Umlaufzahlen zu fußen hat, und wo die Umstände überhaupt zur Erlangung einigermaßen zutreffender Zahlen wenig günstig sind.

Eine Durchsicht unserer ursprünglichen P- und M-Diagramme würde weiter von der sehr genauen Gültigkeit dieses Gesetzes überzeugen. Die P und M in Funktion

von n^2 dargestellt, liefern ausnahmslos ganz gerade Linien, die durch den Nullpunkt gehen. Es ist unmöglich, diese nach vielen Hunderten zählenden Diagramme abzudrucken. Einige Beispiele haben wir früher gegeben.[1]

Dagegen wollten wir auf Wiedergabe der Versuchspunkte in den $\mathfrak{P}$- und $\mathfrak{M}$-Kurven nicht verzichten, um zu weiterer Bearbeitung die Möglichkeit zu lassen. In den Zusammenstellungen dieser Kurven Fig. 63 bis 66 häufen sie sich stellenweise so, daß es unmöglich war, die Versuchspunkte darin einzutragen.

Obwohl die $\mathfrak{P}$- und $\mathfrak{M}$-Kurven einzeln durchaus gesichert sind, liefern die Zusammenstellungen kein so regelmäßiges Bild, wie man es bei der ziemlich gleichmäßigen Abstufung der Wölbungen erwarten sollte. Bestimmte Zusammenhänge mit den kleinen Unregelmäßigkeiten der Flügelform sind kaum zu entdecken; wir müssen die eigentümlichen Verschiebungen innerhalb der Kurvensysteme im wesentlichen auf aerodynamische Ursachen zurückführen. Nur das stärker von den übrigen abweichende Verhalten der Form Nr. 3 dürfte den Abweichungen der Form zur Last fallen, die wir deshalb genau angegeben haben. Sie bestehen weniger in einer allgemeinen Verbesserung oder Verschlechterung der Leistungszahlen, als in einer Verschiebung der Winkelstellungen, bei denen entsprechende Leistungen eintreten.

Die allgemeine Vergleichsgröße der Flächenausnutzung $\mathfrak{p}$ haben wir, wie früher, nicht besonders dargestellt, da sie den Größen $\mathfrak{P}$ proportional ist ($\mathfrak{p} = \mathfrak{P} : R^4$) und mit $R = 1,795$, also $\mathfrak{p} = 0,0964\,\mathfrak{P}$ bequem aus den $\mathfrak{P}$-Kurven abgelesen werden kann.

Die Vergleichsgröße der Kraftausnutzung $C \left(= \dfrac{\mathfrak{P}}{\mathfrak{M}} \cdot R\right)$ und den Gütegrad ζ

$$\left(\zeta^3 = \frac{\mathfrak{p} \cdot C^2}{2\,\mu\,\pi}\left(\frac{0,3}{\pi}\right)^2\right)$$

stellen wir dagegen für beide Versuchsreihen in Kurven als Funktion des Anstellwinkels dar (Fig. 67 bis 70), und fügen zur leichteren Übersicht noch Niveaulinienpläne der Flächen hinzu, welche durch die gleichzeitige Variation des Anstellwinkels und des Wölbungsmaßes entstehen. In diesen Plänen stellen sich die ζ und C als Höhenrücken dar, deren die Höchstwerte verbindender Grat gestrichelt eingezeichnet ist.

Schließlich sind in Fig. 71 noch die Höchstwerte des Gütegrades und die zugehörigen Werte von C und $\mathfrak{p}$ für beide Serien zusammengestellt (ausgezogene Linien), außerdem sind noch die absoluten Höchstwerte von C eingetragen (gestrichelte Linien), die mit denen von ζ natürlich nicht bei gleichem α zusammenfallen können. Die Kurven für C_{max} und ζ_{max} bilden die Seitenprojektion der Höhenrücken von Fig. 67 bis 70.

Wir heben einige Gesichtspunkte kurz hervor, die zur Beurteilung dieser Formen wesentlich scheinen.

Die höchste K r a f t a u s n u t z u n g C gibt die flachste Form 1. Mit zunehmender Wölbung sinken die C anfangs rasch, dann bleiben sie aber, besonders bei den einseitig ebenen Formen auf ein längeres Stück annähernd gleichhoch. Gegen Ende des Versuchsbereiches beginnen die C wieder stärker zu sinken. Die vorübergehende Absenkung bei $\varepsilon = 15^0$ ist wohl dem abweichenden Verhalten der Form 3 zuzuschreiben, das in Fig. 67 besonders ins Auge fällt, aber auch in den anderen Niveauplänen deutlich zu sehen ist. Wir haben darauf verzichtet, diese und andere Unregelmäßigkeiten durch naheliegende Interpolation auszugleichen, weil die starke Empfindlichkeit der Wirkungen

_____
[1] Fig. 11 und 25.

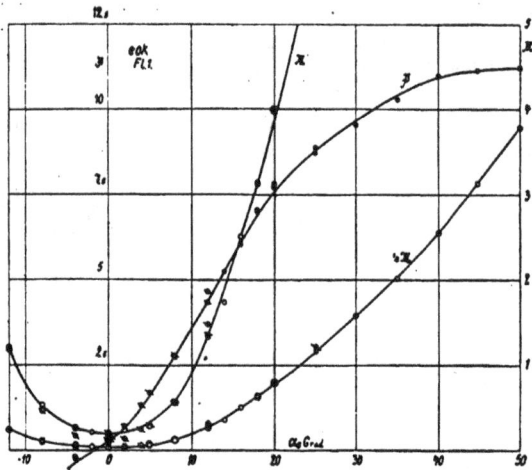

Fig. 52.

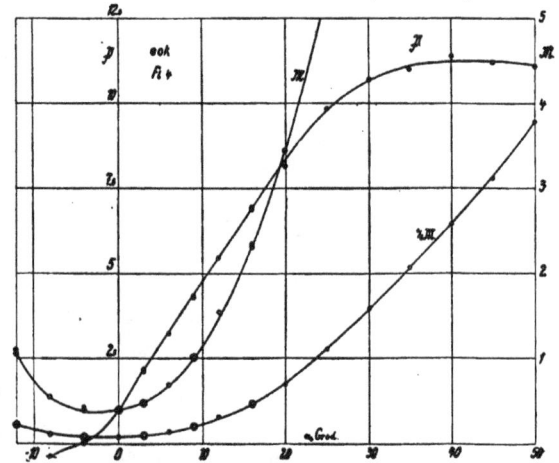

Fig. 55.

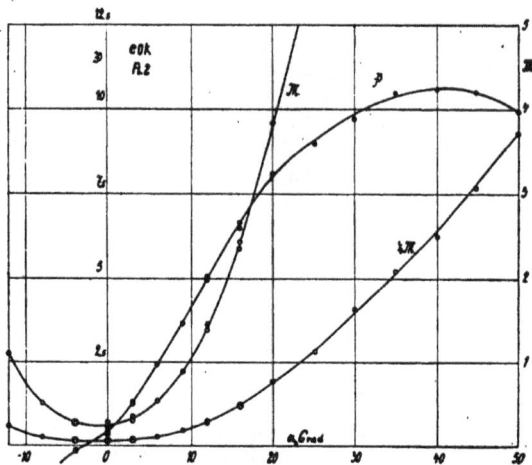

Fig. 53.

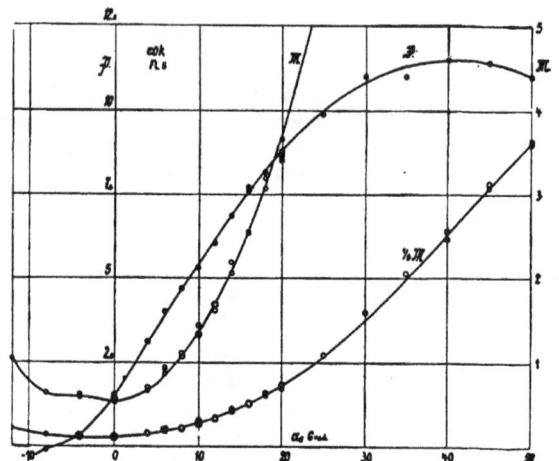

Fig. 56.

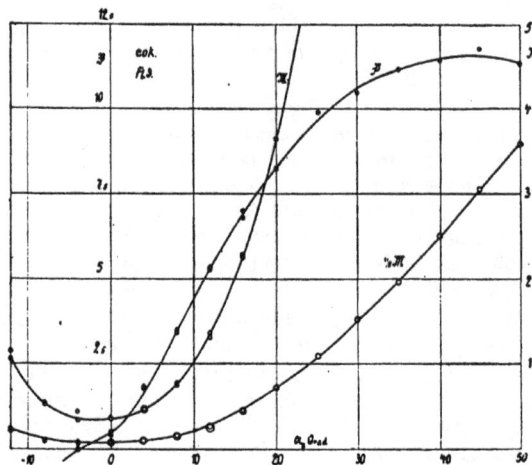

Fig. 54.

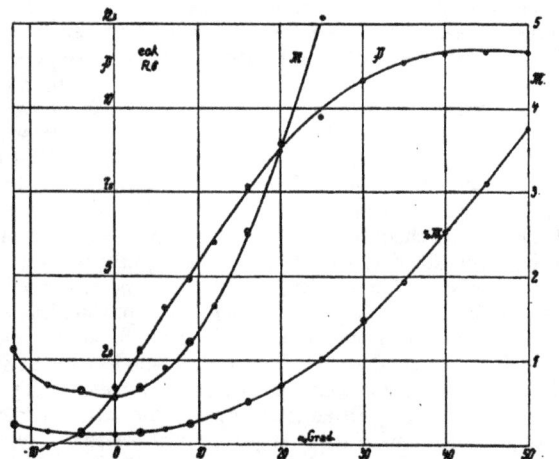

Fig. 57.

bei geringfügig scheinenden Formunterschieden an sich nicht ohne Interesse ist, und weil bei der Zahl von sechs Formen in jeder Serie, auf die wir uns beschränken mußten, die Interpolation auch nicht sicher genug wäre. Ausführlichere Untersuchungen werden geboten sein bei einer Serie, die auf besonders hohe Leistungszahlen hinweist. Da wir bei vorne abgerundeten Formen schon höhere ζ

getroffen haben, als sie hier überhaupt vorkommen, so hat es einstweilen keinen Zweck, allzuviel Zeit und Kosten auf die Sichelprofile zu verwenden.

Die höchsten G ü t e g r a d e sind bei beiden Serien nicht wesentlich voneinander verschieden. Die doppelt gewölbten Formen gewinnen an Flächenausnutzung entsprechend mehr, wie sie an Kraftausnutzung stärker ver-

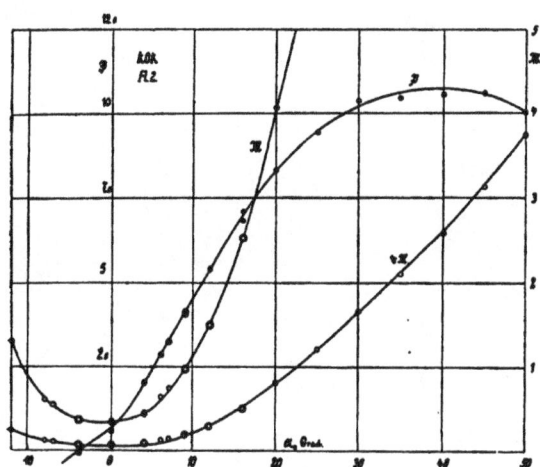

Fig. 58.

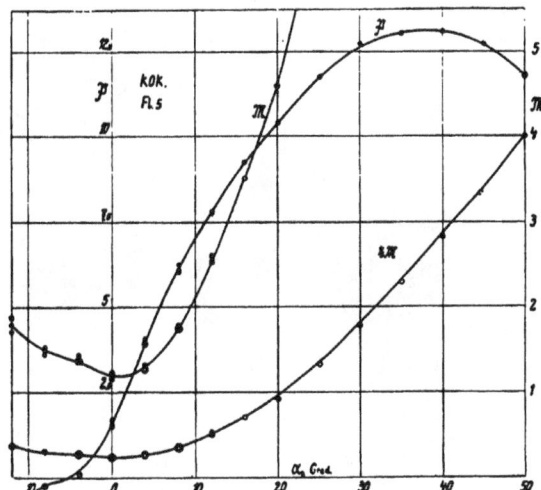

Fig. 61.

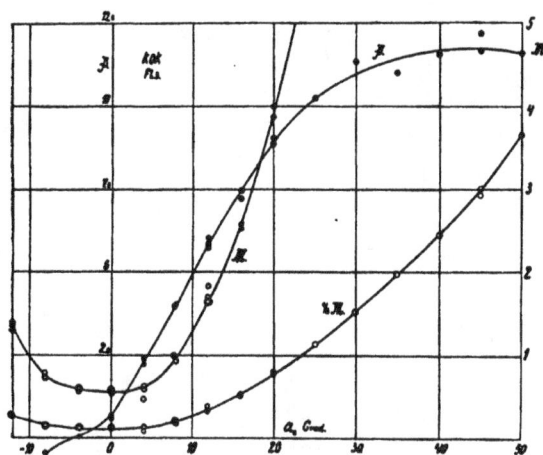

Fig. 59.

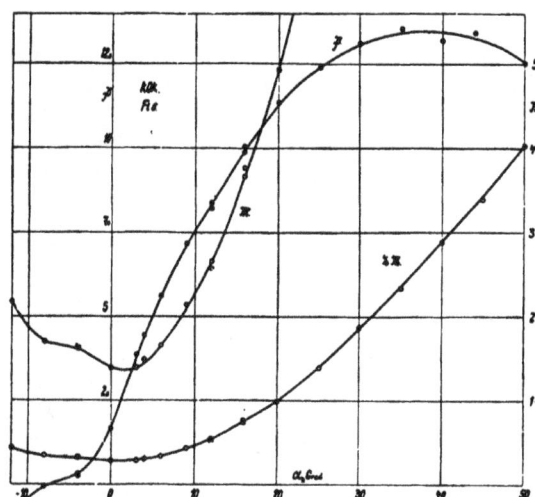

Fig. 62.

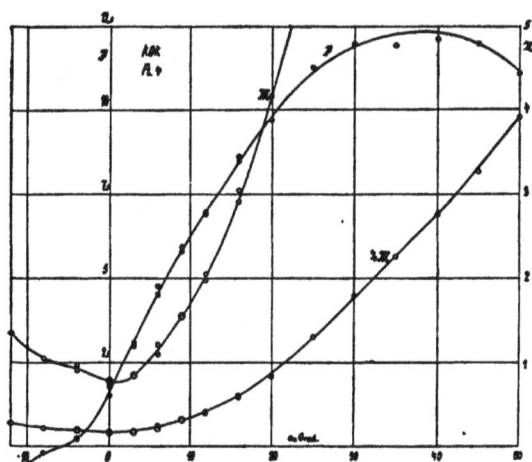

Fig. 60.

von $\zeta = 0{,}60$ an in Abständen von 1 v. H. gezogen sind, fallen sie stärker ins Auge, als sie praktisch von Belang sind. Der Winkelabweichung von Form 3 steht hier eine entgegengesetzte bei Form 5 gegenüber; diese hat, ähnlich wie Form 1 besonders scharfe Kanten; Nr. 3 ist dagegen besonders stumpf. Man könnte also aus der in beiden Serien gleichartigen Schwankung der Lage von ζ_{max} zwischen $\alpha = 7$ und 11^0 einen Einfluß der Kantenschärfe herauslesen, den man sich so allerdings schwer erklären kann.

Von diesen Einzelheiten abgesehen, ist der bedeutende Einfluß der Wölbungen aus den Kurvensystemen klar zu erkennen. Er besteht in kräftiger Steigerung der Flächenausnutzung gegen gewisse Einbuße an Kraftausnutzung. Die beiderseitigen Wölbungen der Formen $k \, o \, k$ summieren sich gewissermaßen in dieser Wirkung.

Es scheint, besonders bei den einseitig ebenen Formen, nicht zu schwierig zu sein und wird versucht werden, die Zusammenhänge mit leidlicher Annäherung in Formeln zu kleiden. Einstweilen können wir schon folgende Schlüsse ziehen:

1. Um einen bestimmten Schraubendruck mit geringstem Arbeitsaufwand zu erzielen, hat man möglichst flache Profile zu nehmen. Mit Schrauben, die unserer Form 1 geometrisch ähnlich sind, also bei einem Kantenwinkel von $\varepsilon = 6^0$ oder einem Wölbungsverhältnis der Saugseite von $B : H = 400 : 12{,}5 = 32$ und $\alpha = 5^0$ er-

lieren. Den wechselweisen Schwankungen der ζ_{max} (Fig. 71) um einige Hundertstel wird keine besondere Bedeutung beizumessen sein. Es sind nur die verschiedenen Ungenauigkeiten, die sich in eigentümlicher Weise summiert haben; auch in den Niveauplänen, Fig. 68 und 70, wo die Linien

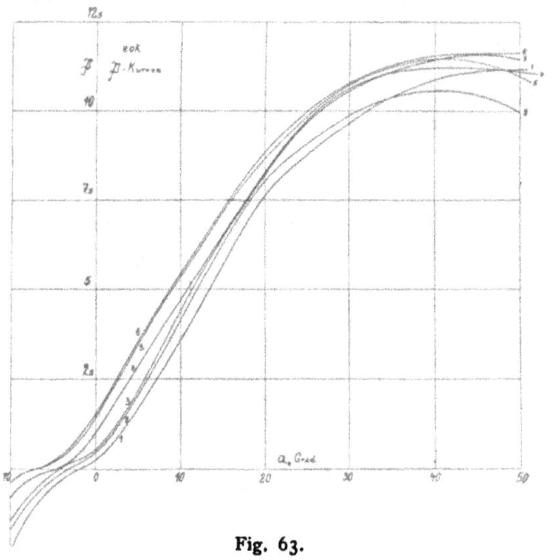

Fig. 63.

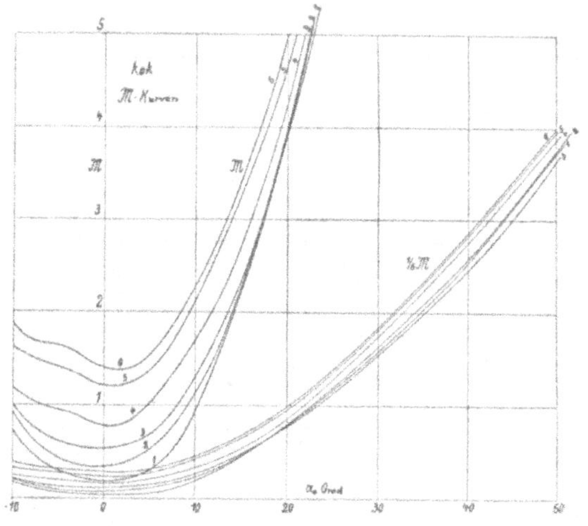

Fig. 64.

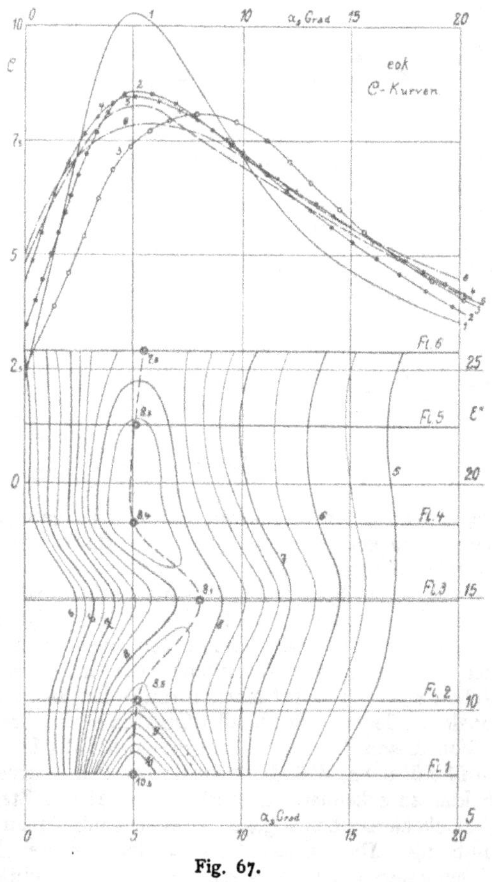

Fig. 67.

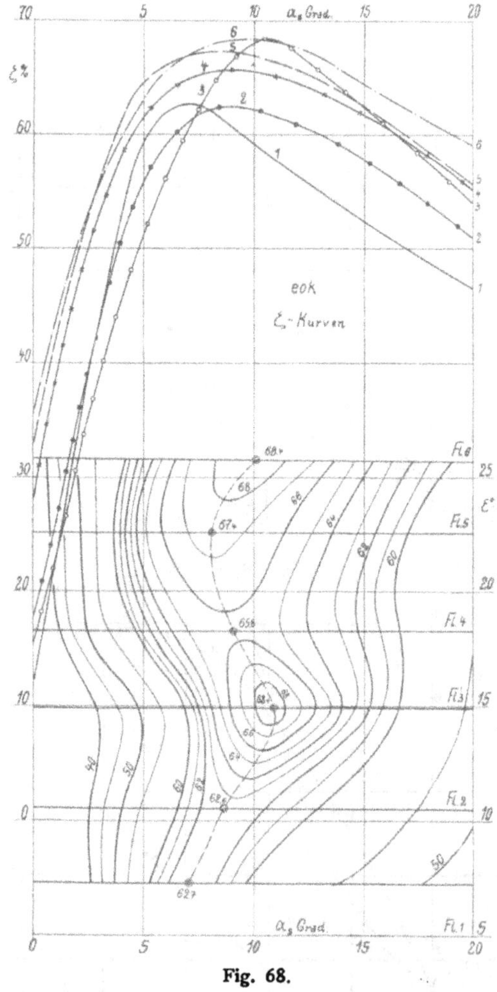

Fig. 68.

reicht man $C = 10,3$, d. h. 10,3 kg/PS bei $u = 75$ m/sek. Umfangsgeschwindigkeit an den Flügelspitzen. Eine Schraube von 2 m Durchmesser macht dabei z. B. $n = 716$ Umdr. p. Min. Bei anderer Umfangsgeschwindigkeit (u_1) werden $10,3 \cdot \dfrac{75}{u_1}$ kg/PS geleistet. Solche Schrauben bester Kraftausnutzung verlangen aber große Durchmesser, denn die Flächenausnutzung ist klein; nämlich bei C_{max} der Form 1 nur $\mathfrak{p} = 0,164$, wie man aus

Fig. 63 oder 65 bei $\alpha = 5^0$ mit $\mathfrak{p} = \mathfrak{P} : R^4 = 0,0964\,\mathfrak{P}$ entnehmen kann.

2. Ist man im Durchmesser beschränkt, so hat man zunächst den Anstellwinkel zu steigern, bis ζ_{max} erreicht ist; bei $\alpha = 7^0$ ist $\mathfrak{p}$ bereits auf 0,24 oder fast um die Hälfte gestiegen, während C nun auf 9,4 oder um 9 v. H. gesunken ist.

3. Reicht diese Flächenausnutzung noch nicht hin, so hat man sie, um möglichst wenig an Kraftausnutzung

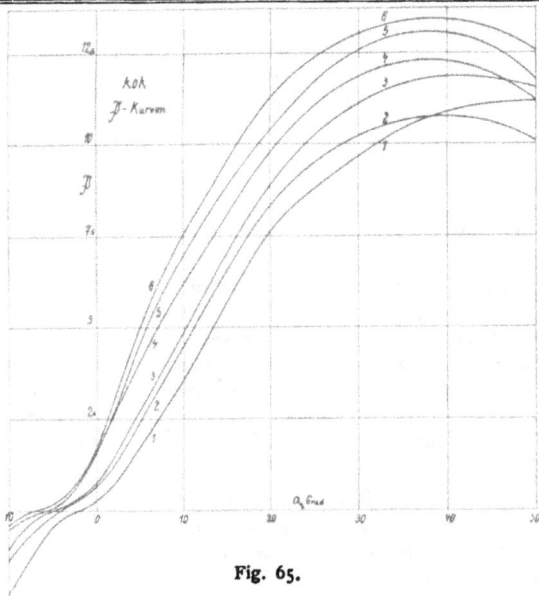

Fig. 65.

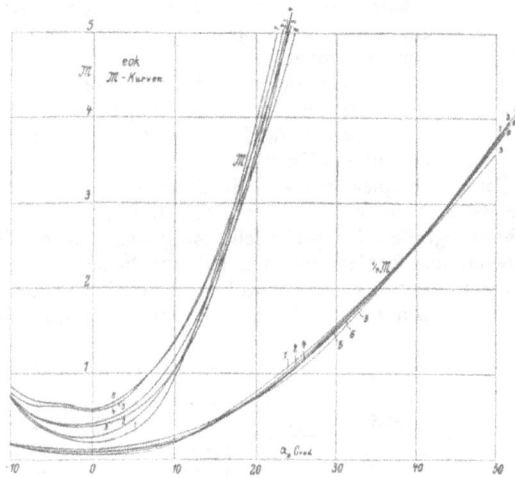

Fig. 66.

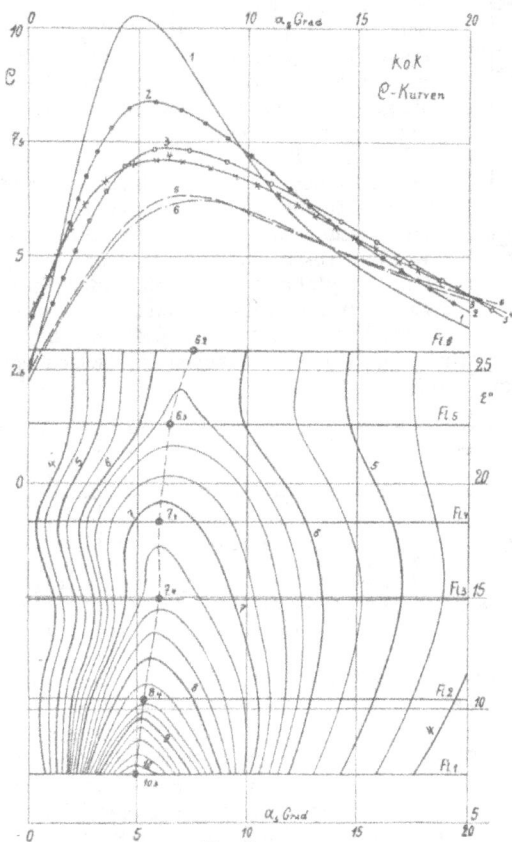

Fig. 69.

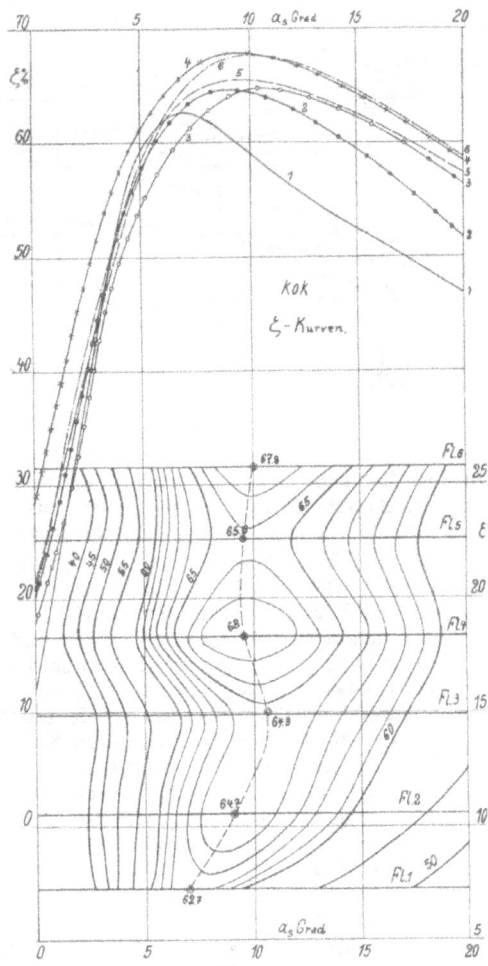

Fig. 70.

zu opfern, weiter durch verstärkte Wölbungen zu steigern, und dabei die Anstellwinkel innezuhalten, die ein ζ_{max} ergeben. Denn bei ζ_{max} ist nicht nur das darin steckende Produkt $p \cdot C^2$ möglichst hoch, sondern überhaupt jede multiplikatorische oder auch additive Kombination von Flächen- und Kraftausnutzung. Und wenn sich jemand auch nicht für den Gütegradsbegriff interessieren sollte, der immer die wirkliche Kraftentfaltung am Maßstab der

in jedem Falle theoretisch höchsterreichbaren mißt, so muß er doch darnach trachten, irgendeine Summe oder ein Produkt von p und C möglichst hoch zu machen. Er muß also zu hohe Anstellwinkel möglichst vermeiden und ein hohes p, wie es die Praxis gewöhnlich fordert, lieber durch kräftige Wölbungen anstreben. Und zwar begnügt man sich zunächst mit einseitiger Wölbung nur auf der Saugseite; denn dabei erhält man bedeutend bequemer herstellbare Flügelformen bei gleich guter (oder anscheinend sogar noch um eine Kleinigkeit besserer) Gesamtwirkung, wie bei doppelt gewölbten und daher unbequem dünnen Formen.

4. Erst wenn man bei $\varepsilon = 26^0$ (oder vielleicht noch etwas weiter hinaus) die Grenze der günstigen ζ erreicht hat, greift man, wenn es noch nötig ist, zu gleichzeitiger Wölbung auch auf der Druckseite.

Einige Beispiele mögen schließlich noch die Verhältnisse beleuchten und zugleich die Anwendung unserer Rechnungsgrößen für praktische Aufgaben zeigen. Beim Vergleich der Zahlen mit den gebräuchlichen Schrauben ist aber zu beachten, daß wir es hier nicht mit vollständigen Schrauben, sondern gewissermaßen mit Schraubenflügel-

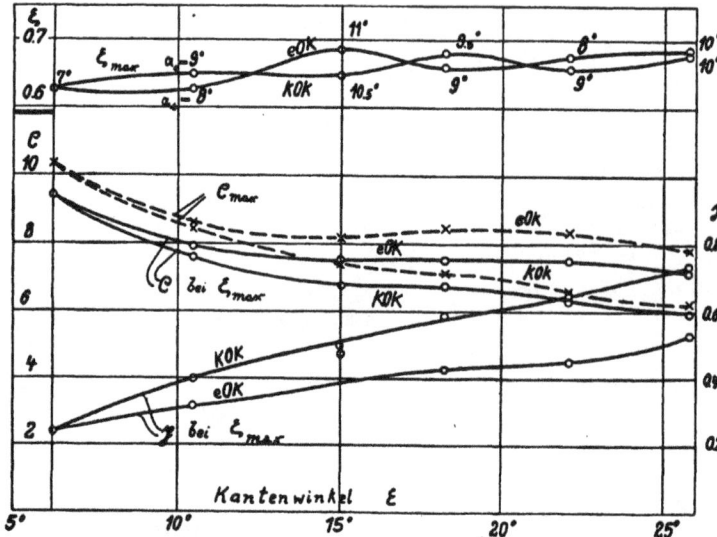

Fig. 71.

elementen zu tun haben, die auf manche, im wirklichen Gebrauch selbstverständliche Verbesserungen aus früher erörterten Gründen absichtlich noch verzichtet haben.

Es sollen 100 kg Schraubendruck erzeugt werden; wir berechnen den erforderlichen Radius R der Schrauben, die entsprechende Kraftausnutzung $P:N$ in kg/PS und die demgemäß aufzuwendende Leistung in PS; und zwar nehmen wir drei Fälle: 1. den Fall bester Kraftausnutzung, 2. und 3. die Fälle bester Gesamtwirkung (ζ_{max}) bei einfach und doppelt gewölbten Flügeln mit $\varepsilon = 25^0$ Kantenwinkel. Wir brauchen nur die Werte C und $\mathfrak{p}$ unseren Kurven an der betreffenden Stelle zu entnehmen (bzw. $\mathfrak{p} = 0,0964\,\mathfrak{P}$ anzurechnen), müssen uns aber über die anzuwendende Umfangsgeschwindigkeit u klar sein. Wir nehmen einmal die mäßige Umfangsgeschwindigkeit $\mathring{u} = 75$ m/sek., bei der die Kraftausnutzung $P:N$ ohne weiteres gleich der entsprechenden Vergleichszahl C ist; fügen aber noch die den heutigen praktischen Verhältnissen mehr angepaßte Umfangsgeschwindigkeit $u = 125$ m/sek. hinzu. Es ergibt sich folgende Übersicht:

Saug-seite		Druck-seite		C	$\mathfrak{p}$	R in m und N in PS, für $P = 100$ kg					
						bei $u = 75$ m/sek.			$u = 125$ m/sek.		
ε^0	$B:H$	δ	$B:T$			R	$\dfrac{P}{N}$	N	R	$\dfrac{P}{N}$	N
6^0	32	0^0	∞	10 3	0,164	3,44	10,3	9,7	2,06	6,2	16
25^0	9	0^0	∞	7,1	0,50	1,97	7,1	14	1,18	4,25	23,5
25^0	9	18^0	12,7	6,0	0,71	1,65	6,0	16,5	1,00	3,6	28

Zur Berechnung von R hatten wir (vgl. S. 20)

$$\frac{P}{F} = \frac{0,09}{\pi^3}\,\mathfrak{p} \cdot u^2,$$

woraus mit $F = R^2\pi$ $\qquad R = \dfrac{10,47}{u}\sqrt{\dfrac{P}{\mathfrak{p}}}.$

N folgt aus $\dfrac{P}{N} = C\,\dfrac{75}{u}.$

Um den erforderlichen Schraubendurchmesser von rd. 7 m auf 2 m herabzusetzen, müssen wir also die Antriebsleistung an der Schraubenwelle von rd. 10 auf 28 PS erhöhen. Wahrscheinlich kann man das ohne unnötige Verluste ganz mit einseitig ebenen Schrauben erreichen; innerhalb des Versuchsbereiches allerdings nur bis auf etwa 2,3 m Durchmesser.

Dieser starke Einfluß der einseitigen Saugseitenwölbung ist besonders zu betonen, weil man bisher fast immer die Wölbung der Druckseite als den ausschlaggebenden Faktor behandelt.

Die Praxis begnügt sich heute mit viel geringerer Kraftausnutzung, verlangt aber bei kleinem Schraubendurchmesser viel größere Kräfte, also höhere Flächenausnutzung, als wir sie bei unseren Versuchsflügeln im Bereich der ζ_{max} vorgefunden haben. Um einen Anhalt für die Größen zu geben, die unsere Vergleichszahlen dementsprechend annehmen müßten, mögen noch die in dem soeben erschienenen Bande der Denkschrift der ILA von P. Béjeuhr bzw. C. Eberhardt veröffentlichten Ergebnisse des vom preußischen Kriegsministerium ausgeschriebenen Luftschraubenwettbewerbs daraufhin nachgerechnet werden. Die Hauptabmessungen, die endgültigen Versuchswerte und die entsprechenden Werte unserer Vergleichszahlen sind für die besten der zur Prüfung gelangten Schrauben in folgendem zusammengestellt:

Schraube von	Durch-messer m	Steigung m	$B:T$ ca.	P kg	M mkg	n	$\mathfrak{p}$	C	ζ %
Ruthenberg 4 fl.	5,0	4,0	∞	300	189,5	212	1,71	3,96	68,2
Rettig . . 4 fl.	5,0	4,0	16	300	194,5	200	1,92	3,86	69,7
Reißner . . 2 fl.	2,1	1,2	25	150	28,9	978	1,29	5,45	76,9
Groß . . . 2 fl.	2,26	1,3	25	150	31,1	835	1,32	5,45	77,8
Ruthenberg 4 fl.	3,0	2,64	∞	150	63	389	1,96	3,58	66,7

Wie weit sich die z. T. bemerkenswerte Höhe der erreichten ζ einfach dadurch erklärt, daß hier vollständige Schrauben vorliegen, im Gegensatz zu unseren Elementarflügeln, entzieht sich vorerst der Abschätzung. Wesentlich ist, daß sie bei so hohen Steigungen bzw. Anstellwinkeln und dadurch hoch getriebenen Werten von $\mathfrak{p}$ noch erreicht wurden. Vermutlich liegen sie schon im Bereich der abfallenden ζ.

Leider fehlen auch in dieser Veröffentlichung, die sonst über die Versuche und die Schraubenkonstruktionen recht vollständigen Aufschluß gibt, gerade auch die Angaben über die Saugseitenformen, so daß man die Verhältnisse nicht vollständig beurteilen kann.

Nachtrag zur Theorie des idealen Schrauben-strahles.

Gegen die früher nur möglichst kurz begründeten Ansätze, die zur Aufstellung des Gütegradbegriffes und zu den Schlußfolgerungen über die Einschnürung des Schraubenstrahls führten, sind Einwendungen erhoben worden, auf die wir auch hier kurz eingehen wollen, weil der gleiche Zweifel öfter auftauchte, und der springende Punkt in der Tat etwas ferner liegt. Wir gewinnen damit zugleich auf elementare Weise etwas näheren Einblick in das Wesen des Strömungsvorgangs, den man mit gutem Grunde als das Idealvorbild des Vorganges an der am festen Punkt betriebenen Schraube zu betrachten hat.

Es handelt sich besonders um das ja in der Tat anfangs befremdende Ergebnis, daß die Luft in der Schraubenebene erst die Hälfte ihrer schließlichen Geschwindigkeit erreiche und sich dann vermöge des ihr erteilten Überdruckes noch weiter beschleunige. Im Zusammenhang damit bestreitet man die Berechtigung des Faktors ½, der wegen der Verminderung des Strahlquerschnittes von der Größe der Schraubenkreisfläche F auf $F_1 = \frac{1}{2} F$ in den Ausdruck des höchsterreichbaren Schraubendruckes P' hineinkommt:

$$P'^3 = 4\,\mu\,F_1 L^2 = 2\,\mu\,F L^2.$$

Man hat dieses Ergebnis für unrichtig erklärt[1]), weil zu seiner Erklärung »die Annahme der Zusammendrückbarkeit der Flüssigkeit erforderlich ist, so daß diese Rechnung z. B. für Wasser nicht zutreffend ist, während doch der Ansatz ganz allgemein, ohne die Voraussetzung der Zusammendrückbarkeit gemacht ist.«

Die damit aufgeworfene Frage hat eine erhebliche praktische Bedeutung. Denn, wenn die Einwendungen zu Recht bestehen, so erhöht sich die theoretisch erreichbare Tragkraft von Hubschrauben im Verhältnis $1 : \sqrt[3]{2}$, also um rd. 26 %.

Aber der Ansatz, der jene 2 in die Formel hineinbringt, gilt ganz allgemein und gerade auch für Wasser. Zusammendrückbarkeit der Flüssigkeit ist zur Erklärung der Schlußfolgerungen nicht erforderlich; in unserer Begründung ist davon auch gar nicht die Rede.

Um die allgemeine Gültigkeit der fraglichen Punkte zu erweisen, sehen wir also einmal von der Schraube ganz ab und wollen einen sehr instruktiven Fall der Ausströmung von Wasser aus einem Gefäße betrachten, der, wie wir sehen werden, ganz analoge Strömungsverhältnisse und ganz gleiche Formeln liefert, wie die am festen Punkt betriebene ideale Luftschraube.

In nebenstehendem Gefäße (Fig. 72) werde durch dauernden Zufluß ein Überdruck p (bezogen auf die Mündungs-

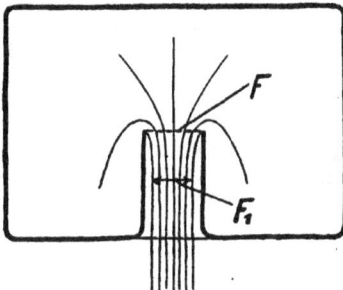

Fig. 72.

ebene F) aufrechterhalten. Das einspringende Rohr, dessen scharfer Rand die Mündung F bildet, sei so lang, daß das Wasser an der Außenwand neben F sich in Ruhe befindet es sei aber noch kurz genug, daß der Strahl, ohne die Rohrwand zu berühren, ins Freie gelangt. Das alles läßt sich praktisch mit genügender Vollkommenheit verwirklichen, um die Richtigkeit der folgenden Schlüsse zu prüfen.

F_1 sei der Strahlquerschnitt an der Stelle stärkster Einschnürung, und

---

[1]) Ztschr. f. Fl. u. M. 1911, S. 44.

v die Geschwindigkeit in F_1; es ist, bei reibungsfreier Strömung, die wir hier annehmen:

$$v = \sqrt{2\,g\,\frac{p}{\gamma}}$$

F sei der Mündungsquerschnitt, und
w die mittlere Axialkomponente der Geschwindigkeit in F, so daß

$Q = \frac{\gamma}{g} F w = \frac{\gamma}{g} F_1 v$ die Masse der sekundlich strömenden Wassermenge.

Nun gelten folgende Beziehungen:

1. Rückstoß des Strahles: $P = Qv$,

2. Sekundliches Arbeitsvermögen: $L = Q\,\frac{v^2}{2} = P\,\frac{v}{2}$.

Diese bekannten Ansätze sind gleich denen für den Schraubenstrahl, und sie wurden nicht angefochten. Nun kommt ein dritter Ansatz hinzu, der, wie sich zeigen wird, dem strittigen Punkt entspricht.

Auf die Gefäßwände wirkt überall der Druck p; nur an der Mündungsfläche F ist er aufgehoben. In der Ebene F selbst herrscht zwar noch ein gewisser Überdruck; gehen wir aber vom Querschnitt F_1, wo der Überdruck Null ist, auf der Mantelfläche des Strahles bis zum Rande von F zurück, so sehen wir, daß an der Oberfläche des so umschriebenen Körpers nirgends ein Druck angreift. Die Fläche F ist also entlastet, und demnach verbleibt für das Gefäß im ganzen ein rückwärts gerichteter Druck, der dem Rückstoß des Strahles gleich sein muß. Damit haben wir:

3. $$P = F \cdot p$$

Nun ist $p = \frac{v^2}{2\,g}\,\gamma$; setzen wir das ein und stellen den Ausdruck 1) für P daneben, so haben wir

$$P = F \cdot \frac{v^2\gamma}{2\,g} = F_1 v^2\,\frac{\gamma}{g}$$

woraus $$F_1 = \frac{1}{2} F$$

und wegen $F_w = F_1 v$ folgt

$$w = \frac{v}{2}$$

oder in Worten: **Das Wasser erreicht in der Mündungsebene erst die Hälfte der schließlichen Geschwindigkeit und beschleunigt sich dann vermöge des restlichen Überdruckes noch weiter.**

Da haben wir also ein vollständiges Analogon für unsere frühere Schlußfolgerung, von der man meint, daß sie nur durch Zusammendrückbarkeit der Luft erklärbar sei.

Wir machten dort ohne weiteres den Ansatz: $L = P\,w$, und von diesem Punkte aus wurde die Rechnung ausgefochten. Daß das aber auch für den Wasserstrahl gilt, sehen wir sofort, wenn wir $w = \frac{1}{2} v$ in Gl. 2) einführen:

$$L = P\,\frac{v}{2} = P\,w$$

Wir begnügten uns zunächst, weil eine weitläufige Auseinandersetzung unnötig schien, mit der kurzen Begründung: weil die Schraube den Strahl mit der Geschwindigkeit w gegen den Widerstand P fortschiebt. Wir hätten auch sagen können: Weil die Schraube relativ zu dem sie umgebenden Medium mit der Kraft P und der Geschwindigkeit w fortschreitet. Das kommt alles auf das gleiche hinaus, und wir hätten auch beim Wasserstrahl ähnlich folgern dürfen.

Dieser Ausströmungsfall durch ein einspringendes Ansatzrohr stellt einen Grenzwert der Einschnürungszahl $u = F_1/F$ dar. Entsprechende Versuche ergaben in der Tat $u = 0,5$ (vgl. Grashof, Theoret. Maschinenlehre, Bd. I, S. 434). Ist die Mündung ein einfacher Ausschnitt in ebener Wand, so wird a bekanntlich größer. Das Wasser kann nicht mehr von a l l e n Richtungen her zuströmen, wie in Fig. 72. Längs der Wand herrschen nach der Mündung hin zunehmende Geschwindigkeiten und entsprechend verminderte Drücke;

deshalb gilt Ansatz 3) nicht mehr. Der Rückdruck wird größer als $F \cdot p$. Liegt F am Ende einer trichterförmigen Ausrundung der Wand, die sich der Einschnürungsform des Strahles anpaßt, so wird sogar $F_1 = F$, oder $\alpha = 1$ und $P = 2 F \cdot p$. Die Hälfte dieses auf das Gefäß wirkenden Rückdruckes entsteht durch Vermittelung der trichterförmigen Wand, an der jetzt schon die gesamte Beschleunigung stattfindet.

Ähnlich wird sich auch bei Luftschrauben die Einschnürung vermindern, wenn man sie mit einem Einlauftrichter versieht, wie in Fig. 73 angedeutet. Der Grenzwert $\alpha = 1$ ist zwar auch dann nicht erreichbar, weil sonst gar keine Beschleunigung der Luft in der Schraube mehr stattfände. Immerhin könnte wohl $\alpha > 0{,}5$, der theoretische Rückdruck also größer als nach unserem Ansatz werden, nämlich $P'^3 = 4 \mu \alpha F L^2$. Dieser Rückdruck ist jetzt aber nicht mehr in früherer Weise als Schraubendruck anzusehen.

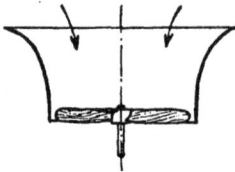

Fig. 73.

Denn sobald α den Wert 0,5 übersteigt, muß, wie beim Wasserstrahl, ein Teil des Druckes auf den Trichter wirken. Dieser ist ein aktiver Teil des Apparates geworden; wenn er fehlt, so kann der entsprechende Teil des Rückdruckes nicht wirken, d. h. die verminderte Einschnürung kann, wenn überhaupt, nur durch Unvollkommenheiten der Schraube zustande kommen und keinesfalls entsprechenden Vorteil bringen. Es hätte also keinen Sinn, den Gütegrad der Raumausnutzung, um den es sich ja bei alledem handelt, noch auf die Größe der Schraube allein zu beziehen. Auch vom rein praktischen Standpunkt müßte man den Durchmesser der ganzen Vorrichtung bei Vergleichen zugrunde legen.

Daß übrigens in jedem Flüssigkeitsstrahl, solange er noch im Begriffe ist, sich einzuschnüren, ein Überdruck herrschen muß, erklärt sich sehr einfach. Die Flüssigkeitsteilchen im Mantel beschreiben gekrümmte Bahnen. Ihrer nach der Mitte des Strahles gerichteten Fliehkraft muß eine Druckzunahme nach dem Innern gegenüberstehen. Ohne Überdruck wäre ja auch eine weitere Geschwindigkeitszunahme nicht möglich. Mit der etwaigen Zusammendrückbarkeit der Flüssigkeit hat das also nichts zu tun.

Die Einschnürung des Schraubenstrahles zu messen, ist leider schwierig, weil er durchaus nicht so scharf begrenzt ist, wie ein Wasserstrahl in Luft. Eine Wirbelzone am Mantel verursacht beständige Schwankungen der Meßinstrumente. Wir haben schon mehrfach solche Aufnahmen gemacht und gleichzeitig die Luftgeschwindigkeiten über den Strahl nach Größe und Richtung gemessen mit dem Ziele, eine Art Energiebilanz aufzustellen, d. h. die Verteilung der Versuche nachzuweisen. Über diese und andere Messungen, welche die Luftbewegungs- und Druckverhältnisse an den Schraubenflügeln betreffen, werden wir berichten, sobald das Material genügend vollständig erscheint, um allgemeinere Schlüsse ziehen zu lassen.

Einige neuere Gesichtspunkte zur Frage der Flügelprofile.

Die eindringlichere Bearbeitung der hydrodynamischen Fragen, die durch die Fortschritte der Luftfahrt angeregt wurde, hat verschiedene neue Gesichtspunkte hereingetragen.

Zunächst sind allerdings nur die Vorgänge an geradlinig fortschreitenden Drachenflügeln durch theoretische Forschungen ziemlich weitgehend geklärt worden. Auf kreisende Schraubenflügel, auch ohne axial-fortschreitende Bewegung, dürfen die Ergebnisse dieser Arbeiten im allgemeinen nicht übertragen werden, vor allem, weil solche, in rascher Folge denselben Raum bestreichend, eine annähernd kontinuierliche Strahlbewegung erzeugen, die selbst bei großen, langsam laufenden Schrauben ganz verschieden ist von der wellenförmigen Luftbewegung, die bei einzelnen (sich nicht in kurzem Abstand folgenden) Drachen-

flügeln entsteht, und die eine besonders günstige Umsetzung der antreibenden Kraft in senkrechten Auftrieb möglich macht. Aber gewisse Berührungspunkte zwischen beiden Fällen bleiben bestehen, und es wird nicht unnütz sein, einen Blick auf die neuesten Ergebnisse der Flügeltheorie zu werfen.

Zunächst möchten wir einmal ausdrücklich auf einen Punkt hinweisen, der zwar keineswegs neu ist und schon öfters berührt wurde, der aber selbst in wissenschaftlichen Arbeiten noch immer merkwürdig wenig beachtet wird: Die große Bedeutung der Rücken- oder Saugseite von Flügeln jeder Art. (Flügel nennen wir alle Körper, die durch ihre Bewegung dynamische Trag- oder Treibkräfte wecken sollen, ob sie sich nun gradlinig, kreisend oder sonstwie bewegen.)

In der langen Entwicklungsgeschichte der Schiffsschrauben hat man der Frage der Profilformen meist wenig Beachtung geschenkt. Man pflegt stillschweigend von der verständlichen Annahme auszugehen, daß es besonders auf gute Form der Druckseite ankommt, und daß ein möglichst dünnes, besonders vorn scharf geschnittenes Profil die besten Wirkungen verspreche. Man berechnet also nach dem Steigungsgesetz, das die Betriebsverhältnisse und gewisse bewährte Regeln verlangen, die Schraube als eine mathematische Fläche, nimmt diese als Druckseite und legt das zur Festigkeit nötige Material zu sichelförmigem Querschnitt auf. Die besondere Form der Saugseite bleibt ziemlich unbestimmt und mehr oder weniger dem Zufall überlassen, während man die Druckseite oft sogar noch durch kostspielige Bearbeitung genau auf die berechnete Form zu bringen sucht.

In den vorliegenden Arbeiten über die Berechnung der Luftschrauben hat man sich bisher ebenfalls an diesen Vorgang gehalten.

Eine einfache Überlegung auf längst bekannter Grundlage führt aber bereits zu der Erkenntnis, daß auf der Saugseite eines Flügels jeder Art weit höhere Relativgeschwindigkeiten herrschen müssen, als auf seiner Druckseite[1]. Denn nach dem allgemeinen Gesetz, das aus den Grundgleichungen der Hydrodynamik hervorgeht, muß die Summe von hydrostatischem Flüssigkeitsdruck (P) und Geschwindigkeitshöhe $\left(w^2 \dfrac{\gamma}{2 g} \right)$ an jedem Punkte eines zusammenhängend erfüllten Raumes immer den gleichen Wert (P_0) haben (falls man, wie in unseren Fragen immer zulässig, Niveauhöhenunterschiede vernachlässigen darf). Daraus folgt ohne weiteres, daß auf der Seite eines Körpers, von der erhöhter Druck auf ihn wirken soll, niedrigere Geschwindigkeiten herrschen müssen als auf der Gegenseite. Es versteht sich zunächst, wenn man den Körper in bewegter Flüssigkeit feststehend denkt, muß aber nach dem Gesetz von Kraft und Gegenkraft auch umgekehrt gelten, für Schraubenflügel sowohl wie für Drachenflügel. Denn auch jene können wir uns feststehend und den ganzen umgebenden Luftraum rückwärts kreisend denken.

Hohe Relativgeschwindigkeiten, die somit unter allen Umständen auf der Saugseite bestehen müssen, lassen nun weiter darauf schließen, daß Unregelmäßigkeiten der Rückenfläche viel stärker zu schädlichen Wirbelbildungen Anstoß geben, als Unregelmäßigkeiten der Druckseite; und die beiderseits erzeugten Verluste werden mindestens in quadratischem Verhältnis der beiderseits herrschenden Relativgeschwindigkeiten stehen.

Wir haben durch einige besondere Versuche, deren Ergebnisse oben (zu 2) mitgeteilt wurden, noch den praktischen Nachweis gebracht, daß das in hohem Maße

---

[1] Vgl. Finsterwalder, Ztschr. f. Fl. u. M. 1910. Nr. 1, S. 6 u. f.

auch bei kreisenden Flügeln der Fall ist. Im Flugzeugbau wird dieser Erkenntnis auch schon von bewanderten Konstrukteuren bei der Formgebung von Drachenflügeln Rechnung getragen. Bei Luftschraubenflügeln findet man dagegen aufgenietete Arme, Vorsprünge und sonstige durch die Konstruktion bedingte Unregelmäßigkeiten noch mit Vorliebe gerade auf die Saugseite gelegt, die man ebensogut auf die Druckseite hätte bringen können, in deren Mitte sie nach unseren Versuchen fast ganz unschädlich sind.

Von derartigen Unregelmäßigkeiten abgesehen ist aus vorstehender Überlegung weiters zu folgern, daß es auf die besondere Formgebung der Saugseite mindestens ebensosehr ankommt, wie bei der Druckseite.

Im allgemeinen müssen beide Flächen schon der notwendigen Konstruktionsdicke wegen verschieden gekrümmt sein. Gleichgeformte, äquidistante Flächen auf beiden Seiten, wie man sie als Ersatz für eine mathematische Fläche gern annimmt, sind aber, wie sich noch zeigen wird, wahrscheinlich auch grundsätzlich gar nicht erstrebenswert. Scharfe Austrittskante und stetige Verjüngung nach dieser Kante hin ist jedenfalls eine der ersten Bedingungen guter Wirkung.

Bestimmte nähere Vorschriften für die besondere Formgebung dieser Flächen vermag die Theorie einstweilen nicht herzuleiten. Die wirklichen Vorgänge an kreisenden Flügeln und auch an Drachenflügeln von begrenzter Spannweite entziehen sich als räumliches Problem noch völlig der analytischen Behandlung.

Dagegen hat die Theorie der ebenen Strömungen an unendlich breit gedachten Flügeln quer zur Bewegungsrichtung zu wichtigen Ergebnissen geführt, von denen wir einzelne Punkte, die wahrscheinlich auch für unsere Frage Belang haben mögen, kurz herausgreifen müssen.

Es handelt sich zunächst um unendlich dünn gedachte, flach gewölbte, zylindrische Schalen kreisbogenförmigen Profils, deren Sehne unter einem Winkel α schräg gegen die Bewegungsrichtung gestellt ist. M. Kutta (Aachen) und S. Tschapligin (Moskau) haben unabhängig voneinander und auf verschiedenem Wege bewiesen, daß eine wirbelfreie Strömung an solchen Schalen überhaupt nur in dem Falle $\alpha = 0^0$ möglich ist, wenn beide Kanten der Schale so scharf sind, wie sie bei unendlich kleiner Dicke gedacht werden. Sobald aber $\alpha > 0$ wird, muß eine der Kanten mit unendlich großer Geschwindigkeit umströmt werden. Wenn nämlich die Wiedervereinigung der durch den Flügel geteilten Strömung an dessen hinterer Kante stattfinden soll, wie es die natürlichen Bedingungen verlangen, dann muß bei $\alpha > 0$ der vorn befindliche Spaltungspunkt des mittleren Stromfadens von der vorderen Kante ab- und ein Stück in die Druckseite hineinrücken (vgl. Fig. 74).

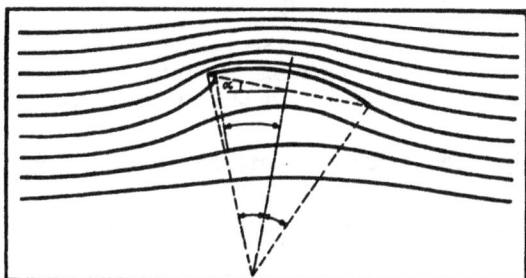

Fig. 74.

Von da aus muß der obere Zweig des mittleren Stromfadens um die vordere Kante herumfließen und an dieser Stelle unendliche Geschwindigkeiten annehmen; in ihrer

Nachbarschaft entstehen außerordentlich hohe Beschleunigungen, wie sie nicht ohne Wirbelbildungen und starke Energieverluste denkbar sind.

Die Zylinderschale liefert zwar auch schon bei $\alpha = 0^0$ einen beträchtlichen Auftrieb, dessen Größe die von Kutta schon 1902 angegebene Gleichung ausdrückt. Praktisch ist aber mit diesem Falle offenbar gar nicht zu rechnen. Scharfe Vorderkanten müssen hiernach vielmehr geradezu als Wirbelerreger verdächtigt werden.

Um zu hohe Geschwindigkeiten zu vermeiden, verweisen die genannten Mathematiker beide auf den von der flugtechnischen Praxis nach Naturbeobachtungen längst beschrittenen Weg, die Eintrittskante mit Abrundungen zu umkleiden. Kutta gelangt sogar zu einem vollständigen Berechnungsgang, zur Ermittlung der erforderlichen Abrundungsdicke, um die auftretenden Beschleunigungen innerhalb gewisser Grenzen zu halten. Die Abrundungskurven sollen dem Charakter der Stromlinien an der Vorderkante entsprechend parabolisch geformt sein; weiterhin soll dann der Umriß durch stetige Verbindungskurven

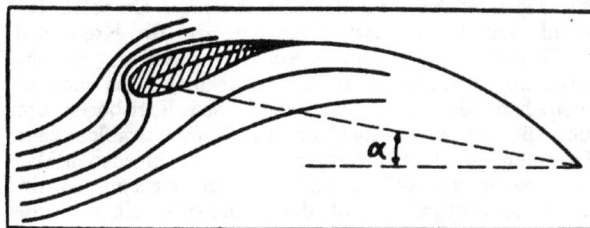

Fig. 75.

in den ursprünglichen Kreisbogen übergehen. Die schätzungsweise gezeichnete Fig. 75 veranschaulicht die von Kutta gegebene Beschreibung.

Damit ist ein wesentlicher Punkt der Frage der Flügelformen aus dem Bereiche gefühlsmäßiger Vorstellungen und empirischen Tastens ins Licht gerückt. Nach der Übereinstimmung von Theorie und Erfahrung wird man annehmen dürfen, daß scharfe Vorderkanten ziemlich allgemein und nicht gerade nur bei Kreisbogenschalen schädlich sind. Im übrigen liegt in dieser Theorie noch keine nähere Vorschrift für die Formgebung, da die Kreisbogenform ja nur willkürlich als Ausgangspunkt genommen ist. Wir sind noch nicht in der Lage, darnach eindeutig bestimmte Umrißformen zu entwerfen, die vor anderen besonderen Anspruch auf Richtigkeit hätten.

Vom Standpunkte des Experimentators, der durch planmäßige Versuche die Gesetze guter Flügelwirkungen zu verfolgen sucht, wäre es aber sehr wesentlich, überhaupt nur bestimmte Formen zu besitzen, die, wenn auch ohne hydrodynamische Begründung, in einigermaßen einfacher Weise geometrisch festzulegen wären. Denn willkürlich »nach Gefühl« entworfene Formen dieser Art lassen sich unabsehbar variieren, und mag man sie im einzelnen durch Abbildungen, durch punktweise Koordinatenangabe oder auf ähnliche Weise auch beliebig genau festlegen kann, so ist solches Vorgehen doch sehr unbefriedigend im Hinblick auf die weitere vergleichende Bearbeitung, die nur zum Ziele führen kann, wenn die untersuchten Formen sich durch eine begrenzte und möglichst geringe Zahl von Bestimmungsgrößen schreiben lassen, die unabhängig voneinander variiert werden können. Um nicht die große Anzahl von Versuchen zu vermehren, die mit aller Sorgfalt durchgeführt und doch wissenschaftlich nicht recht verwertbar sind, muß man in der Fülle der Möglichkeiten eine gewisse Ordnung zu bringen suchen. Erst wenn gesetzmäßige variierbare Formen vorhanden sind, kann man auch die Änderungen der Wirkung gesetzmäßig verfolgen.

Wir hatten früher bei der Aufstellung unseres systematischen Versuchsplanes an Hand eines allgemein gewählten Formbeispiels (Fig. 6) eine Art der Festlegung gewählt, welche praktisch entschieden zweckmäßig und an Genauigkeit durchaus hinreichend erscheint, die aber trotz einer ziemlichen Anzahl von Bestimmungsgrößen die Formen doch nicht eigentlich exakt festzulegen vermochte. Dabei ließen sich die Elemente vor allem noch nicht unabhängig voneinander variieren; Saug- und Druckseite, Winkelgrößen, Abrundungen, Gesamthöhe usw. stehen offenbar miteinander in geometrischem Zusammenhang, dem man aber keinen mathematischen Ausdruck zu geben vermochte. Schließlich hätten unabhängige Bestimmungsgrößen in solcher Anzahl auch zu viele Variationen verlangt, als daß man sie experimentell hätte erledigen können.

Bei der weiterhin damals aufgestellten Übersicht der hauptsächlich in Betracht kommenden Profilformen waren nur diejenigen einfach und exakt bestimmbar, die sich aus zwei Kreisbögen (deren einer im Grenzfall eine Gerade sein kann) zusammensetzen, also die Kreissichelprofile mit scharfen Kanten auf beiden Seiten. Sie sind durch zwei Parameter zu kennzeichnen, als die man die Pfeilhöhen oder die Radien der beiden Kreisbögen oder auch die Tangentenwinkel an den Kanten wählen kann. Hält man die Untersuchung von acht verschiedenen Wölbungsmaßen auf beiden Seiten für ausreichend, so sind in Berücksichtigung, daß die Druckseite nicht flacher sein kann, als die Saugseite, 8! = 36 verschiedene Formen durchzunehmen. Die scharfe Eintrittskante widerspricht den Anforderungen der oben dargelegten Flügeltheorie. Aber im Hinblick auf die Gepflogenheiten der Praxis besonders im Schiffbau, zur Sicherung weiterer Schlußfolgerungen und in Anbetracht der notwendigen Verschiedenheit der Strömung an kreisenden Flügeln, von dem für gradlinige Bewegung berechneten Vorgang schien es geboten, durch einige systematische und einigermaßen vollständige Versuchsreihen das Bereich dieser Formen aufzuklären. Die Ergebnisse wurden schon oben mitgeteilt.

An Formen mit vorderer Abrundung bieten sich zunächst die durch drei Kreisbögen bestimmten »Keilformen« (Fig. 76 und 77) zu einfacher geometrischer Festlegung dar. Ihre im Grenzfall ebenen Wölbungen können

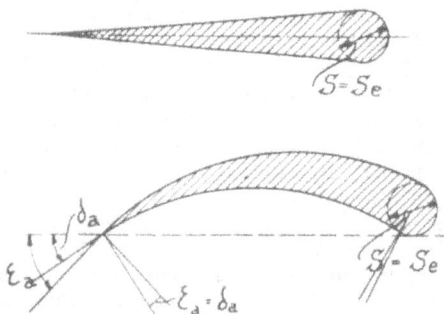

Fig. 77.

von gleichem Halbmesser sein; dann liegt die Form durch Wahl dieses Halbmessers und der Abrundungsdicke S_e oder des Kantenwinkels am Austritt ($\varepsilon - \delta$) fest. Dieser Winkel und die Dicke des Flügels kann so klein gemacht werden, als praktisch möglich. Aber das theoretische Erfordernis parabolischen Charakters der Kopfform ist nicht erfüllt. Es verlangt, daß die größte Dicke S mehr nach der Profil-

mitte zu gerückt wird; und damit beginnt die Schwierigkeit einer exakten Festlegung durch wenige, einfache Bestimmungsgrößen. Man kann mit dem Verhältnis der größten Dicke (S) zum vorderen Abrundungshalbmesser (S_e), mit ihrer Lage (B_e) in bezug auf die Flügelbreite (B) im Verein mit den Winkeländerungen (δ, ε) Scharen von Kombinationen willkürlich zusammenstellen, ohne diese Größen doch ganz unabhängig voneinander wählen zu können.

Unsere bisher beste Form (Nr. V) fiel in diese Gruppe. Keilformen wurden noch nicht untersucht; Formen mit vorderer Zuschärfung hatten durchweg verschlechterte Wirkungen gebracht.

Eine geometrisch bestimmte und zugleich der hydrodynamischen Bedingung endlicher Strömungsgeschwindigkeiten an allen Punkten theoretisch genügende Kurvengattung hat nun N. Joukowsky (Moskau) neuerdings gefunden, und unlängst[1]) hat er eine kurze Anweisung zu ihrer Konstruktion veröffentlicht. Der einfachere Sonderfall eines nach Saug- und Druckseite symmetrisch geformten Profils hat nach Fig. 5 der angezogenen Arbeit einige Ähnlichkeit mit der erwähnten ebenen Keilform (Fig. 76), doch ist der Kopf etwas parabolisch gestaltet und nach hinten sind die Keilflanken beide etwas gegen die Mittellinie des Profils eingezogen, also die Druckseite leicht nach oben, und auffallenderweise die Saugseite ebenso nach unten gewölbt. Die allgemeinere, unsymmetrische Form besitzt drei Parameter, und ihr Charakter entspricht (nach Fig. 4 S. 3) ziemlich den Vorstellungen, die man sich seit Lilienthals Versuchen über günstige Profilformen macht.

Die angegebene Konstruktion ist nicht einfach. Es ist keine »Konstruktion« im gewöhnlichen Sinne, sondern sie verlangt punktweise Berechnung nach Größen, die man aus einer Konstruktion abgreift. Was aber die praktische Anwendung besonders erschwert, ist der Umstand, daß die schließlichen Koordinatenwerte der Kurvenpunkte durch eine Kette transzendenter Funktionen von den ursprünglich gewählten Parametern abhängen. Es scheint deshalb schwierig zu übersehen, wie man die Wahl ungefähr treffen muß, um z. B. eine aus Festigkeitsrücksichten mindestens nötige Dicke innezuhalten. Es bleibt nichts übrig, als eine Reihe von Beispielen probeweise durchzukonstruieren. Der praktische Konstrukteur wird sich nicht leicht auf solche Konstruktionen einlassen.

Joukowsky stellt die Mitteilung von Modellversuchen mit solchen Formen in Aussicht; und es erscheint angezeigt, solche Profile auch als Schraubenflügel zu untersuchen, obgleich die hydrodynamischen Grundlagen ihrer Konstruktion dabei jedenfalls nicht mehr ganz maßgebend sein werden. Um so mehr scheint es geboten, auch einfacher bestimmbare Formen aufzusuchen und den Versuchen zu unterwerfen. Einige solche Formen werden im folgenden angegeben. Sie schließen sich in einigen Punkten so gut an praktisch bewährte Formen an, daß ein kurzer Überblick darüber hier am Platze sein wird.

Einige geometrisch einfache, parabolisch abgerundete Flügelprofile.

Die Formen sind also, abgesehen von der Bedingung parabolischer Kopfform, ohne nähere Rücksicht auf die hydrodynamische Theorie aufgestellt. Sie sollen nur in möglichst einfacher und unmittelbar berechenbarer Weise die gewünschten Zusammenhänge zwischen den Formelementen herstellen. Die gefundenen Formen lassen sich leicht so wählen, daß sie bestimmten äußeren Bedin-

[1]) Ztschr. f. Fl. u. M. 1910, Nr. 22, S. 281.

gungen entsprechen, und daß sie in unseren vorjährigen Versuchsplan passen.

Zum Ausgangspunkt sind Parabeln genommen, die durch Kombination mit geraden Linien oder mit anderen Parabeln so zurechtgebogen werden, wenn man so sagen darf, daß Formen der gewünschten Art herauskommen. Es wird dabei nicht schaden, oder sogar vorteilhaft sein, wenn der Umriß sich aus zwei verschiedenen Kurvenzweigen zusammensetzt, die mit gemeinsamer Tangente ineinander übergehen, wenn nur die Anzahl der im ganzen vorkommenden Bestimmungsgrößen klein bleibt.

Aus den positiven und negativen Zweigen einer gemeinen Parabel (Kurve 2 in Fig. 78) kann man zunächst

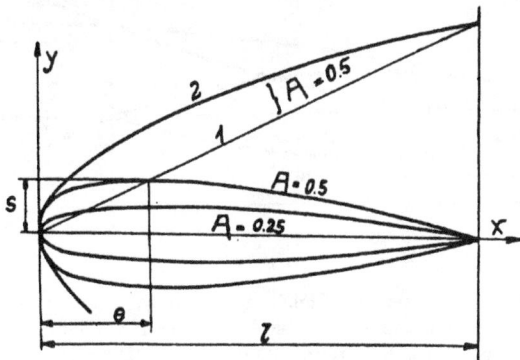

Fig. 78.

eme symmetrisch geschlossene, nach hinten spitz verlaufende Kurve bilden, indem man die Parabelordinaten um die Ordinaten einer durch ihren Scheitel gezogenen Geraden (1) vermindert. Die erhaltene Kurve erinnert, als Rotationskörper gedacht, an Torpedo- oder Luftschiffformen. Ist l die Länge dieses Körpers in der x-Richtung, so lautet die Gleichung der Kurve

$$y_s = \pm A l \left(\sqrt{\frac{x}{l}} - \frac{x}{l} \right).$$

A ist die Richtungskonstante der benutzten Geraden ($y_1 = A x$). Mit der Wahl von A ist die Ausgangsparabel ($y_2{}^2 = B \cdot x$ mit $B = A^2 \cdot l$) natürlich schon bestimmt. Die beiden symmetrischen Zweige sind wiederum Parabeln, die die Ordinatenachse berühren. Hier hat also der Umriß eine kleine Abflachung, die zwar bei schlanken Formen (mit kleinem A) verschwindend klein und, wie man nachrechnen kann, praktisch kaum nachweisbar sein würde, immerhin aber einen grundsätzlichen Fehler bedeutet. Dafür kann man alle gewünschten Größen aus der einfachen Kurvengleichung leicht herleiten. Die Tangentenrichtung an der hinteren Spitze erhalten wir aus der allgemeinen Tangentengleichung

$$\tan \varepsilon = \frac{A}{2} \left(\sqrt{\frac{l}{x}} - 2 \right)$$

mit $l = x$ zu $\tan \varepsilon_a = - A/2$; die größte Ordinate liegt bei $x = e = l/4$ und sie ist $s = 1/4\,A\,l$.

Solche Kurve können wir nun als obere oder Saugseite (S) eines Flügelprofils benutzen. Der Druckseite (D) geben wir durch Kombination mit einer zweiten Parabel eine geeignete Biegung. Als Achse dieser zweiten Parabel ($\eta = c \xi^2$; Fig 79, gestrichelte Kurve) nehmen wir die Ordinate $x = l/2$, ihr Scheitel liege bei $y = d$ und ihre Zweige sollen die x-Achse bei $x = 0$ und $x = l$ schneiden. Also für $\xi = - l/2$ und $+ l/2$ soll $\eta = d$ sein; dazu muß $c = \dfrac{d}{\xi^2}$

$= 4 \dfrac{d}{l^2}$ gewölbt werden. Die Ordinaten $(d - \eta)$ dieser Parabel ziehen wir von den Ordinaten y_s der Kurve S ab, und nehmen $y_d = d - \eta - y_s$ zu Ordinaten der Kurve D.

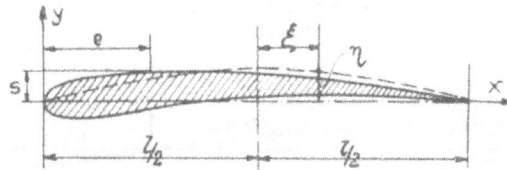

Fig. 79.

die offenbar vorn auch noch tangential in die S-Kurve übergeht und sie hinten spitz schneidet. Sie ist von der vierten Ordnung und hat die Gleichung

$$y_d = - A \left(\sqrt{lx} - x \right) + c \left(lx - x^2 \right).$$

Wählt man d zu groß, so wird die Hinterkante überspitz; S und D überschneiden sich schon einmal vor $x = l$, und die Dicke s des verbleibenden Profils wird negativ. Den Grenzfall, wo der Spitzenwinkel gerade $= 0$ wird, ergibt die Bedingung, daß s bei $x \cong l$ noch größer als 0 sein soll. An beliebiger Stelle ist:

$$s = 2 A \left(\sqrt{lx} - x \right) - c \left(lx - x^2 \right)$$

Bedingung für $s > 0$ ist also

$$\frac{c}{2 A} < \frac{\sqrt{lx} - x}{lx - x^2}.$$

Setzen wir $x = \varphi\,l$ und benutzen für $\varphi \cong 1$ die Annäherung $\varphi^n = 1 + n\,(\varphi - 1)$, so löst sich die Bedingung zu

$$\frac{c}{2 A} \cdot l < 1/2, \text{ oder } c < \frac{A}{l}.$$

Mit $c = A/l$ wird also der Austrittswinkel δ_a an der D-Kurve gleich dem ε_a der S-Kurve. Bei kleinerem c ist an beliebigem Punkte die Neigung der D-Kurve

$$\tan \delta = c l + A - 2 c x - \frac{A}{2} \sqrt{\frac{l}{x}}$$

und an der hinteren Spitze

$$\tan \delta_a = \frac{A}{2} - c l.$$

Somit sind die wichtigsten Abmessungen der Form leicht aus den gewählten Bestimmungsgrößen zu finden, und wir können leicht die Rechnung umkehren, um etwa von gewählten Winkeln ausgehend die Form zu bestimmen. Es sind, wenn wir von der Länge l absehen, die einfach den Maßstab bestimmt, zwei Größen unabhängig voneinander zu wählen. A bedingt die Wölbungshöhe und den Austrittswinkel der Saugseite; c entsprechend die Druckseite, die bei geeignetem c auch fast ganz zur Ebene werden kann.

Sehr einfache Profile mit ganz ebener Druckseite kann man aus denselben S-Kurven bilden, wenn man die am Punkte größter Dicke angelegte Tangente $y = - \dfrac{A l}{4}$ als Druckseite benutzt und die S-Kurve über $x = l$ hinaus bis zum Schnitt mit dieser Tangente verlängert (vgl. Fig. 80). Die Länge des Profils wird nun $l_1 = l \left(\sqrt{1/2} + 3/4 \right) = 1{,}457\,l$; der Austrittswinkel

$$\tan \varepsilon_a = A \left(\sqrt{\frac{1}{2\sqrt{2} + 3}} - 1 \right) = - 0{,}585\,A.$$

Die größte Dicke S war $= \dfrac{A\,l}{2}$ und ist jetzt, bezogen auf die ganze Länge l_1

$$S = \frac{1}{2\sqrt{2}+3}\,A\,l_1 = 0{,}344\,A\,l_1$$

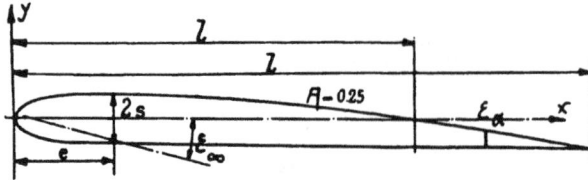

Fig. 80.

und die Kopflänge e bis zur größten Dicke ist

$$e = {}^1/_4\,l = \frac{1}{2\sqrt{2}+3}\,l_1 = 0{,}171\,l_1.$$

Dieser Typ ist also durch die einzige Konstante A bzw. die relative Profildicke vollständig und sehr einfach bestimmt.

Will man bei ebener Druckseite noch das Kopflängenverhältnis $e : l_1$ bzw. den Austrittswinkel variieren, so kann man eine Tangente schräg an die untere S-Kurve anlegen. Deren Richtungskonstante tritt dann als zweite Bestimmungsgröße hinzu und die Austrittswinkel sind ähnlich wie oben leicht zu bestimmen.

Schließlich kann man statt einer geraden Linie auch eine neue Kurve, etwa eine andere Parabel, tangential an die S-Kurve anschließen und so im Bereich der durch zwei Größen bestimmten Profile noch zahlreiche Spielarten schaffen, wenn es Interesse hat, besondere Verschiebungen der Verhältnisse hervorzubringen.

Der anfangs erwähnte Fehler dieser »einfach parabolischen« Kurvengattung, bestehend in kleiner Abflachung am Kopf, mag noch etwas näher beleuchtet werden. Die Achsenrichtung der verschobenen Parabel, die die Saugseite bildet, bestimmt sich durch die Tangente bei $x = \infty$ zu $\tan \varepsilon_{\infty} = -A$; sie schneidet die x-Achse bei

$$x = \frac{l}{2}\,\frac{A^2}{1+A^2};$$

der Scheitel, also der Punkt stärkster Krümmung, liegt auf der Abszisse $x_0 = \dfrac{l}{4}\left(\dfrac{A^2}{A^2+1}\right)^2$ und hat die Ordinate

$$y_0 = \frac{A\,l}{4}\left(1 - \left(\frac{1}{1+A^2}\right)^2\right)$$

In dem in Fig. 7 gezeichneten Beispiel ist die Parabelachse eingetragen. Mit $A = 0{,}25$ erhält man für den Scheitelpunkt:

$$x_0 = 0{,}000865\,l;\quad y_0 = 0{,}0071\,l.$$

Diese Größen sind in der Tat so klein, daß sie in den praktisch doch nie vermeidbaren Unvollkommenheiten der Formen vollständig verschwinden und auch hydrodynamisch kaum von Belang sein dürften.

Wir verfügen indessen noch über eine weit vollkommenere Kurvengattung, die freilich schon ganz im Bereich der vierten Ordnung liegt, aber ebenso leicht zu zeichnen und selbst rechnerisch nicht viel verwickelter ist.

Wir nehmen zwei Parabeln, Kurve 1 und 2 in Fig. 81, deren jede die Scheiteltangente der anderen zur Achse hat. Die Achse der ersten sei die x-Achse. Die positiven Zweige der Parabeln sollen sich bei $x = l$ schneiden. Die dadurch bedingte gemeinsame Bestimmungsgröße setzen wir so fest,

daß wir es wieder mit einer dimensionslosen Zahl zu tun haben:

$$1)\; y_1 = a\sqrt{l\,x};\quad 2)\; y_2 = a\,\frac{x^2}{l}.$$

Zu Ordinaten der S-Kurve nehmen wir nun die Unterschiede der Parabelordinaten: $y_s = y_1 - y_2$, und die Kurvengleichung wird:

$$y_s = a \cdot l \cdot \left(\sqrt{\frac{x}{l}} - \frac{x^2}{l^2}\right).$$

Diese Kurve ist nun vollkommen stetig. Der Kopf geht aus korrekter Parabelform ganz gleichmäßig in die hintere

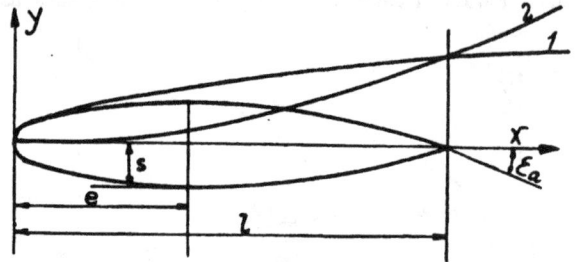

Fig. 81.

Spitze über. Aus der Gleichung sehen wir ohne weiteres, daß wir die Form durch die Wahl von a wieder beliebig dick oder schlank machen können. Die Berechnung der wichtigsten Abmessungen ist nicht schwierig: Die Abszisse der größten Dicke oder die Kopflänge erweist sich auch hier unabhängig von a, nämlich

$$\varepsilon = \sqrt[3]{{}^1/_2} \cdot \frac{1}{2} \cdot l = 0{,}396\,l$$

und die halbe Dicke s ist:

$$s = {}^3/_8\,\sqrt[3]{2}\,\sqrt{a}\cdot l = 0{,}473\,\sqrt{a}\,l$$

wie sich durch Differentiation der Kurvengleichung leicht ergibt. Der hintere Spitzenwinkel folgt aus der allgemeinen Tangentengleichung

$$\tan \varepsilon = {}^1/_2\,\sqrt{a}\left(\sqrt{\frac{l}{x}} - 4\,\frac{x}{l}\right)$$

mit $x = l$ zu

$$\tan \varepsilon_a = -{}^3/_2\,\sqrt{a}.$$

Als Mantellinie eines Rotationskörpers betrachtet ist es interessant, diese Form mit den besten bisher experimentell gefundenen Luftschifformen zu vergleichen.

Wir entnehmen den Mitteilungen der Göttinger Modellversuchsanstalt (Ztschr. f. Fl. u. M. 1910) die Angaben über die Form, die unter einer größeren Reihe von Prof. Prandtl entworfener Modelle den geringsten Bewegungswiderstand gegeben hat. Das Modell III hatte bei $l = 114{,}5$ cm Länge einen größten Durchmesser von $D = 18{,}8$ cm. Weitere Maße sind nicht angegeben, aber die durch eine kleine Zeichnung wiedergegebene Mantelkurve hat eine auffallende Ähnlichkeit mit unserer doppelt-parabolischen Kurve und, soweit man es nachmessen kann, scheint die Kopflänge (etwa 0,37 bis 0,38 l) bis auf eine Kleinigkeit mit der unserer Form (0,396 l) übereinzustimmen. Genauer können wir aber dem Rauminhalt nach beide Formen vergleichen. Der des Modells ist zu $V = 18200$ ccm angegeben. Für unsere Form berechnet er sich durch eine einfache Integration leicht zu

$$V = \pi \int_0^l y_s^2\,dx = \frac{9}{70}\,\pi\,a\,l^3.$$

Bezeichnen wir als »Völligkeit« φ der Form das Verhältnis ihres Inhaltes zu dem Inhalt V^1 des umschriebenen Zylinders von gleichem D und l, so ergibt sich für unsere Form

$$\varphi = \frac{32}{70} \pi \sqrt{2} = 0,577.$$

(Die Völligkeit ist unabhängig von $D : l$.) Bei dem Modell III faßt der umschriebene Zylinder

$$V^1 = 18,8^2 \frac{\pi}{4} \cdot 114,5 = 31800 \text{ ccm};$$

also ist $\quad \varphi = \dfrac{18200}{31800} = 0,574.$

Die Übereinstimmung ist fast ganz genau. Es scheint also, daß wir mit dieser Gleichung gerade die beste Form für Rotationskörper getroffen haben, und darin liegt einige Wahrscheinlichkeit, daß wir auf dieser Grundlage auch günstige Flügelformen erhalten werden.

Um solche zu bilden, stehen die verschiedenen Möglichkeiten zu Gebote, die schon bei den einfach-parabolischen Formen besprochen wurden.

In Fig. 82 ist z. B. als D-Kurve eine neue Parabel mit dem Scheitel in $x = e$, $y = -s$ tangential angelegt. Wir können als neue Bestimmungsgröße ihren Parameter beliebig wählen und dadurch mehr oder weniger gekrümmte und spitz verlaufende Profile erzielen. Es ist nicht schwierig, diese Größe auf rechnerischem Wege so zu bestimmen,

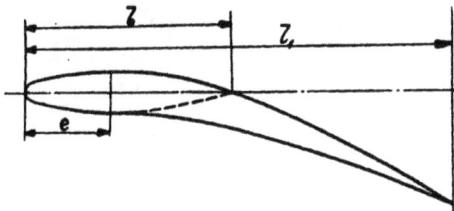

Fig. 82.

daß man z. B. einen gewünschten Austrittswinkel d_a an der hinteren Spitze erhält; damit gewinnt man auch das genaue Maß der zugehörigen Länge l_1, wenn es aus dem flachen Schnittpunkt der Kurven zeichnerisch nicht genau genug zu bestimmen ist. Im übrigen wird man sich mit der zeichnerischen Feststellung der Verhältnisse begnügen können, nachdem man weiß, daß die Angabe zweier Bestimmungsgrößen zur beliebig genauen Festlegung sämtlicher Verhältnisse hinreicht. Wir sehen deshalb von weiterer rechnerischer Verfolgung vorerst ab.

Bemerkt sei noch, daß man S-Kurven mit weiter nach vorn gerückter größter Dicke, also kleinerer »Kopflänge«

und schlanker verlaufendem Hinterteil aus Hyperbeln in ähnlicher Weise bilden kann, wie es hier mit Parabeln gezeigt wurde, und schließlich, daß man Formen mit etwas mehr zugespitzter und nach unten gezogener Eintrittskante, wie man sie bei den Flügeln mancher Vögel findet, als Differenzkurven zwischen Parabeln verschiedener Ordnung erhält, wie Fig. 83 in einigen Beispielen zeigt. Die Kurven a, b, c, d entsprechen den Gleichungen

$$x_a = a\, y; \quad x_b = b\, y^2; \quad x_c = c\, y^3; \quad x_d = d\, y^4$$

Aus der Bedingung, daß sich alle bei $x = l$ schneiden sollen, ergibt sich der Zusammenhang der Parameter. Die schraf-

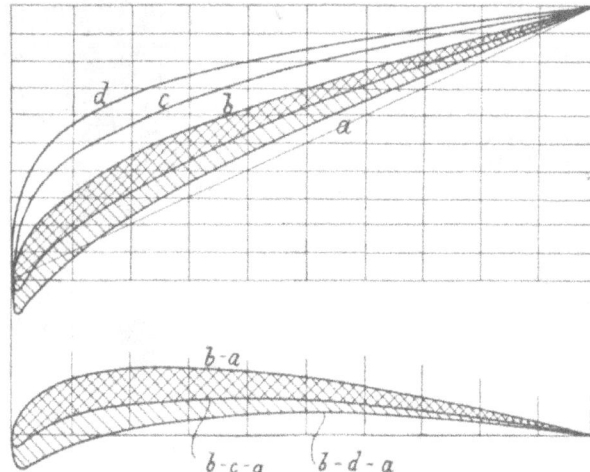

Fig. 83 und 84.

fierten Profile in Fig. 83 haben als Saugseite die gemeine Parabel b und als Druckseite Kurven, bei denen die Ordinaten von b um diejenigen von c bzw. d verkleinert sind. In Fig. 84 sind dieselben Kurven noch durch Abzug der Ordinaten von a verschoben.

Es fehlt also nicht an Möglichkeiten, Formen verschiedenster Art auf geometrisch einfach bestimmte Weise hervorzubringen. Wir haben hier einen zusammenhängenden Überblick gegeben, um künftig einzelnes davon ohne weitere Auseinandersetzung herausgreifen zu können.

Ich möchte zum Schlusse nicht unterlassen, meinen Mitarbeitern, besonders Herrn Dipl.-Ing. K. Schmid für die ausdauernde Sorgfalt bei der Aufnahme und Verarbeitung dieser Versuchsergebnisse herzlich zu danken.

www.ingramcontent.com/pod-product-compliance
Lightning Source LLC
Chambersburg PA
CBHW081427190326
41458CB00020B/6127

LUFTSCHRAUBEN-UNTERSUCHUNGEN

BERICHTE
DER GESCHÄFTSSTELLE FÜR FLUGTECHNIK DES SONDERAUSSCHUSSES DER JUBILÄUMSSTIFTUNG DER DEUTSCHEN INDUSTRIE
FÜR 1911—1912

VON

DR.-ING. F. BENDEMANN

———

MIT 75 IN DEN TEXT GEDRUCKTEN ABBILDUNGEN
UND 2 TAFELN

MÜNCHEN UND BERLIN
DRUCK UND VERLAG VON R. OLDENBOURG
1912

Inhaltsverzeichnis.

———

———

[1)] Abschnitt 1 bis 4 der systematischen Versuche sind in den Berichten für 1910/11 enthalten, auf
die als »Ber. 1911« öfter Bezug genommen wird.

———

5. Versuche über den Einfluß der Kantendicke bei Sichelprofilen.

Die Versuche sollten einen Anhalt dafür geben, inwieweit es im allgemeinen Zweck hat, große Sorgfalt auf die Schärfe der Kanten von Schraubenflügeln zu legen, und insbesondere, inwieweit unsere Versuchsergebnisse mit Sichelprofilen verschiedener Wölbung dadurch beeinflußt sein mögen, daß die Kanten der Versuchsflügel nicht genau

Druckseite mit Auflagen versehen, die nacheinander 2, 5 und 10 mm Dicke hatten. Die entstehenden Kanten wurden nach Halbkreisen von entsprechendem Durchmesser abgerundet, wodurch die Gesamtbreite (ursprünglich 400 mm) und die Gesamtdicke des Flügels (ursprünglich 12,5 mm in der Mitte) überall um das Maß der Auflage vergrößert wurde, wie aus dem in Fig. 85a beigezeichneten Querschnitt ersichtlich. Die Form der Saugseite blieb also unverändert.

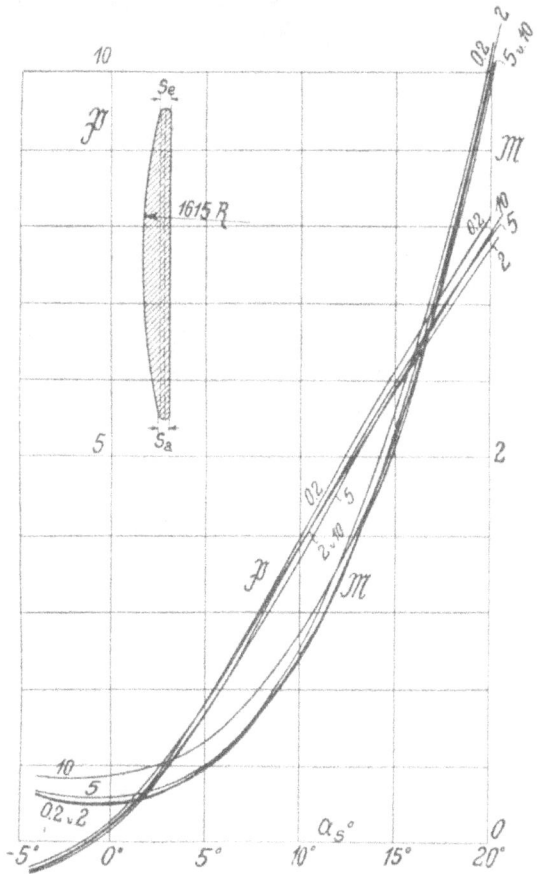

Fig. 85a.

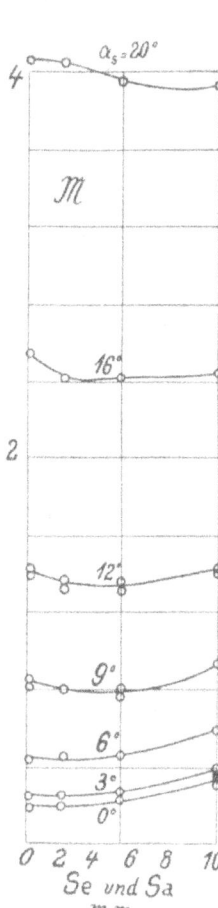

Fig. 85b.

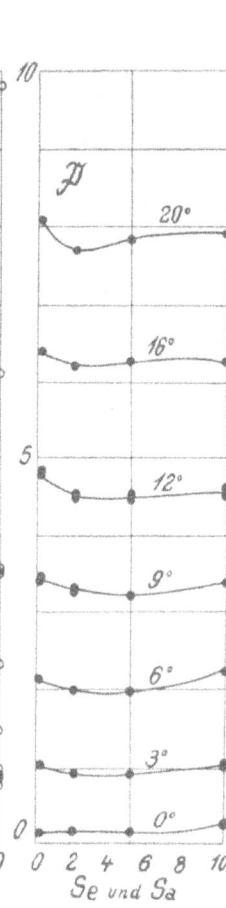

Fig. 85c.

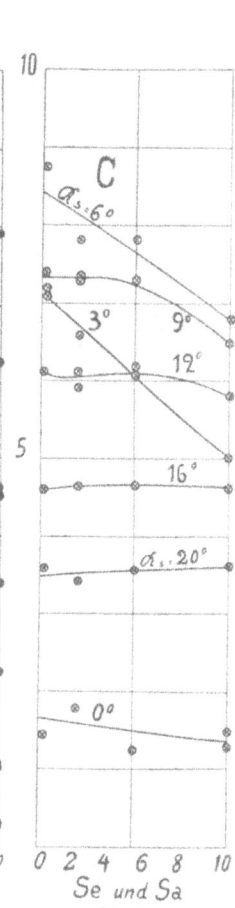

Fig. 85d.

gleich scharf waren, sondern zwischen recht feiner Schärfe und etwa 1,5 mm Dicke schwankten.[1]

Das schärfste dieser Flügelpaare, Nr. 1, mit ursprünglich nur etwa 0,2 mm Kantendicke wurde auf der ebenen

Die Versuche ergaben, daß der Einfluß dieser Formverschlechterung im ganzen überraschend gering ist. Die in bekannter Weise gezeichneten $\mathfrak{P}$- und $\mathfrak{M}$-Kurven[1] (Fig. 85a), welche die Abhängigkeit der Schubkräfte P

---

[1] Vgl. Bericht 1911, S. 26 u. f.

[1] $P = \mathfrak{P} \cdot n^2 \, 10^{-4}$; $M = \mathfrak{M} \cdot n^2 \, 10^{-4}$.

und der Drehkräfte M vom Anstellwinkel α_s darstellen, fallen sehr dicht zusammen. In Fig. 85b und c sind die einzelnen Versuchswerte von $\mathfrak{P}$ und $\mathfrak{M}$ gesondert als Funktion der Kantendicke aufgetragen, wodurch sich für jede der untersuchten Winkelstellungen eine Kurve ergibt, welche den Einfluß klar darstellt.

$\mathfrak{P}:\mathfrak{M}$, der für die Kraftausnutzung maßgebend ist, der Einfluß meist ziemlich auf; nur in dem Bereich um $\alpha_s = 3^0$ bis 9^0 überwiegt die Abnahme von $\mathfrak{P}$ und bewirkt eine nicht ganz unbedeutende Abnahme der Kraftausnutzung, wie man in Fig. 85d sieht, wo auch die Vergleichszahl der Kraftausnutzung $(C = R \cdot \mathfrak{P}:\mathfrak{M})$ als Funktion der Kanten-

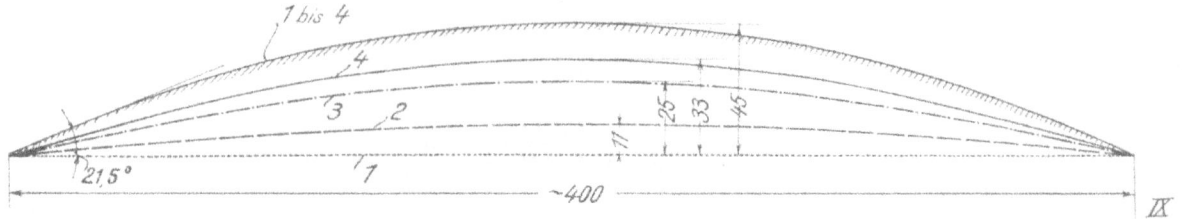

Fig. 86.   Serie IX.   Profile.

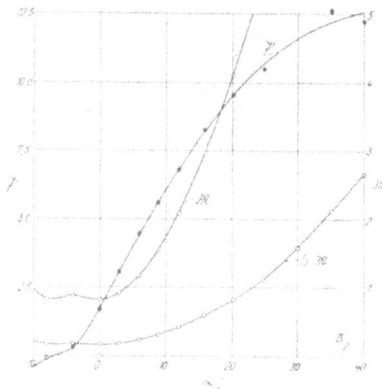

Fig. 87.

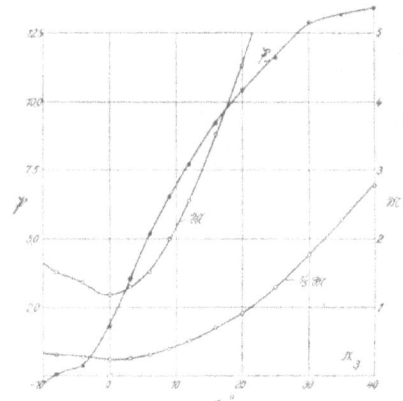

Fig. 88.

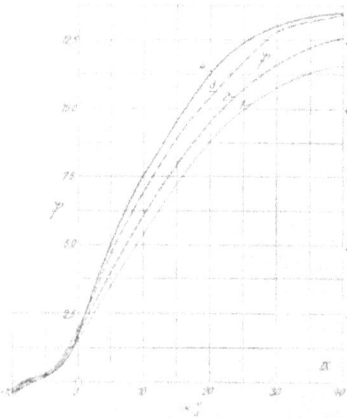

Fig. 89.

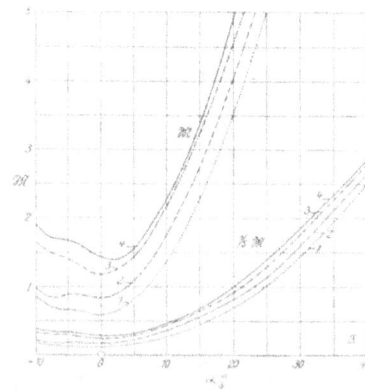

Fig. 90.

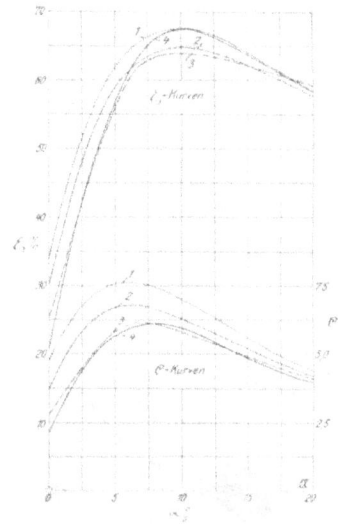

Fig. 91.

Mit von Null aus zunehmender Flügeldicke stellt sich nicht, wie man erwarten sollte, sogleich eine Zunahme des Luftwiderstandes der Flügel ein, also ein Anwachsen der Drehkräfte bzw. der Größen $\mathfrak{M}$; diese bleiben vielmehr anfangs gleich, nehmen bei steileren Winkelstellungen sogar anfangs etwas ab, und erst bei der stärksten Auflage von 10 mm ist eine entschiedene Zunahme zu erkennen. Ganz ähnlich verhalten sich auch die Schubkräfte bzw. die $\mathfrak{P}$-Werte. Infolgedessen hebt sich in dem Quotienten

dicke dargestellt ist. (In dem Quotienten machen sich kleine Versuchsungenauigkeiten oft doppelt bemerklich; der Verlauf der C-Kurven ist deshalb leicht etwas von Zufälligkeiten beeinflußt, man sieht aber hinlänglich, worauf es ankommt.) Bei Anstellwinkeln über 9^0 und merkwürdigerweise auch bei $\alpha_s = 0^0$ sind also selbst größere Verdickungen von 5 bis 10 mm fast ohne Einfluß. Im wirksamsten Bereich aber ($C_{\max}$ liegt nach den früheren Versuchen bei $\alpha_s = 6^0$ und der beste Gütegrad $\xi_{\max}$ bei $7{,}5^0$) tritt eine merkliche Verschlechterung der Kraftausnutzung ein, die bei $a_s = 3^0$ etwa 3% für je 1 mm Verdickung ausmacht. Bei $a_s = 6^0$ sind es noch etwa 2% auf 1 mm; bei 9^0 verschwindet der Einfluß ziemlich.

Demnach kann es sich bei Kantendicken bis zu 1,5 mm, wie bei unseren Sichelprofilversuchen, nur um Differenzen von wenigen Hundertsteln in der Kraftausnutzung und auch nicht wesentlich mehr im Gütegrad handeln, Unterschiede, die also fast noch in den Fehlergrenzen der Versuche überhaupt liegen; und bedeutende Gewinne, wie man sie vielleicht vermuten könnte, sind durch eine ideale, messerscharfe Kantenausbildung jedenfalls nicht zu erzielen.

Welche Rolle die Vorder- und die Hinterkante für sich spielen, ist durch solche Versuche natürlich nicht zu entscheiden. Man kann nicht eine der Kanten allein verstärken, ohne die Profilform überhaupt wesentlich zu verändern; denn man müßte zugleich eine Änderung der Kantenwinkel zulassen, und das würde die Verhältnisse unklar machen.

Man kann aber auf Grund der von uns früher erörterten aerodynamischen Gesichtspunkte[1], nach denen von verdickter Vorderkante eine günstige, Widerstand vermindernde Wirkung zu erwarten ist, die Vermutung aussprechen, daß es dieser Gewinn ist, der die jedenfalls schädliche Wirkung verdickter Hinterkanten anfangs kompensiert oder sogar überwiegt, bis bei einer Verdickung von mehr als etwa 5 mm kein genügender Gewinn an der Vorderkante weiter eintritt und der immer stärker zunehmende Austrittsverlust den Ausschlag gibt.

Somit enthalten die Versuche eine deutliche Bestätigung der Kuttaschen Schlußfolgerungen, auf denen wir damals fußten.

6. Versuche über den Einfluß der Druckseitenwölbung bei sonst gleichen Sichelprofilen.
Serie IX.

Bei den unter Nr. 4 mitgeteilten Versuchen mit Kreissichelprofilen war einerseits (Serie kOk) stets die (möglichst geringe) Dicke des Flügelprofils unverändert geblieben; es war gewissermaßen ein Flügelblatt von gleichbleibendem Querschnitt aus der zuerst auf einer Seite ganz ebenen Kreissegmentgrundform allmählich, in 6 facher Abstufung, immer stärker durchgebogen worden. Anderseits (Serie eOk) waren die sechs verschiedenen Formen aber auch mit wiederum zur Ebene ausgefüllter Druckseite untersucht worden. Somit waren hinsichtlich der Druckseite nur erst die Grenzfälle in Betracht gezogen: möglichst starke, oder gar keine Wölbung.

Dabei blieb die Frage offen, in welchem Grade die Wölbung der Druckseite allein an der Verschiebung der Leistungsverhältnisse beteiligt ist, die sich bei diesen Formen ergab. Wir sahen nur, daß die starke Wölbung der Druckseiten, ebenso wie die Wölbung der Saugseiten an sich schon, dahin wirkt, das Arbeitsvermögen der Schraube beträchtlich zu steigern, und zwar in einer durchaus günstigen Weise: die Flächenausnutzung wuchs mit zunehmenden Wölbungen beträchtlich, ohne daß der Gütegrad sich verminderte.

Um nun einen Anhalt dafür zu bekommen, in welchem Grade verschieden starke Wölbungen der Druckseite in diesem Sinne wirken, wurden bei dem Flügelpaar Nr. 6 (vgl. die Zahlentafel S. 28 des Berichtes von 1911) zwei Zwischenformen hergestellt, bei welchen die Saugseitenform unverändert gelassen wurde (Pfeilhöhe des Kreisbogens 45 mm bei 400 mm Breite), die Druckseite jedoch nach Kreisbögen, einmal von 11 und einmal von 25 mm, gewölbt wurde. Mit den früheren zwei Grenzfällen zusammen ent-

steht also eine Serie von vier verschiedenen Formen mit zunehmender Druckseitenwölbung. In Fig. 86 sind die Profile zusammengestellt, die wir jetzt mit Nr. 1 bis 4 bezeichnen wollen.

Die Versuchsaufnahmen zu Nr. 1 und 4 sind bereits früher in Fig. 57 (Flügel 6, kOk) und 62 (Flügel 6, eOk) wiedergegeben. Fig. 87 und 88 enthalten nun die Messungsergebnisse mit den neu eingeschalteten Zwischenformen Nr. 2 und 3 in der üblichen Weise. In Fig. 89 und 90 sind dann die interpolierten p- und $\mathfrak{M}$-Kurven für die jetzt zu betrachtenden Formen 1 bis 4 zusammengestellt; Fig. 91 stellt schließlich die Vergleichswerte der Kraftausnutzung C und des Gütegrades ε, abhängig vom Anstellwinkel a_s, in bekannter Weise zusammen.

Beim Vergleich der Kurven ist im Auge zu behalten, daß die Form Nr. 3 schon ziemlich nahe an die stärkst gewölbte, Nr. 4, herankommt. Das Wölbungsverhältnis: Flügelbreite B zur Wölbungstiefe T beträgt

bei Flügel Nr. 1　2　3　4

auf　　$\dfrac{B}{T} = \infty$　36　16　12,1[1])

Die Zunahme der Schraubendrücke entspricht, wie man aus Fig. 131 sieht, ungefähr der Wölbungszunahme. Stellt man die Werte von p als Funktion von $\dfrac{T}{B}$ dar, so erhält man in dem praktisch in Frage kommenden Bereich zwischen $a_s = 5^0$ bis 20^0 ziemlich gerade Linien. Bei 0^0 zeigt sich indessen eine Abweichung: hier ist mit der Wölbung von Nr. 3 ein Höchstwert des Schraubendruckes erreicht, weiter verstärkte Wölbung bei Form 4 ergibt eine Abnahme. Ebenso nimmt bei großem a_s die Steigerung des Schraubendruckes mit der Wölbungszunahme ab.

Die Kurven der Drehmomentswerte $\mathfrak{M}$ in Fig. 90 zeigen nicht ganz entsprechende Verhältnisse. Die Werte nehmen im Bereich von 5 bis 20^0 des Anstellwinkels zwischen den Kurven 3 und 4 weniger stark zu, als es der Wölbungszunahme und der Steigerung zwischen Nr. 1, 2 und 3 gradlinig entsprechen würde. Dieser Einfluß ergibt in den Kurven Fig. 91 eine eigentümliche Unregelmäßigkeit in der Reihenfolge der Kraftausnutzung und des Gütegrades bei den vier Formen. Während von Nr. 1 bis 3 diese Wertzahlen abnehmen, die Wölbung also dazu eine Verschlechterung der Form bedeutet, hört mit weiter verstärkter Druckseitenwölbung dieser ungünstige Einfluß auf, die Kraftausnutzung bleibt bei Nr. 4 nahezu die gleiche wie bei Nr. 3 und der Gütegrad steigt sogar wieder bis fast auf die Höhe von Nr. 1 an.

Dieses Ergebnis ist überraschend und mutet besonders beim Anblick der ε-Kurven etwas unwahrscheinlich an. Indessen besteht, obwohl zwischen der Untersuchung der Formen 1 und 4 und der von 2 und 3 ein längerer Zeitraum lag, doch kein Grund, an der Zuverlässigkeit und der relativen Richtigkeit der Versuchsreihen zu zweifeln, denn es sind in der Zwischenzeit keinerlei Veränderungen an den Meßapparaten vorgenommen worden. Auch die Flügelformen sind mit Bezug auf die Saugseite sehr genau gleich geblieben. Veränderungen, wie sie bei hölzernen Schrauben durch Verziehen und Schwinden manchmal eine große Rolle spielen, können bei dieser Flügelkonstruktion (vgl. Fig. 44 bis 48, 1911) kaum vorkommen. Es wurde immer derselbe Versuchskörper benutzt und nur die Druckseite

---

[1]) Ber. 1911, S. 36.

[1]) Die Maßangaben in der erwähnten früheren Tafel sind beim Abdruck in der Zeitschrift für Flugtechnik u. Motorluftschiffahrt (1911, Nr. 12) auf Grund nachträglicher, genauerer Aufmessungen berichtigt worden; wir konnten erst mit Hilfe der inzwischen konstruierten »Meßbank« die geringen Abweichungen der tatsächlich ausgeführten von der beabsichtigten Flügelform mit ausreichender Schärfe messen. Die Unterschiede sind sehr gering und für die Beurteilung der früheren Ergebnisse ohne Belang.

dadurch verändert, daß mit Hilfe von hölzernen Zwischen-
lagen ein dünnes, an den Kanten gut anschließendes Blech
aufgebracht wurde. Die Kanten wurden verlötet, und
wenn sich die Kantendicken um Kleinigkeiten (innerhalb
1 bis 2 mm) geändert haben mögen, so wissen wir aus den
diesbezüglichen Sonderuntersuchungen (Abschnitt 5), daß
deren Einfluß erst bei beträchtlichen Verdickungen merklich
wird, wie sie hier gar nicht in Frage kommen. Übrigens
steht es mit der Zunahme des Gütegrades bei Nr. 4 wohl
im Einklang, daß die Gütegradshöchstwerte in den Formen 2
und 3 schon sehr nahe beieinander liegen. Wir müssen
daher die eigentümliche Schlußfolgerung ziehen, daß vom
Standpunkte des Gütegrades betrachtet, mäßige Druck-
seitenwölbungen weniger günstig sind als starke Wölbungen einerseits und als ebene Druckseitenform anderseits.
Spätere Versuche werden Gelegenheit geben, bei anders-
artigen Flügelprofilformen zu prüfen, ob auch dort ähnliche Verhältnisse wiederkehren.

7. Versuche mit Flügelprofilen verschiedener Eintrittsrundung. Einfluß der Wölbungsstetigkeit.

Serie VI. $\varepsilon_a = 6,5^0$

In einem früheren Abschnitt (S. 36 f. des Berichtes
von 1911) hatten wir gesehen, wie die neuere Theorie der
Strömungsvorgänge an Drachenflügeln zu der Forderung
führt, daß man die vordere oder eintretende Kante der
Flügel nicht möglichst scharf machen soll, sondern daß
im Gegenteil von gewissen Abrundungen dieser Kante
Vorteile zu erwarten sind, weil dadurch das Auftreten
allzu hoher Strömungsgeschwindigkeiten vermieden wird,
die zur Wirbelbildung Anlaß geben. Schon seit O. Lilien-
thal weiß man auch praktisch, daß derartige Abrundungen
jedenfalls nicht von Nachteil sind. Inwieweit es bei Drachenflügeln Vorteil bringt, die Abrundungen stärker zu machen,
als sie sich bei der Ausführung ohnehin schon ergeben,
darüber gehen die Ansichten der Flugmaschinenkonstruk-
teure heute noch weit auseinander, und auch die bezüglichen
Laboratoriumsversuche von Eiffel u. a. haben noch keine
endgültige Klarheit gebracht.

Ob bei kreisenden Schraubenflügeln die Verhältnisse
ähnlich liegen, ist nicht sicher vorauszusehen. Da sich hier
die Flügel sehr rasch hintereinander denselben Raum bestreichend folgen, ist die Strömung, im ganzen betrachtet,
jedenfalls eine wesentlich andere als bei den geradlinig
bewegten, einzeln die Luft durchfahrenden Drachenflügeln.
In der näheren Umgebung des einzelnen Flügels mögen
die Verhältnisse aber dennoch ähnlich sein, und so besteht
einige Wahrscheinlichkeit, daß auch bei Schrauben die
vorn gerundeten Profile besser wirken als scharf geschnittene.

Es ist nicht möglich, die vordere Abrundung wesentlich zu verändern ohne zugleich die Gestalt beider Flügel-
seiten oder wenigstens einer von ihnen erheblich zu verändern. Wir haben, um den fraglichen Einfluß möglichst
gesondert darzustellen, bei einer Reihe von 11 verschiedenen
Formen die Druckseite unverändert eben gelassen, stets auch
die gleiche Breite dieser ebenen Fläche beibehalten und
dazu noch bei allen Formen möglichst genau den gleichen
Kantenwinkel ε_a an der Austrittskante des Flügels gewahrt.
Als Grundlage diente die schärfste Sichelprofilform Nr. 1
(vgl. Abschnitt 4)[1], die zunächst an beiden Kanten den
gleichen Winkel von $6,5^0$ besitzt. Sie wurde durch auf-
gebrachte Rückenbleche, die durch Holzeinlagen usw.
gehalten und an den Kanten sauber verlötet wurden,
unter Beibehaltung der Umrißform nacheinander in
der aus Fig. 92 (Tafel II) ersichtlichen Weise abgeändert.
Der für alle Formen gleiche Flügelumriß ist in Fig. 93

[1] Ber. 1911, S. 26.

nochmals dargestellt. Die Grenzfälle der so gebildeten
Serie von 11 Formen sind einerseits das genannte schärfste
und flachste Sichelprofil, anderseits die dem Austrittskantenwinkel von $6,5^0$ entsprechende »Keilform«, bei der
auch die Saugseite eben ist und die vordere Abrundung
durch den Halbkreis über der Schmalseite des sich ergebenden Keiles gebildet wird. Die dazwischenliegenden Formen
sind nach verschiedenen Gesichtspunkten zum Teil ziemlich willkürlich gewählt, zum Teil in geometrisch bestimmter
Weise konstruiert, wie das in der beigegebenen Tabelle
vermerkt und aus dem besonderen Abschnitt über geometrisch bestimmte Flügelformen näher zu ersehen ist.
Die Formen sind mit den Ziffern 1 bis 11 bereits in der
Reihenfolge bezeichnet, die sich aus den Versuchen nach
Maßgabe des erzielten höchsten Gütegrades ergibt.

Die Versuchswerte für die 10 neu hinzukommenden
Formen sind in den Fig. 94 bis 103 im einzelnen dargestellt. Fig. 104 und 105 (Tafel II) enthalten die interpolierten $\mathfrak{P}$- und $\mathfrak{M}$-Kurven, Fig. 106 und 107 die Kurven
für C und ζ, alles in der gewohnten Weise in Abhängigkeit vom Anstellwinkel a_s zusammengestellt. Die Kurven

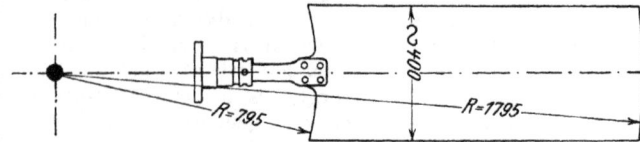

Fig. 93.
Umrißform der »Flügelelemente« zu den Serien IV bis XI.

sind in den Zusammenstellungen durchweg mit den gleichen
Signaturen gezeichnet, wie die zugehörigen Profile in Fig. 92.

Leider fehlt es bisher an der Möglichkeit, eine solche
Schar von Umrißkurven derart systematisch ineinander
überzuleiten, daß man etwa durch Abänderung je eines
einzelnen Parameters in einer und derselben Kurvengleichung die verschiedenartigen Zwischenformen erzeugen
könnte. Dann erst könnte man die Versuchsergebnisse
einheitlich in Funktion einer oder der anderen veränderlichen Bestimmungsgröße darstellen und in zusammen-
hängender Weise die Optima aufsuchen. Solange wir
keine solche Formel haben, sind wir darauf angewiesen,
den Vergleich nach dem einfachen Augenschein anzustellen.

In dem Büschel der $\mathfrak{P}$-Kurven, Fig. 104, fällt ins Auge,
daß die meisten der Kurven anfangs fast parallel miteinander verlaufen. Auf ein weites Stück sind sie fast gradlinig,
und zwar in dem wichtigsten Winkelbereich von 2 oder 3^0
bis zu etwa 20^0. Hier wächst also der Schraubendruck
proportional mit dem Anstellwinkel. Wir könnten die
einzelnen Kurven insoweit recht genau durch lineare
Gleichungen darstellen, bei denen die Richtungskonstante
durchweg fast denselben Wert hätte. Auch bei den früher
untersuchten Kreissichelprofilen mit ebener Druckseite
(»Segmentprofile« wollen wir sie künftig kürzer nennen)
war das der Fall (Fig. 63, S. 32, 1911), obwohl ε_a dort
der wechselnden Rückenwölbung entsprechend variierte.
Diese Richtungskonstante scheint also für alle Formen
mit ebener Druckseite ziemlich gleich und von der Saugseitenform wenig abhängig zu sein. (Das damals mit
1, jetzt mit 8 bezeichnete scharfe Segmentprofil kommt
in beiden Serien vor und gibt einen unmittelbaren Vergleich.) Dagegen zeigen die eigentlichen (beiderseits gewölbten) Sichelprofile in Serie IV, Fig. 65 sowohl als auch
in Serie IX, Fig. 89 divergierende und auch weniger gradlinig verlaufende $\mathfrak{P}$-Kurven. Das scheint also durch die
Druckseitenwölbung bedingt zu sein; die Saugseitenform
beeinflußt dagegen mehr den Nullpunktswert von $\mathfrak{P}$ (bei
$a_s = 0$), der in den gedachten linearen Näherungsformeln
das unabhängige Glied bilden würde.

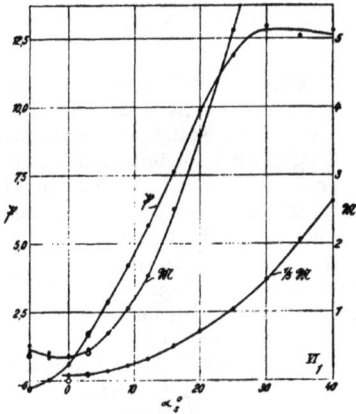

Fig. 94.

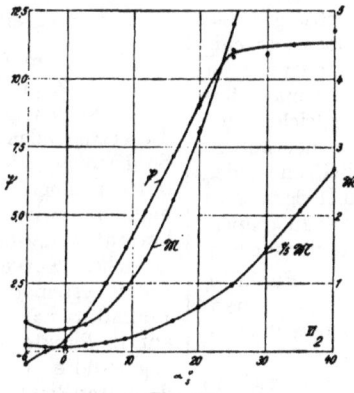

Fig. 95.

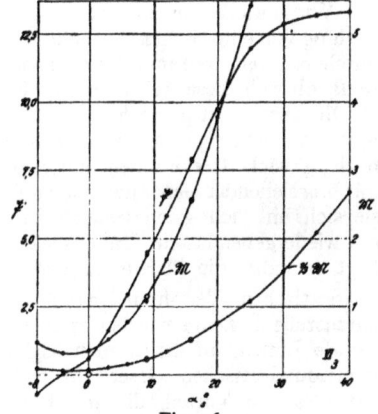

Fig. 96.

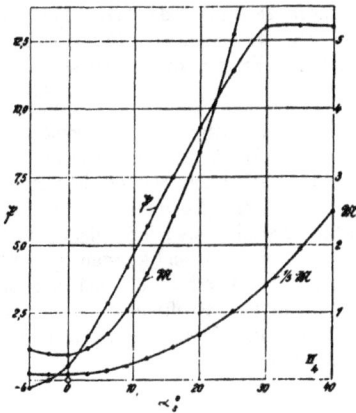

Fig. 97.

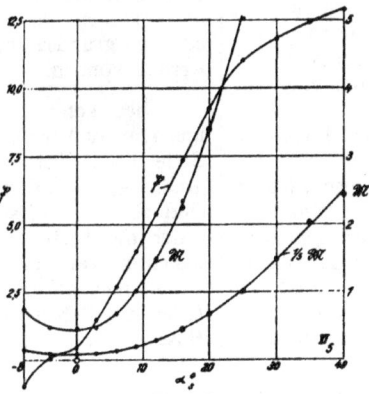

Fig. 98.

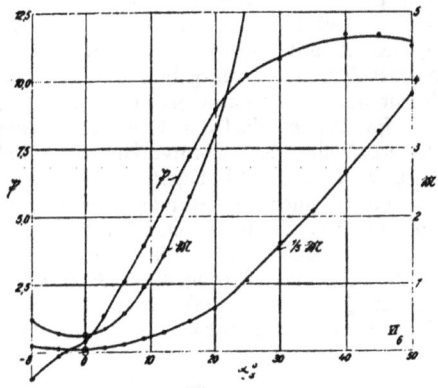

Fig. 99.

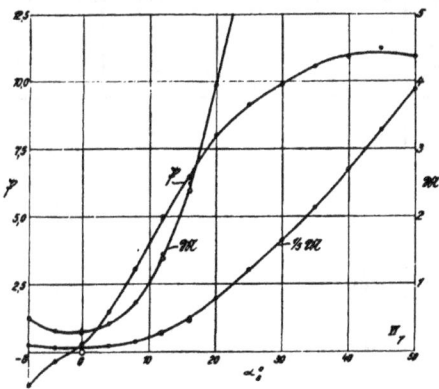

Fig. 100.

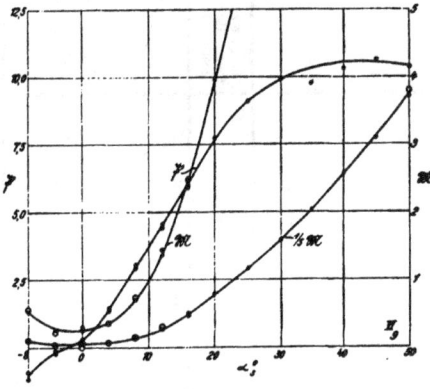

Fig. 101.

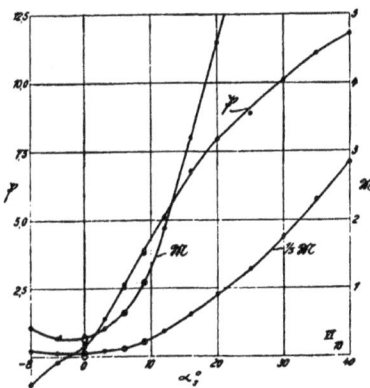

Fig. 102.

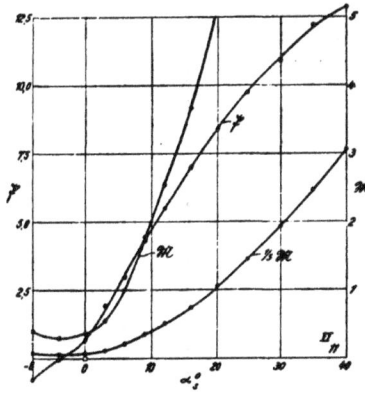

Fig. 103.

Fig. 94 bis 103. Versuchskurven zu Serie VI.

Wir unterlassen es vorläufig, die angedeutete Aufstellung von empirischen Formeln für die Versuchsergebnisse durchzuführen, weil man im einzelnen Falle noch zu wenig weiß, ob sich diese Arbeit lohnt. Es hätte dann auch für die $\mathfrak{M}$-Kurven zu geschehen und hier sind, wie man ohne weiteres sieht, jedenfalls quadratische, vielleicht aber noch verwickeltere Formeln nötig, um die Versuchskurven mit hinreichender Genauigkeit anzunähern. Vielfach werden sie sich im wichtigsten Bereich durch Parabelbögen ganz gut wiedergeben lassen. Um das leicht übersehen zu können, liegt es nahe, die $\mathfrak{M}$-Kurven von vornherein nach einem quadratischen Verfahren, nämlich als $\sqrt{\mathfrak{M}} = \text{Funkt. } a_s$ darzustellen. Dann würden es mehr oder weniger nahezu gerade Linien, an denen man sogleich die Abweichungen vom quadratischen Gesetz übersehen könnte. Zugleich hätte es den Vorteil, die $\mathfrak{M}$ über das ganze Bereich in demselben Maßstab darstellen zu können, während wir bisher durch die große Verschiedenheit der $\mathfrak{M}$ bei kleinen und großen Winkeln gezwungen sind, den oberen Teil mit verkleinertem Maßstab aufzutragen. Das ist mit Rücksicht auf möglichst unmittelbare Wiedergabe der eigentlichen Messungsergebnisse und die Vermeidung von Rechnungsfehlern darin bisher unterblieben.

Im übrigen dürfen wir uns angesichts der Fülle der durchzunehmenden Formvariationen zunächst nirgends allzu weit in die Einzelheiten vertiefen, sondern müssen vor allem einen umfassenden, wenn auch im einzelnen noch nicht ganz gründlichen Überblick zu gewinnen suchen, um zu erfahren, welches die wichtigsten unter den vielen in Betracht kommenden Gesichtspunkten sind, und wo wir die besten, zur praktischen Anwendung wertvollsten Formen zu suchen haben. In diesen Punkten muß dann nötigenfalls nochmals eine ganz in die Einzelheiten gehende Untersuchung einsetzen.

In diesem Gedanken haben wir bis jetzt absichtlich auch die Zahl der Abstufungen innerhalb der einzelnen Serien kleiner gewählt als es zur vollständigen Festlegung der betreffenden Gesetzmäßigkeiten schließlich nötig wäre. So begnügten wir uns bei den vorjährigen Sichelprofiluntersuchungen mit sechs Formen in jeder Serie und mußten gewisse Unsicherheiten in Kauf nehmen. Man braucht wenigstens 8 oder 10 Punkte, um die nicht ganz einfachen Kurven genau genug festzulegen. Bei unseren ersten systematischen Versuchen im Abschnitt 1 über den Einfluß radial veränderlicher Steigung waren wir sogar auf 12 Punkte in jeder Serie gegangen. Das dort bereits angewandte Verfahren gleichzeitiger Interpolation nach doppelter Richtung durch räumliche Darstellung der Kurvensysteme wäre auch sonst vielfach mit Vorteil anzuwenden. Doch möchten wir auch diese zeitraubende Arbeit nur da unternehmen, wo wir wissen, daß sich die Mühe lohnt, oder wo grundsätzlich wichtige Fragen nur so entschieden werden können.

Hier kommt das nicht in Frage. Wir vermerken uns aber, daß bei den Formen 1 bis 6 der hier behandelten Serie die $\mathfrak{P}$-Kurven, weil im Gebrauchsbereich fast ganz gradlinig, besonders gut in lineare Formeln zu bringen sind. Da eben diese Profile, wie sich sogleich zeigen wird, unter die besten zählen, die wir bisher kennen gelernt haben, so kann es leicht sein, daß wir hierauf noch zurück zu kommen haben. Bei den anderen Profilen, Nr. 7 bis 11, fallen die $\mathfrak{P}$-Kurven schon bei viel kleinerem a_s von dem Büschel der gradlinigen Kurven ab.

Tabelle 7. Übersicht zu Serie VI.

Profil Nr. (nach Güte geordnet)	Form	größte Dicke S mm	vordere Dicke S_e mm	ζ_{max} %	und zugehöriges			Bereich mit $\zeta \cdot 62\%$		
					C	φ	a_s	Obere Grenze $\alpha_o{}^0$	Untere Grenze $\alpha_u{}^0$	Ausdehnung Grad
1	Hyperbol. Spirale	42,0	26,0	65,5	6,3	0,59	13,0	8,0	24,5	16,5
2		26,5	7,5	65,0	6,3	0,59	14,0	8,5	23,5	15,0
3		47,0	35,0	65,0	5,9	0,66	14,0	9,0	23,0	14,0
4	ungefähr kreiselliptisch	39,5	14,5	64,9	6,3	0,57	12,5	8,0	22,5	14,5
5		38,0	6,2	65,3	5,8	0,68	15,5	9,5	21,5	12,0
6		26,0	12,5	65,1	7,2	0,50	10,5	7,5	20,5	13,0
7	willkürlich	15,5	5,0	61,0	7,1	0,38	10,0			
8	Kreissichel	12,5	0,2	60,8	8,1	0,29	8,0			
9	willkürlich	15,0	5,0	57,5	6,9	0,34	9,5			
10	Brettform	33,0	33,0	56,6	6,7	0,33	8,0			
11	Keilform	54,0	54,0	46,7	5,5	0,29	6,0			

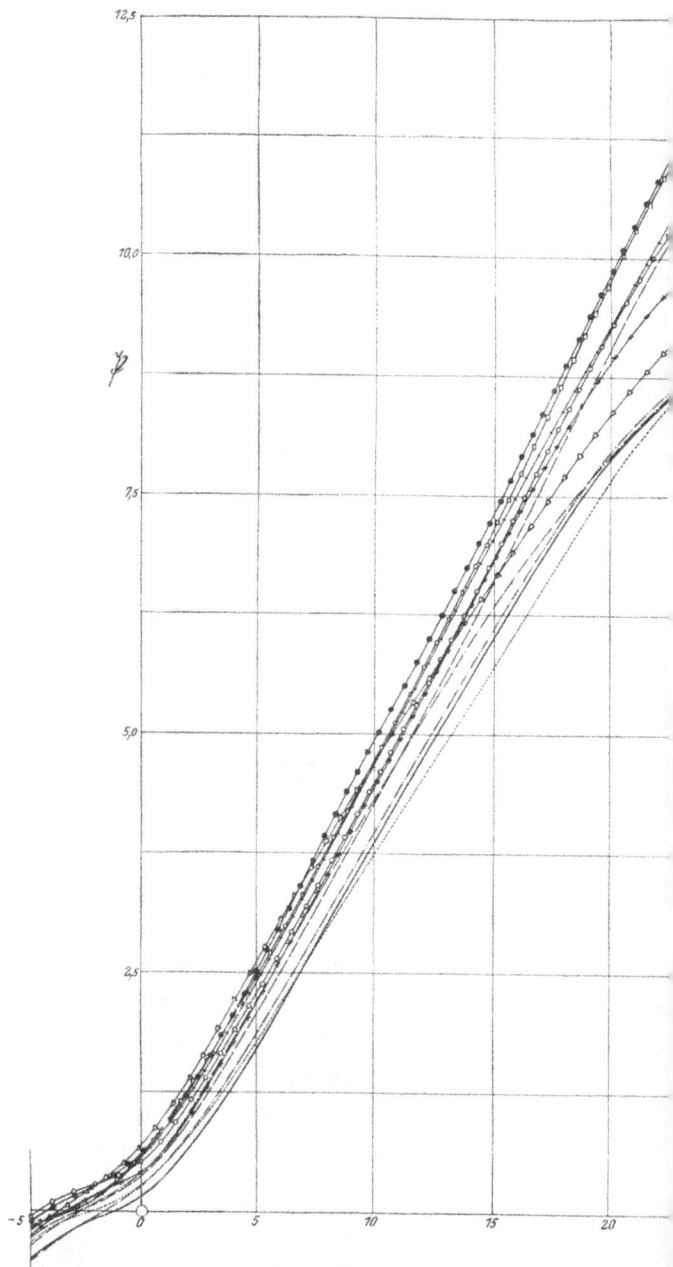

Fig. 104. Schraubendruckzah

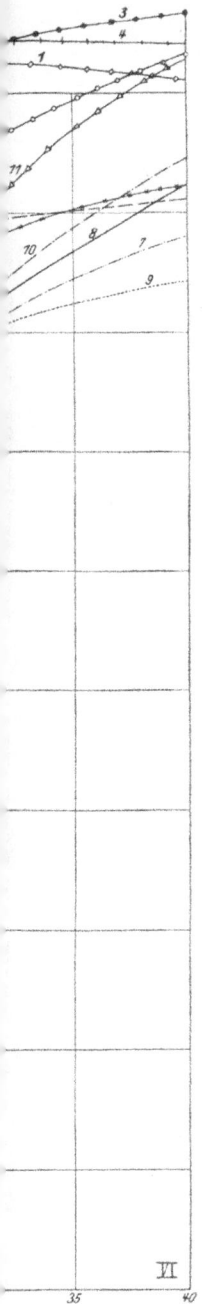

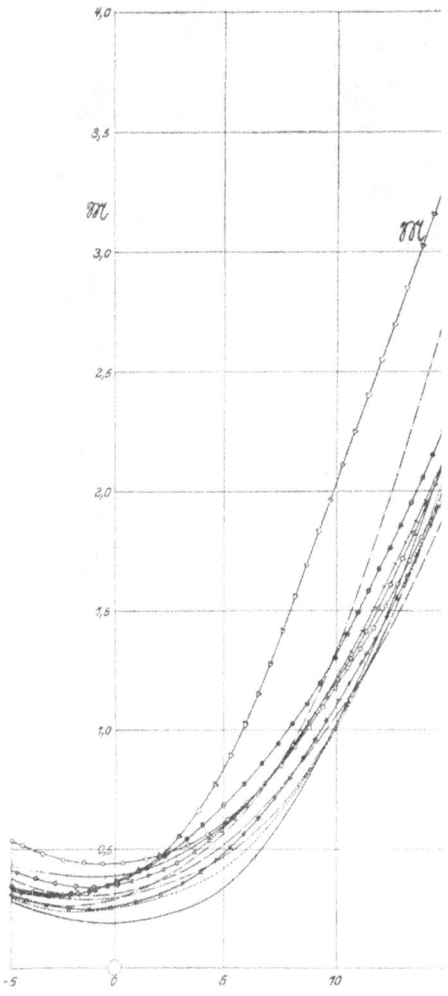

Fig.

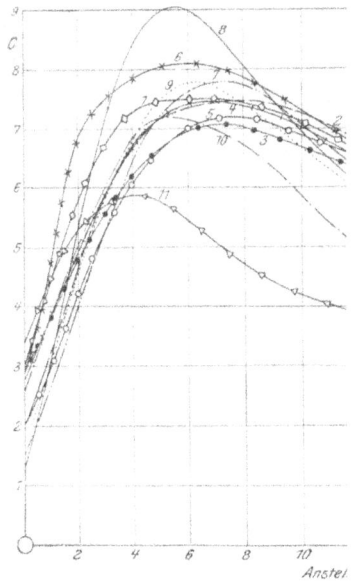

Fig. 106.

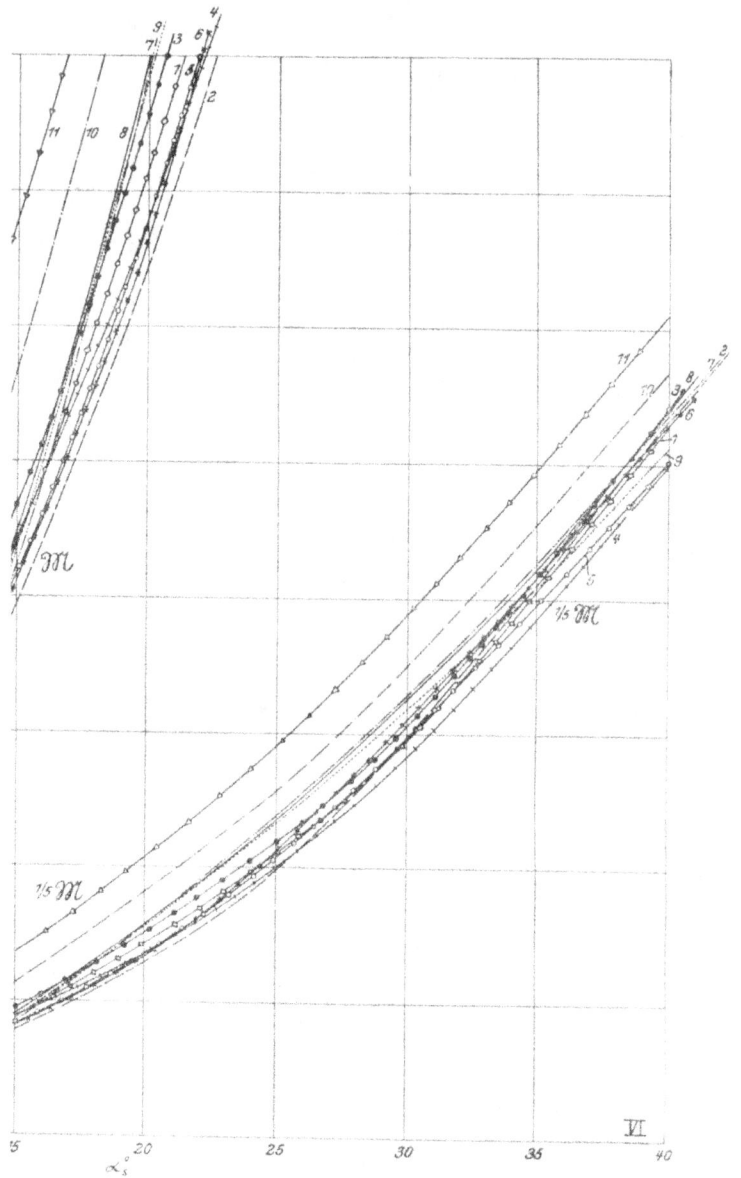

105. Drehwiderstandszahl.

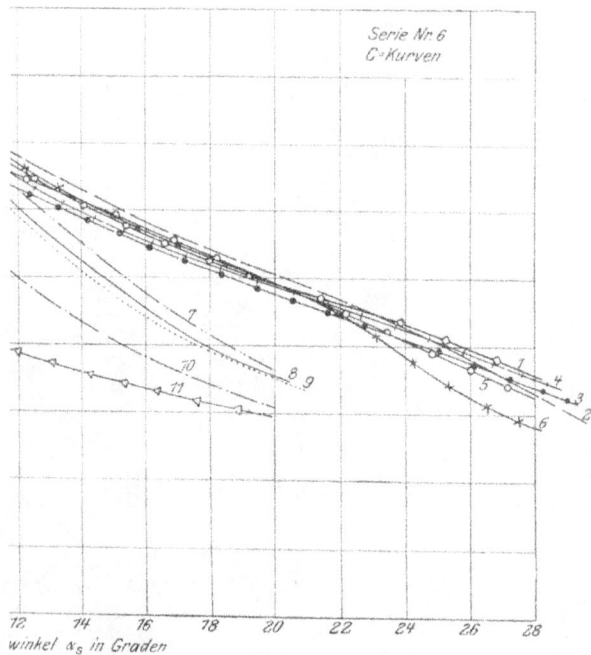

Serie Nr. VI. Kraftausnutzung.

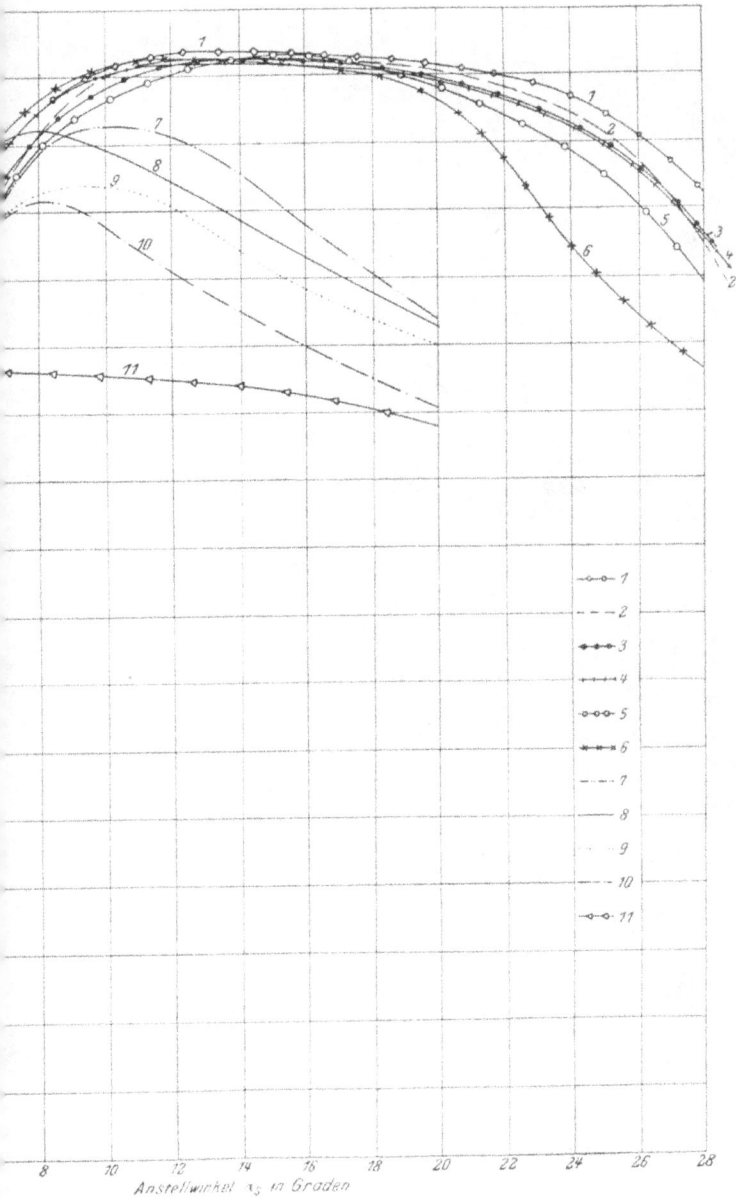

Fig. 107. Serie Nr. VI. Gütegrad.

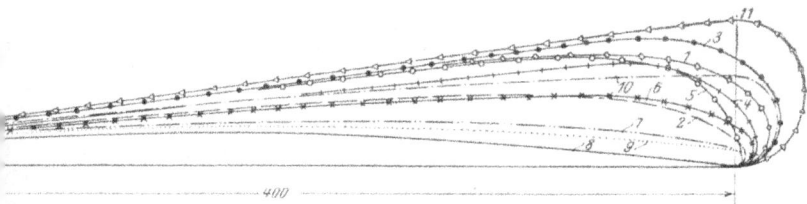

e Nr. VI. Profilformen 1 bis 11. Nach der Güte beziffert.

In den $\mathfrak{M}$-Kurven, Fig. 105, bemerken wir etwas ganz Ähnliches: die Formen 7 bis 11 zeigen, wiederum im ungünstigen Sinne, jetzt also nach obenhin, eine deutliche Abweichung von dem engen Büschel der übrigen, auch hier ziemlich parallel verlaufenden Kurven.

Viel deutlicher tritt der hierauf beruhende Unterschied in den C- und ζ-Kurven hervor (Fig. 106 und 107). Die Verschlechterung durch kleineres $\mathfrak{p}$ und größeres $\mathfrak{M}$ bedingt eine starke Verminderung des Bruchwertes $\mathfrak{p} : \mathfrak{M}$, der für die Kraftausnutzungsgröße C allein maßgebend ist und den Gütegrad vorwiegend beeinflußt, da er in diesem quadratisch auftritt. Infolgedessen fallen bei größerem Anstellwinkel die Formen 7 bis 11 in den C- und noch auffallender in den ζ-Werten ganz erheblich von den übrigen ab. Die Formen 1 bis 6 dagegen bilden besonders im ζ-Diagramm ein ziemlich enges Büschel, innerhalb dessen nur verhältnismäßig geringe Unterschiede bestehen. Im Bereiche der höchsten Gütegradswerte, von etwa $a_s = 10$ bis 20^0, sind die Unterschiede so gering, daß man ihnen überhaupt kaum noch eine Bedeutung beimessen möchte. Die Höchstwerte liegen zwischen 64,9 und 65,5%. Wichtiger ist der Unterschied in der Erstreckung des Winkelbereiches, über das die Gütegrade sich bei diesen Formen auf der Höhe halten. Darnach ist z. T. die Einreihung nach der Güte erfolgt, die in der Bezifferung zum Ausdruck kommt. Auch nach diesem Gesichtspunkte sind die Profile 1 bis 6 den übrigen weit überlegen. Das bedeutet offenbar, daß diese Profile viel weniger als die anderen an Wirkung einbüßen, wenn sie nicht gerade mit ihrem besten Anstellwinkel benutzt werden, daß sie also dem Schraubenkonstrukteur einen weiteren Spielraum gewähren, und daß eine damit konstruierte Triebschraube bei einer ihr eigentlich nicht zukommenden Fahrgeschwindigkeit, (z. B. beim Anrollen eines Flugzeugs), doch noch günstiger arbeiten wird, als wenn der Gütegrad nur im engen Bereiche hoch wäre. Die beigegebene Tabelle Nr. 7, in der die einzelnen Profile der Übersichtlichkeit wegen nochmals beigesetzt sind, gibt über die so geschilderten Verhältnisse noch den näheren, zahlenmäßigen Aufschluß.

Betrachten wir nun im einzelnen die beiden in der Wirkung so deutlich unterschiedenen Profilgruppen, und suchen wir die gemeinsamen Merkmale zu erkennen, welche die guten Formen 1 bis 6 von den schlechten, 7 bis 11, unterscheiden, so scheint es zunächst, als ob die Einflüsse sich sehr durchkreuzten.

Die innerste, uns schon von früher bekannte ganz dünne und scharf geschnittene Segmentform trägt die Nr. 8. Sie befindet sich also unter den schlechten Formen, wenn man wenigstens nach dem Gütegrade allein zu urteilen hat. In der Kraftausnutzung übersteigt sie bei flachem Anstellwinkel von 4 bis 8^0 sämtliche anderen Formen um ein beträchtliches (Fig. 106). Wenn es also nur auf möglichst hohe Kraftausnutzung ankäme, ohne Rücksicht auf die Flächenausnutzung der Schrauben oder auf die Fähigkeit, bei nicht zu großem Durchmesser große Kräfte aufzunehmen und zu erzeugen, so wäre diese scharfgeschnittene Form bei weitem die beste. Im genannten Winkelbereich schließt sich auch die Gütegradskurve dieser Form 8 noch völlig den besten Kurven des oberen Büschels an. Ihr weiterer Verlauf zeigt uns aber, daß bei zunehmendem Anstellwinkel von 7 oder 8^0 ab bei der scharfen Segmentform erhebliche Arbeitsverluste eintreten, offenbar bedingt durch Wirbelbildung an der eintretenden Kante. Bei den abgerundeten Formen 1 bis 6 wird das noch auf ein weites Stück hin vermieden. Anderseits gehört auch die äußerste Form, die »Keilform«, zur Gruppe der schlechten. Sie trägt die Nr. 11, ist also die schlechteste von allen. Das liegt aber nicht an ihrer großen Dicke;

denn dicht dabei liegt ein fast ebenso dickes Profil, Nr. 3, das also zu den besten gehört.

Es zeigt sich, wenn man weiter die schlechten Formen 7, 9 und 10 mit den guten vergleicht, daß der Unterschied weder durch das Krümmungsmaß der vorderen Kante (S_e) noch durch das Dickenmaß (S) des Flügels an der stärksten Stelle in klarem Zusammenhang steht. Nach diesen Punkten beurteilt scheinen sich die Ergebnisse ganz widersinnig zu kreuzen.

Ein klares und durchaus verständliches Unterscheidungsmerkmal der guten und schlechten Formen finden wir aber sogleich, wenn wir darauf achten, ob die Krümmungsänderungen der Rückenkurven stetig verlaufen. Die schlechten Formen haben alle das miteinander gemein, daß bei Ihnen die vordere Abrundung plötzlich in eine gerade oder sehr flache Linie übergeht, daß also der Krümmungsradius des Flügelumrisses im Anfangspunkte der Saugseite schnell von einem verhältnismäßig kleinen auf ein sehr großes Maß springt. Am weitesten ist der Sprung bei den allerschlechtesten Formen 11 und 10, von denen jene, wie erwähnt, als Keilform, diese, als »Brettform«, wie wir sie nennen, gebildet war, d. h. hier war gewissermaßen ein Brett vorn zum Halbkreis abgerundet, hinten zur Austrittskante hin allmählich abgeschrägt und dazwischen im vorderen Teil der Saugseite parallel zur Druckseite eben gelassen. In beiden Fällen geht also der Abrundungskreis plötzlich in eine gerade Linie über; der Krümmungshalbmesser springt von einem endlichen Wert sogleich ins Unendliche.

Die scheinbar von 10 und 11 so ganz verschiedenen Formen 9 und 7 sind jenen doch in dieser Hinsicht ähnlich: sie sind im vorderen Teil der Saugseite zwar nicht ganz eben, aber doch nur zu sehr flachem Bogen gewölbt; auch hier macht also der Krümmungsradius einen starken Sprung von der kleinen vorderen Abrundung aus. So wenig 9 und 7 voneinander verschieden sind — man sollte nach der Form kaum erwarten, daß sie überhaupt merkliche Unterschiede ergeben — macht sich die etwas stärkere Wölbung von 7 und die dadurch bedingte Milderung des Sprunges doch in C wie in ζ als eine beträchtliche Verbesserung bemerkbar.

Dieser wichtige Einfluß tritt also überraschend klar in diesen Versuchen hervor. Er ist unseres Wissens bisher noch nirgends beachtet worden. Die sich ergebende Forderung, sorgfältig auf ganz stetigen Verlauf der Krümmungen an den Rückenflächen von Flügeln aller Art zu achten, dürfte nicht nur für Luftschrauben und Drachenflügel, sondern auch für Schiffsschrauben zu einer wichtigen Konstruktionsregel werden.

Verfolgen wir nun weiter die Wirkungsunterschiede innerhalb der Gruppe der guten Formen, so fällt zunächst Nr. 6 besonders auf, die bei kleinem Anstellwinkel zu den besten gehört, sogar nächst der scharfen Segmentform 8 die höchste Kraftausnutzung C erreicht, dagegen bei größerem a_s, von etwa 20^0 ab, plötzlich stark von den übrigen abfällt. Der Unterschied scheint besonders gegenüber der nur wenig verschiedenen Form 2 schwer erklärlich, wenn man nicht wiederum auf die Stetigkeit des Krümmungsverlaufes im Rücken achtet. Bei Form 6 bemerken wir in der Gegend des höchsten Punktes einen durch zufällige Ungenauigkeit der Ausführung entstandenen Fehler: nach vorn hin ist von diesem Punkte ab der elliptische Eintrittsbogen noch ziemlich stark gekrümmt, der nach hinten anschließende Bogen ist aber flacher geraten, als er sein sollte. Er verläuft im mittleren Teil um etwa 1 mm unterhalb des entsprechenden Bogens von Nr. 2. (Unser Verfahren, so geringe Formabweichungen mit Sicherheit zu entdecken, wird weiterhin noch etwas näher besprochen.) Der so entstandene, zu rasche Krümmungswechsel in dem

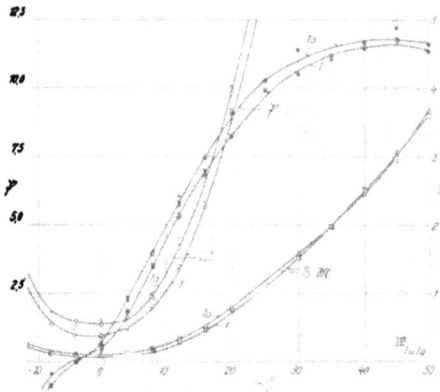

Fig. 109.

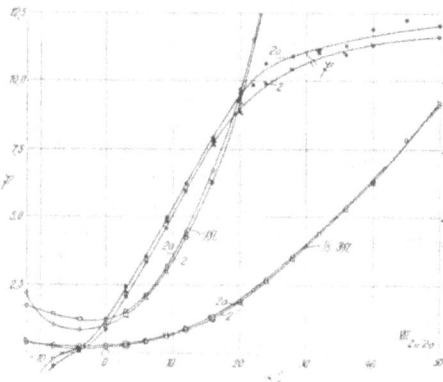

Fig. 110.

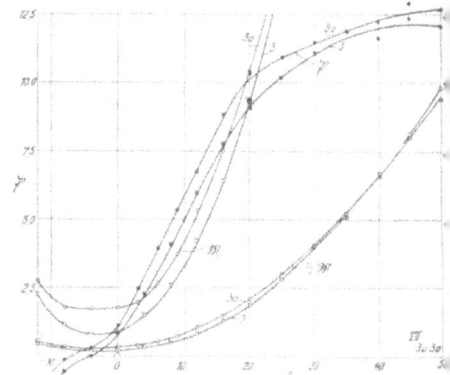

Fig. 111.

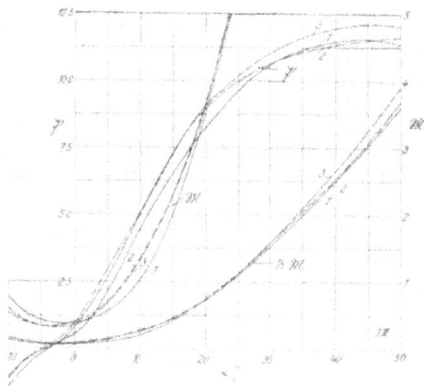

Fig. 112.

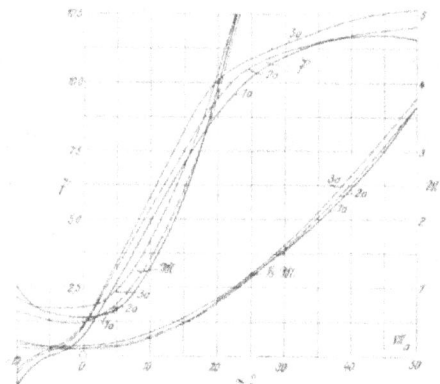

Fig. 113.

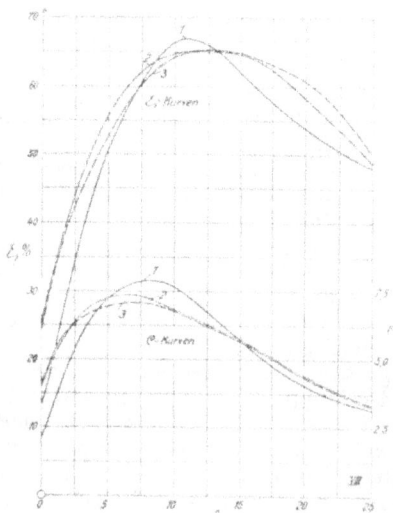

Fig. 114.

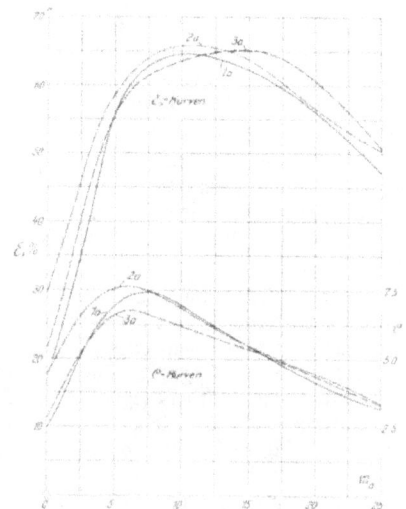

Fig. 115.

Fig. 109 bis 115. Serie VIII und VIIIa. Versuchskurven und Zusammenstellungen.

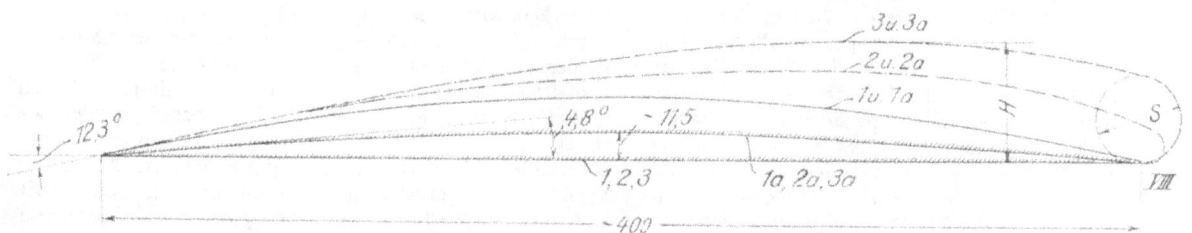

Fig. 108. Serie VIII und VIIIa. Profilformen.

gedachten Punkte dürfte für den Leistungsabfall über $\alpha_s = 20^0$ verantwortlich sein. Allerdings ist es eigentümlich, daß sich dieser Fehler nicht schon vorher bemerklich macht, und der Flügel anfangs sogar die besten Formen übertrifft. Das mag im Zusammenhang stehen mit der Ursache, die es bewirkt, daß auch die Formen 7, 8 und 9 trotz ihrer starken Krümmungsunstetigkeit anfangs zu den besten gehören und die höchsten C-Werte ergeben. Die Ursache mag darin zu suchen sein, daß bei den kleinen Anstellwinkeln der vordere Spaltungs- oder Staupunkt des Stromliniensystems noch nicht weit von der Spitze abgerückt ist, und daß an dieser noch nicht die großen Geschwindigkeiten auftreten, die zur Ablösung der Stromfäden von der Flügeloberfläche und zur Wirbelbildung führen (vgl. die theoretischen Betrachtungen im vorjährigen Bericht, S. 37).

Jedenfalls ist zu beachten, daß die dickeren Formen mit steileren Eintrittsbögen nur dann vor den flacheren im Vorteil sind, wenn hohe Flächenausnutzung eine Rolle spielt. Wenn man dagegen im Schraubendurchmesser unbeschränkt ist, und höchste Kraftausnutzung angestrebt werden kann, hat man sich im Bereich kleiner Anstellwinkel (4 bis 8⁰) zu bewegen und dabei sind flache Eintrittsbögen mit geringen Abrundungen vorzuziehen.

Die übrigen Formen, Nr. 1 bis 5, zeigen in den Leistungskurven nur so wenig Unterschiede, daß man im einzelnen keine weitgehenden Schlüsse daran knüpfen möchte. Sehr bemerkenswert ist es aber an und für sich, daß die Unterschiede so klein sind, während die Formen sich recht stark unterscheiden. Nr. 3 ist mit 47 mm größter Höhe (S) bald doppelt so dick als Nr. 2; die vordere Abrundung S_e, d. h. der Durchmesser des Krümmungskreises im Ansatzpunkt an der Druckseite, ist bei Nr. 3 fast fünfmal so groß als bei Nr. 2. Wir werden daraus den allgemeinen Schluß ziehen dürfen, daß es auf diese Maßverhältnisse an sich und somit auf den besonderen Charakter der Saugseitenkurven innerhalb gewisser Grenzen überhaupt nicht sehr ankommt. Übrigens läßt sich das vordere Krümmungsmaß S_e unter Umständen überhaupt nicht angeben, obwohl eine ausgesprochene Abrundung · der vorderen Kante vorhanden ist: wenn nämlich die Krümmung mit dem Radius Null beginnt, wie es bei einigen der als Spiralen konstruierten Formen der Fall ist.

Die Kurven sind auf sehr verschiedene Weise entstanden. Die Form Nr. 1 ist die einzige streng nach einem einheitlichen geometrischen Gesetz konstruierte, nämlich als hyperbolische Spirale (vgl. den folgenden Abschnitt über die Geometrie der Flügelformen). Es ist gewiß kein Zufall, daß sie sich als die beste von allen herausgestellt hat. Denn nur bei dieser ist durch die Konstruktion völlige Stetigkeit der Krümmungen gewährleistet (sofern auch die Werkstattausführung genau ist). Die übrigen sind, da geeignete geometrische Gesetze noch nicht bekannt waren, auch die Wichtigkeit ganz stetigen Krümmungsüberganges noch nicht so hoch eingeschätzt wurde, mehr oder weniger willkürlich zusammengesetzt. Bei Nr. 2 bis 6 ist die Saugseite »ungefähr kreis-elliptisch« gebildet, d. h. der Eintrittsbogen ist aus einem Viertelkreis, bis zum vordersten Punkte, mit anschließender Viertelellipse, bis zum höchsten Punkt, zusammengesetzt und der Austrittsbogen vom höchsten Punkt bis zur Hinterkante ist ein Parabelstück. Doch ist auf Gleichheit der Krümmungsradien in den Übergangspunkten dieser Kurvenstücke noch nicht streng Bedacht genommen; nur nach Augenmaß wurde ein ziemlich glatter Übergang angestrebt. Die eigentliche kreiselliptische Form mit gleichen Krümmungen in beiden Übergangspunkten wurde erst später eingeführt. Sie wäre übrigens (mit den geometrisch bequemen Bedingungen, vergl. S. 20) bei dieser Serie auch nicht anwendbar

gewesen, weil sie bei dem hier innezuhaltenden kleinen Werte von ε_a so flach ausfällt, daß sie zu wenig von der Segmentform abweicht. Ebenso ist es mit anderen der später angegebenen, geometrisch bestimmten Formen.

—————

Man dürfte geneigt sein, dem in dieser Serie VI außer der Umrißform und Flügelbreite noch unverändert belassenen Maß beträchtlichen Einfluß auf die Wirkung beizumessen, nämlich dem Kantenwinkel ε_a an der hinteren, austretenden Kante des Flügels. Es schien erwünscht, doch auch bei anderen Größen dieses Winkels wenigstens einige solche Versuche anzustellen, um zu erfahren, ob sich dabei wesentlich andere Verhältnisse ergeben. Es zeigte sich bald, daß das nicht in hohem Maße der Fall ist, deshalb sind die folgenden Serien Nr. VIII, X und XI bald abgebrochen worden. Serie VIII enthält nur 3, Serie X enthält 6 und Serie XI nur 2 Formen, wobei jeweils die erste mit dem Segment- bzw. Sichelprofil, schon von den diesbezüglichen Versuchen (Serie IV) her vorhanden war.

Gleichzeitig sind nun aber die neuen Formen, ebenso wie damals die Sichelformen auch mit der Abänderung untersucht worden, daß an Stelle der ebenen Druckseite die kreisbogenförmige Wölbung benutzt wurde, die bei dem zugrunde liegenden Sichelprofil der Serie IV vorhanden war (vgl. die Tafel S. 28 des Berichtes 1911). Die Serien bzw. Formen mit gewölbter Druckseite tragen die Bezeichnung VIIIa, Xa, XIa, zum Unterschied von den ebenen VIII, X, XI. Die Bezifferung der einzelnen Flügel innerhalb jeder Serie nach der Reihenfolge ihrer, sich aus den Versuchen ergebenden Güte, ist weiterhin nicht beibehalten worden, doch sind die Formen in den beigegebenen Zahlenzusammenstellungen ungefähr nach der Güte untereinander gestellt.

Die ursprünglichen Messungsergebnisse sind in der gewohnten Weise in Gestalt der $\mathfrak{p}$- und $\mathfrak{m}$-Darstellungen als Funktion des Anstellwinkels α_s wiedergeben; dabei sind möglichst die Formen mit ebener und gewölbter Druckseite auf einem Blatt vereinigt, um unmittelbaren Vergleich zu erlauben. Die Meßpunkte sind fortgelassen soweit die Kurven schon aus den früheren Serien stammen.

Serie VIII; $\varepsilon_a = 12,3^0$.

Bei dieser Serie diente das Sichelprofil Nr. 3 der früheren Serie IV als Grundlage. Der Antrittskantenwinkel ε_a beträgt 12,3⁰, ist also fast doppelt so groß als bei der oben besprochenen Serie VI (6,5⁰).

Die drei Profilformen, Fig. 108, sind sämtlich vorn sehr flach und entsprechen den ungünstigen Arten der Serie VI, (deren Ergebnisse bei Disposition dieser gleichzeitig geführten Serien noch nicht vorlagen.) Nr. 1 ist die scharfe Segment- bzw. Sichelform; bei 2 und 3 geht die kreisförmige vordere Abrundung sehr rasch in einen flachen Bogen über. Nach den Ergebnissen von Serie VI ist also zu erwarten, daß die Formen sich für hohe Kraftausnutzung eignen, aber geringe Flächenausnutzung und daher auch keinen besseren Gütegrad ergeben als die ganz scharfen Formen.

Die Ergebnisse bestätigen das vollkommen: Bei den Formen mit ebener Druckseite wachsen die ζ nicht über den Höchstpunkt der Werte für die Segmentform 1 hinaus (Fig. 114). Ihr Maximum verbreitert sich nicht so stark, als es bei Anwendung guter, stetiger Formen wohl auch hier zu erwarten wäre.

Wenn die Wölbung der Druckseite hinzutritt, Fig. 115, dann steigert sich, wie zu erwarten war, die Arbeitsaufnahmefähigkeit und die Flächenausnutzung. Daher überschreiten die Gütegrade der neuen Formen 2a und 3a diejenigen

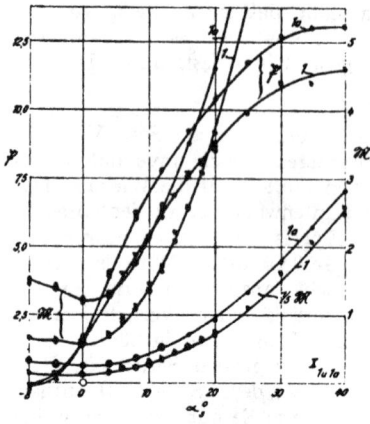

Fig. 117.

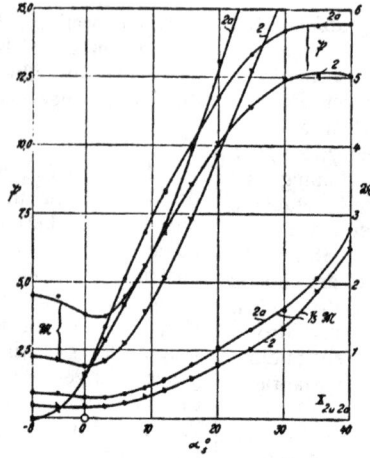

Fig. 118.

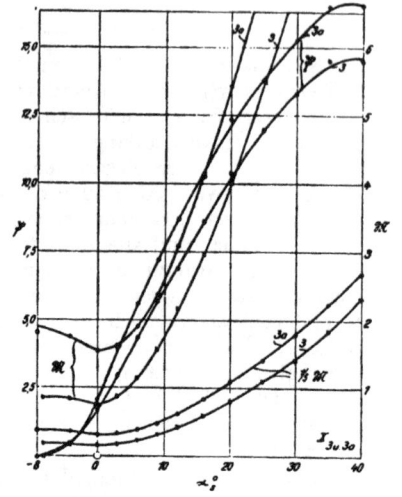

Fig. 119.

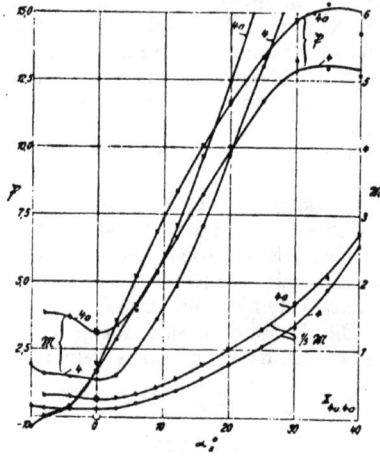

Fig. 120.

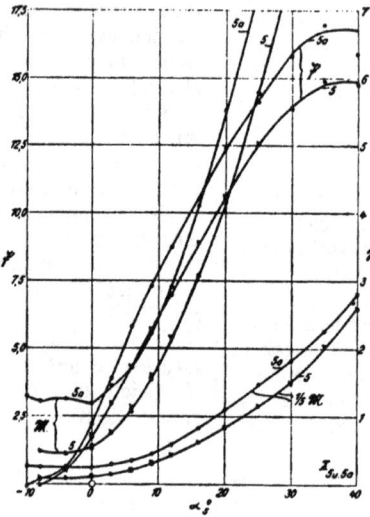

Fig. 121.

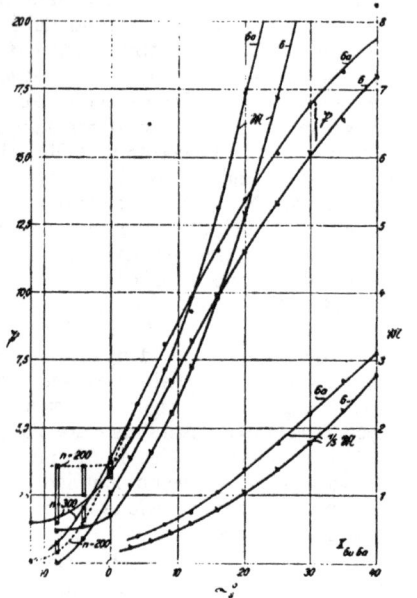

Fig. 122.

Fig. 117 bis 122 Versuchskurven zu Serie X und Xa.

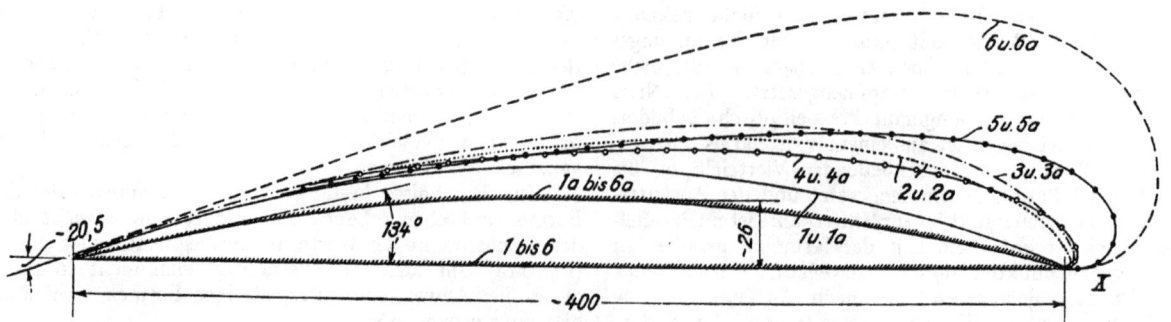

Fig. 116. Profilformen, Serie X und Xa.

Tabelle 8. Übersicht zu Serien VIII und VIII a.

	Profil Nr.	Bezeichnung	Höhe H mm	Abrundung S_0 mm	ζ_{max} %	und zugehöriges			Bereich mit $\zeta > 62\%$			C_{max}	und zugehöriges		
						c	p	α_s^0	Untere Grenze α_s^0	Obere Grenze α_s^0	Ausdehnung Grad		ζ_{max} %	p	α_s^0
Profile nach Fig. 108 mit ebener Druckseite	1	Kreissegment vgl. IV 3, eOk	24,0	∞ 0	67,0	7,4	0,47	10,8	8,0	15,0	7,0	7,90	62,7	0,35	8,2
	3	willkürlich¹)	45,0	32,5	65,4	6,1	0,61	13,0	8,3	18,9	10,5	7,10	59,0	0,34	7,0
	2	ungefähr kreiselliptisch	34,5	12,0	65,3	6,4	0,58	12,0	7,4	17,8	10,5	7,4	60,1	0,35	6,5
dieselben mit gewölbter Druckseite	2 a	ungefähr kreiselliptisch	34,5	12,0	65,9	6,6	0,56	11,0	6,4	16,4	10,0	7,7	61,2	0,35	6,0
	3 a	willkürlich	45,0	32,5	65,2	5,4	0,77	14,5	8,0	19,1	11,0	6,8	59,5	0,39	6,3
	1 a	Kreissichel IV 3, kOk	24,0	∞ 0	64,6	6,9	0,48	10,3	7,1	15,3	8,0	7,4	62,1	0,38	7,8

¹) No. 3 war gewählt nach ähnlichen Verhältnissen, wie der Flügel V in den Vorversuchen (Bericht 1911 S. 17, Fig. 17, 23 und 30). Dieser war nur halb so breit (200 mm). Daher rührt wohl seine außerordentlich gute Wirkung.

Tabelle 9. Übersicht zu Serien X und X a:

	Flügel Nr. (nach Güte geordnet)	Bezeichnung	Höhe H mm	Abrundung S_0 mm	ζ_{max} %	und zugehöriges			Bereich mit $\zeta > 62\%$			C_{max}	und zugehöriges		
						c	p	α_s^0	Untere Grenze α_s^0	Obere Grenze α_s^0	Ausdehnung Grad		ζ_{max} %	p	α_s^0
	5	ungefähr kreiselliptisch	54	∞ 31,5	65,4	6,3	0,58	10,0	4,5	22,2	17,5	7,2	60,6	0,36	4,7
	4	kreiselliptisch	46	10,5	65,3	6,7	0,51	9,0	4,5	20,8	16,5	8,0	57,5	0,27	3,1
	2	Logarithmische Spirale	51	4,0	65,3	6,0	0,64	11,5	6,6	22,1	15,5	6,9	61,2	0,41	6,2
	1	Kreissegment	39	∞ 0	65,4	7,1	0,47	8,5	4,3	16,7	12,5	7,8	62,4	0,37	5,2
	3	Dreiparabelform	58	10,0	65,5	6,0	0,65	11,5	6,5	22,5	16,0	6,8	62,1	0,42	6,4
	6	Hyperbol. Spirale	101	69,0	62,0	5,0	0,77	12,0	—	—	—	6,3	54,2	0,32	2,0
	5 a	ungefähr kreiselliptisch	54	∼ 31,5	66,4	5,7	0,75	10,0	6	19,5	13,5	6,1	65,2	0,62	7,4
	1 a	Kreissichel	39	∞ 0	65,3	5,9	0,68	10,0	6,4	15,3	∞ 9,0	6,3	63,2	0,54	7,0
	4 a	kreiselliptisch	46	10,5	64,4	5,3	0,79	11,7	7,9	20,2	∼ 12,5	5,7	61,7	0,60	7,7
	2 a	Logarithmische Spirale	51	4,0	64,0	5,2	0,81	12,3	9,0	18,7	∼ 9,5	5,5	62,0	0,65	9,0
	3 a	Rücken nach Dreiparabelform	58	10,0	63,4	5,3	0,77	10,7	8,0	18,3	∞ 10,5	5,6	62,0	0,63	8,0
	6 a	Hyperbol. Spirale	101	69,0	62,1	4,8	0,86	10,0	9,2	11	∞ 2,0	5,4	56,6	0,58	3,3

der scharfen Sichelform 1a. Der Unterschied ist aber | bemerken sind. Die Flächenausnutzung wächst zunächst
nicht bedeutend, wie überhaupt innerhalb dieser sechs | etwas durch die Verdickung der Saugseite von 1 nach 3
Formen keine großen Unterschiede weder in C noch ζ zu | hin, dann weiter durch Einfluß der Druckseitenwölbung

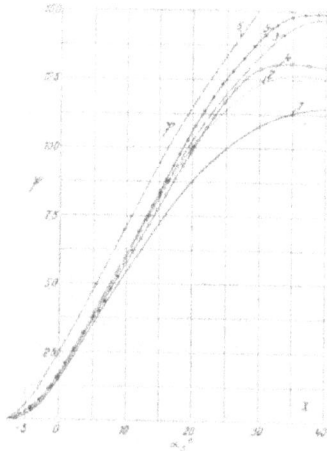

Fig. 123.

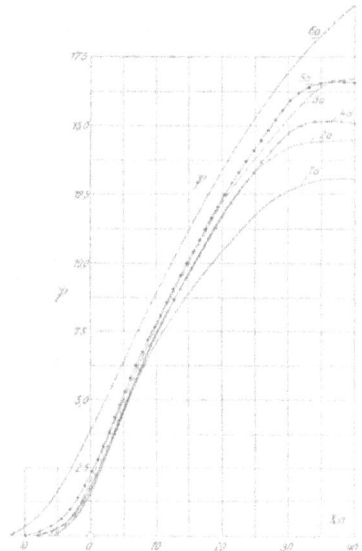

Fig. 124.

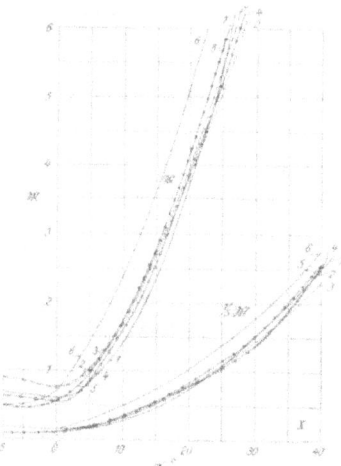

Fig. 125.

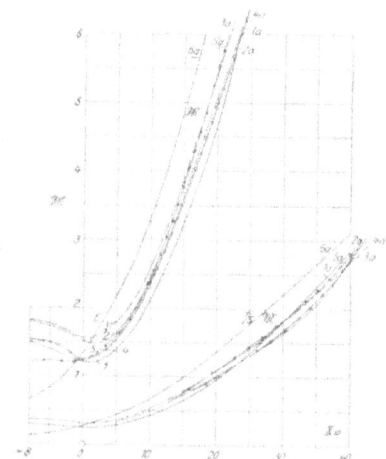

Fig. 126.

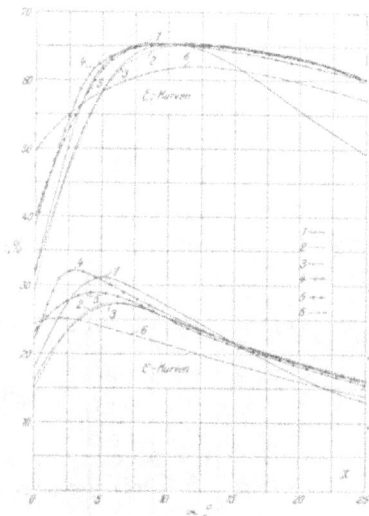

Fig. 127.

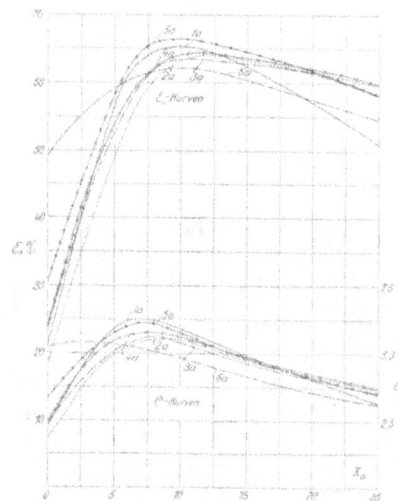

Fig. 128.

Fig. 123 bis 128. Zusammenstellungen zu Serie X und Xa.

von 1a bis 3a. Die Abnahme der Kraftausnutzung ist ungefähr dementsprechend: denn nach Ausweis der Gütegradswerte sind die Energieverluste in allen Fällen fast gleich. Absolut genommen liegen die Gütegrade etwas höher als bei den entsprechenden Formen der Serie VI. Auch bei Serie IV beobachteten wir, daß die Gütegrade mit der Krümmung der Saugseite, also mit vergrößertem ε_a, etwas anwachsen. Die Vermutung liegt daher nahe, daß man den Gütegrad durch stärkere, stetige Wölbung des Saugseitenbogens noch weiter steigern könnte. Die nächste Serie wird darüber einige Auskunft geben.

Serie X; $\varepsilon_a = 20{,}5^0$.

Diese Serie ist auf der Grundlage des Sichelprofiles Nr. 5 der Serie IV aufgebaut. Hier sind zur Saugseite durchweg stetig geformte, einheitliche Kurven benutzt. (Fig. 116). Im Grenzfall Nr. 6 ist, um einmal ein außerordentlich dickes Profil mit zu untersuchen, die bei Serie VI bewährte, hier aber infolge des großen Austrittskantenwinkels allzu stark anschwellende Form nach der hyperbolischen Spirale einbezogen worden. Sie gibt noch verhältnismäßig wenig verschlechterte Werte von C und ζ ergeben,

ihnen ab. Bei gewölbter Druckseite, Nr. 2a bis 5a, zeigt sich eine Krümmung der $\mathfrak{P}$-Kurven (Fig. 124), die wir schon früher auf den Einfluß der Druckseitenwölbung zurückführten. Auch bei den $\mathfrak{M}$-Kurven (Fig. 125 und 126) zeigt sich eine gleiche Tendenz wie früher: das Sichelprofil beginnt oberhalb $a_s = 20^0$ in ungünstigem Sinne von dem bis dahin ungefähr parallelen Verlauf mit den übrigen abzuweichen. Die Formen 2, 3 und 4 haben unter sich ziemlich ähnliche, nach verschiedenen Gesetzen konstruierte Profile. 2 und 3 ergeben durchweg sowohl ohne als mit Druckseitenwölbung sehr nahe beieinanderliegende Kurven; und auch 4 weicht nur in einer Hinsicht wesentlich ab: bei ebener Druckfläche und sehr kleinem Anstellwinkel von etwa 6^0 ergibt die Form 4 einen Wert von C, der alle übrigen, auch die Segmentform, übertrifft.

Die sonst durchweg an erster Stelle stehende, wenn auch nur in Kleinigkeiten den anderen überlegene Form 5 bzw. 5a hat im vorderen Teil ziemlich ähnliche Verhältnisse, wie die hyperbolische Spiralenform, die sich bei Serie VI mit $6{,}5^0$ Austrittskantenwinkel als die beste gezeigt hatte. Dort wird der Austrittsbogen aber dem hyperbolischen Charakter entsprechend zuletzt schon

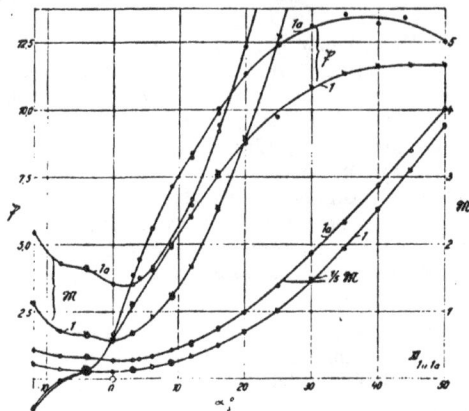

Fig. 129.

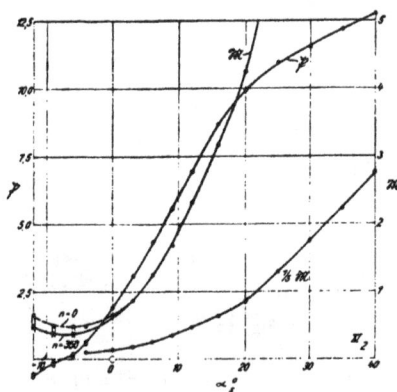

Fig. 130.

beginnt beim Anstellwinkel Null bereits mit vergleichsweise sehr hohem $\mathfrak{P}$, dem kein allzu hohes $\mathfrak{M}$ gegenübersteht, so daß sich bereits ganz ansehnliche Werte von C und ζ ergeben (Fig. 123, 125, 127). Mit wachsendem a_s steigt ζ aber nur wenig an und bleibt durchweg unter den Werten der übrigen Formen. Die Wölbung der Druckseite (6a) bringt auch hier noch eine beträchtliche Steigerung von $\mathfrak{P}$ und $\mathfrak{M}$ hervor. C wird ungefähr entsprechend der verbesserten Flächenausnutzung herabgedrückt, so daß auch im Gütegrad nur ein geringer Unterschied verbleibt. In den $\mathfrak{P}$- und $\mathfrak{M}$-Kurven der Form 6a (Fig. 122) bemerkt man in der Nähe des Nullpunktes und jenseits desselben eine Erscheinung, auf die wir im nächsten Abschnitt noch des näheren einzugehen haben werden: zum erstenmal begegnen wir Abweichungen von der gewohnten Proportionalität der Luftkräfte mit dem Quadrat der Winkelgeschwindigkeit. Infolgedessen lassen sich in diesem Bereiche die Proportionalitätsgrößen $\mathfrak{P}$ und $\mathfrak{M}$ nicht mehr eindeutig angeben. Die punktierten Linien in Fig. 122 deuten das in bestimmter Weise an.

Bei den übrigen Formen mit stetig gewölbter Abrundung der Saugseite, Nr. 2 bis 5, zeigen sich gegenüber den scharfen Segmentprofilen ganz ähnliche Unterschiede, wie nach der Serie VI zu erwarten. Die $\mathfrak{P}$-Kurven verlaufen wiederum auf ein längeres Stück bis etwa $a_s = 20^0$ fast gradlinig (Fig. 123), die Segmentform fällt rascher von

sehr flach, fast gradlinig, während hier bei dem mehr als dreimal so großen Austrittswinkel die Wölbung im hinteren Teil noch bedeutend stärker bleibt. In der größten Dicke übertrifft die jetzige Form mit 54 mm die frühere mit 40 mm noch um ein beträchtliches. Die absoluten Werte des höchsten Gütegrades sind aber ungefähr die gleichen, auch Flächen- und Kraftausnutzung sind ihren absoluten Wert nach nicht wesentlich verschieden. Nur die Ausdehnung des günstigen Winkelbereiches mit $\zeta > 62\%$ ist etwas, um 1^0, größer als bei VI; es scheint also nicht, daß man, der vorhin ausgesprochenen Vermutung gemäß, bei den Formen mit größerem ε_a wesentlich über die Gütegradwerte der Formen mit kleinem ε_a hinauskommt; wir müßten denn schon hier ein Optimum von ε_a überschritten haben. Wahrscheinlicher ist, daß wir dem Austrittskantenwinkel überhaupt keine große Bedeutung beizumessen haben. Bei kleinen und auch bei ziemlich großen Werten von ε_a lassen sich gleich günstige Wirkungen und gleichartige Verhältnisse erzielen, sofern man nur auf gleich gute und stetige Umrißkurven Bedacht nimmt. Später, bei Serie XII, werden wir das noch weiter bestätigt finden.

Serie XI; $\varepsilon_a = 21{,}5^0$.

In Fig. 129 bis 133 ist schließlich noch eine weitere, nur zwei Formen enthaltende Versuchsreihe dargestellt, die das am stärksten gewölbte Sichelprofil aus der früheren

Serie IV mit einer daraus hergestellten Bogenkeilform in Vergleich setzt. Wie aus der Nebenfigur des Kurvenblattes

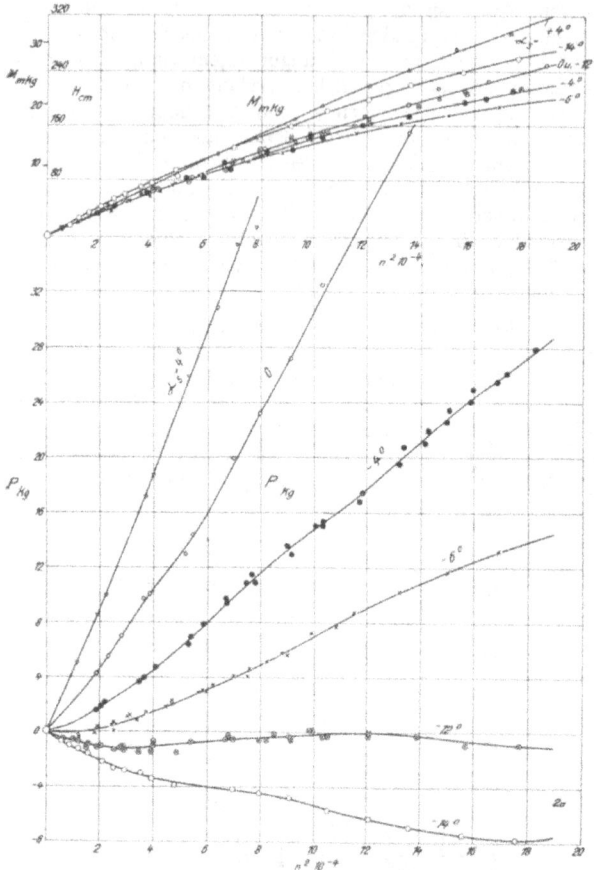

Fig. 131.

Fig. 133 ersichtlich, erhielt das ursprüngliche Sichelprofil vorn eine Rundung von 53 mm Durchmesser, diese geht sogleich in einen Kreisbogen von demselben Radius über,

ausgefüllter Druckseite. (Form 2; diese ist in der Nebenfigur zu Blatt 133 schraffiert.) Den Versuchskurven der beiden neuen Formen, Nr. 2 und 2a, sind zum Vergleich wieder die entsprechenden Kurven der Segment- bzw. sichelförmigen Grundform Nr. 1 und 1a beigefügt. (Fig.129.)

Die neuen Formen hätten an sich wenig Interesse; sie waren auf besondere Veranlassung frühzeitig hergestellt und wären nicht mehr so ausführlich untersucht worden, wenn nicht eine Erscheinung hier besonders stark aufgetreten wäre, die etwas näher zu verfolgen wichtig war, schon weil sie uns bei den Versuchen selbst manchmal gestört hatte. Sie wird aber auch von allgemeinem Interesse sein. Schon bei der übertrieben dicken Form 6 der Serie X, und zwar mit gewölbter Druckseite, also X 6a, haben wir sie erwähnt.

Die gewohnte Proportionalität der Meßwerte, Schraubendruck und Drehmoment mit dem Quadrat der Winkelgeschwindigkeit versagt in diesen Fällen bei gewissen sehr flachen und negativen Winkelstellungen. Beim Auftragen der ursprünglichen Meßwerte über der quadratischen Drehzahlskala, bzw. als Funktion von $(n/100)^2$, ergibt sich nicht die genaue, nach dem Nullpunkt führende gerade Linie, die sonst immer ohne weiteres den Nachweis lieferte, daß die gedachte Proportionalität praktisch völlig genau vorhanden war. Allerdings hatten sich auch früher schon einzelne Male kleine Unstimmigkeiten in der Nähe des Nullpunktes gezeigt. Aber die Abweichungen waren stets so klein, daß sie auch von geringen Versuchsungenauigkeiten herrühren konnten; es war unmöglich, ihren Ursprung sicher aufzuklären; praktisch brauchte ihnen jedenfalls keine Bedeutung beigemessen zu werden. Daß sie grundsätzlich wohl vorhanden sein können, war natürlich nicht zweifelhaft. Jetzt traten sie zum erstenmal klar zutage, freilich nur bei extremen Formen und Winkelstellungen, die praktisch zur Schraubenkonstruktion gar nicht in Frage kommen.

In Fig. 131 sind für die Bogenkeilform XI 2a die $\mathfrak{p}$- und $\mathfrak{M}$-Linien für die Winkelstellungen von $+ 4^0$ bis $- 14^0$ mit den Versuchspunkten wiedergegeben, welche die ursprünglichen Meßwerte darstellen. Es sind ungewöhnlich große Maßstäbe gewählt, besonders für $\mathfrak{p}$, um die Erscheinung deutlich hervortreten zu lassen. Schon von der

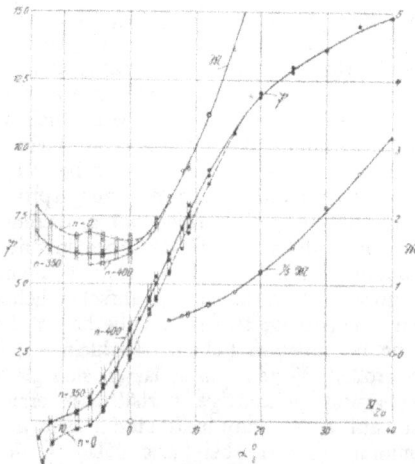

Fig. 132.

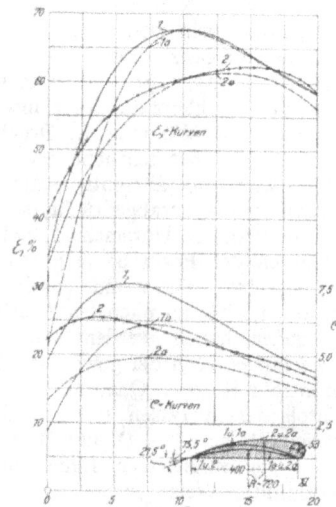

Fig. 133.

der auch die Druckseite bildet. Der so entstandene, beiderseits gleich gekrümmte Bogenkeil wurde einmal als solcher untersucht (Form 2a), und anderseits wieder mit zur Ebene

$\mathfrak{p}$-Kurve für $\alpha_s = 4^0$ sieht man infolgedessen nur das unterste Stück. Es zeigt noch fast den ganz gradlinigen Verlauf, der weiterhin bei den größeren positiven Winkeln bald auch bei dieser Form durchweg vorhanden ist und bei diesen auch recht genau nach dem Nullpunkt führt. Hier, bei $+ 4^0$, geht die in den Versuchspunkten enthaltene gerade Linie schon nicht mehr genau durch den Nullpunkt, sondern schneidet auf der Ordinatenachse ein negatives Stück ab. Der Versuch läßt sich also schon nicht mehr in der üblichen einfachen Weise durch $P = (P/n^2)\ 10^4$ ausdrücken. Bei der Kurve für $a_s = 0^0$ und den vier folgenden bis zu $- 14^0$ bemerkt man noch deutlichere Abweichungen vom gradlinigen Verlauf. Die Kurven zeigen sogar eine doppelte Krümmung ziemlich verwickelter Art. Bei allen tritt in gleicher Weise ein relatives Maximum der $\mathfrak{p}$-Werte auf und bewirkt z. B. bei der Kurve $a_s = - 12^0$, daß $\mathfrak{p}$ zuerst, bei niedrigen Drehzahlen, negative Werte annimmt, der Schraubendruck also nach rückwärts gerichtet ist; dann, bei $(n/100)^2 = 12$, d. h. bei $n = 350$, wird $\mathfrak{p}$ vorübergehend gleich Null, um weiterhin wieder negativ zu werden.

Auch die $\mathfrak{m}$-Linien weichen für diese Winkelstellungen erheblich von geraden Linien ab; aber in einfacherer Weise: $\mathfrak{m}$ wächst anfangs schneller, später langsamer, als es der Proportionalität entsprechen würde. Die kleinsten Werte von $\mathfrak{m}$ treten bei $a_s = - 6^0$ auf, also bei einer Stellung, die noch durchweg positives $\mathfrak{p}$ ergibt. In der neutralen Stellung, wo $\mathfrak{p}$ gleich Null wird, also in der Nähe von $- 12^0$, ist $\mathfrak{m}$ schon wieder gewachsen und ungefähr ebenso groß wie bei $\mathfrak{m} = 0^0$. Bei $a_s = + 4^0$ ist die Krümmung der $\mathfrak{m}$-Kurven schon erheblich schwächer geworden; bei weiter zunehmendem positiven Anstellwinkel verschwindet sie bald so vollständig, daß man sie nicht mehr feststellen kann.

Bei allen auch nur einigermaßen guten Formen ist, wie bemerkt, diese Erscheinung überhaupt nicht oder doch nur in so winzigem Maße aufgetreten, daß man kein Bedenken tragen konnte, die Versuche in der einfachen Weise durch $\mathfrak{p}$ und $\mathfrak{m}$ wiederzugeben.

Wir möchten aber doch auch die Möglichkeit haben, solche Abweichungen in unseren gewohnten $\mathfrak{p}$- und $\mathfrak{m}$-Kurven zum Ausdruck bringen. Sonst müßte man jeden einzelnen Versuch nach Art der Fig. 131 für sich darstellen, und es wäre kein Überblick zu erhalten. Wir bestimmen deshalb für einzelne Punkte der $\mathfrak{p}$- und $\mathfrak{m}$-Linie die je einer bestimmten Drehzahl zugehörigen Werte von $10^4 P/n^2 = \mathfrak{p}$ und $10^4 M/n^2 = \mathfrak{m}$ und benutzen sie in der aus Fig. 132 ersichtlichen Weise: Für die gewählten Drehzahlen ergeben sich gesonderte $\mathfrak{p}$- und $\mathfrak{m}$-Kurven, die für die betreffenden Drehzahlen gültig sind. In Fig. 132 ist das für $n = 350$ und $n = 400$ geschehen. Außerdem ist eine Kurve für $n = 0$ eingetragen, die daraus entstanden ist, daß in Fig. 131 im Nullpunkt Tangenten an die $\mathfrak{p}$- bzw. $\mathfrak{m}$-Kurven gelegt worden sind, deren Richtungswinkel einen Grenzwert für $\mathfrak{p}$ bzw. $\mathfrak{m}$ ergibt. Es ist für $\mathfrak{p}$ ein unterer, für $\mathfrak{m}$ eine oberer Grenzwert.

Bei der Flügelform X 6a (Fig. 122) war dieses Verfahren schon angewandt. Dort sind für $n = 200$ und $n = 300$ getrennte $\mathfrak{p}$- und $\mathfrak{m}$-Kurven eingetragen.

In beiden Fällen sind die Unterschiede für negative Anstellwinkel sehr groß. Bei $a_s = 0$ ist die Abweichung schon ziemlich klein geworden und von etwa 4^0 ab ist sie bei X 6a vollständig verschwunden. Bei XI 2a hält sie bedeutend länger an; in $\mathfrak{m}$ verschwindet sie weit früher als in $\mathfrak{p}$. Bemerkenswert ist ferner, daß beide Male es die Formen mit gewölbter Druckseite sind, welche die Unregelmäßigkeit zeigen. Die entsprechenden eben ausgefüllten Formen sind davon frei, obwohl sie gleich übertriebene Saugseiten besitzen. Es scheint also, daß erst die gewölbte Druckseite in Verbindung mit übertrieben hochgewölbter Saugseite zu den Abweichungen Anlaß gibt.

Wir haben, wie bemerkt, auch bei anderen Formen früher schon einige Male leichte Andeutungen ähnlicher Abweichungen bemerkt: die $\mathfrak{p}$- und $\mathfrak{m}$-Linien schienen nicht genau durch den Nullpunkt zu gehen und man war im Zweifel, wie weit man das Versuchsfehlern zuzuschreiben hatte. Tarierungsfehler der Wage, durch welche $\mathfrak{p}$ gemessen und ein Nullpunktsfehler bzw. eine Verschiebung der Skala, an welcher $\mathfrak{m}$ abgelesen wird, konnten vielleicht an den Unstimmigkeiten im Nullpunkt schuld sein. Wir wissen jetzt, daß derartige Abweichungen vorkommen können, und zwar derart, daß die P-Linien auf der Ordinate $n = 0$ einen kleinen negativen Wert, die M-Linien einen positiven Wert angeben. Wir werden Abweichungen dieser Art also nicht, wie man zuerst dachte, schlechthin als Reibungseinfluß bezeichnen können. Ein solcher wird im Prinzip ja auch vorhanden sein, aber wir sehen an diesem Fall, daß doch auch ganz verschiedene Strömungsvorgänge an derselben Schraube auftreten können, wenn die Drehzahl wechselt.

Gütegrad und Kraftausnutzung sind bei den Bogenkeilformen 2 und 2a erheblich schlechter als bei den scharfen Formen. Das steht mit den schon früher gemachten Wahrnehmungen im Einklang und bringt an und für sich nichts Neues.

Das Verfahren zum Aufmessen fertiger Schrauben oder Flügel.

Sehr geringe Ausführungsfehler können, wie wir besonders bei Serie VI gesehen haben, schon von beträchtlichem Einfluß sein, wenn sie Unstetigkeiten im Krümmungsverlauf der Flügelflächen erzeugen, während viel auffallendere und leichter meßbare Unterschiede der Dicke und der Abrundung des Profiles nur wenig ausmachen. Deshalb ist es wichtig, der genauen Aufmessung der fertigen Flügel stets besondere Sorgfalt zu widmen. Die fertigen Flügel weichen öfters in Kleinigkeiten von den beabsichtigten Formen ab. Vollständige Genauigkeit ist, solange die einzelnen Flügel durch Handarbeit hergestellt werden, nicht zu erreichen, weder bei Ausführung in Holz, noch, wie bei unseren bisher besprochenen Flügelelementen, in Blechkonstruktion auf eingelegten Profilhölzern. Schon jeder einzelne Flügel weist geringe Ungleichheiten zwischen den Profilen auf verschiedenen Radien auf. Wir haben daher stets jeden der beiden Flügel an drei Punkten nachgemessen und aus den gewonnenen sechs Profilaufnahmen das mittlere Profil gebildet. Dabei sind die Meßpunkte auf Grund bekannter theoretischer Anschauungen so gewählt, daß sie den Angriffspunkten gleicher Luftwiderstandskräfte entsprechen, also nicht in gleichen radialen Abständen. Vielmehr ist der ganze Flügel in drei Stücke zerlegt gedacht, von denen jedes den gleichen Beitrag zum Luftwiderstand liefert. In den Angriffspunkten jedes dieser drei Stücke wurde die Aufmessung vorgenommen. So ist erreicht, daß mit hinreichender Annäherung das tatsächlich wirksame mittlere Flügelprofil erfaßt wurde.

Das neue Aufmeßverfahren, das wir schon im vorjährigen Bericht kurz beschrieben haben, hat sich bei diesen Arbeiten ausgezeichnet bewährt. Wir tragen der damals gegebenen schematischen Darstellung jetzt in Fig. 134—137 noch eine konstruktive Zeichnung unserer »Meßbank« nach, deren Anwendung nach dem früher Gesagten leicht verständlich sein wird. Der radial verschiebbare, jeweils am aufzumessenden Radius feststellbare Schlitten trägt eine Holztafel, die man in beliebiger Lage feststellen kann, wie es die Lage des aufzumessenden Schraubenprofiles erfordert. Daß der Ausschnitt dieser Holztafel mit einer Seite an der Profilsehne anliegt (wie früher angegeben), ist nicht wichtig, da man den Sehnenwinkel auch ohnedem sicher genug erhält. Die Kreisscheibe zum

Verzeichnen der Äquidistante zur Umrißform trägt in der Mitte einen drehbaren Knopf zum Anfassen; in diesem liegt eine kleine Feder, die einen zugespitzten Stahlstift in zentrischer Bohrung niederdrückt, so daß die Spitze

mehr oder weniger starke Krümmung des Profiles an verschiedenen Stellen verlangt.

Übrigens läßt das Verfahren sich ohne weiteres auch dann anwenden, wenn man Wert darauf legt, die Flügel-

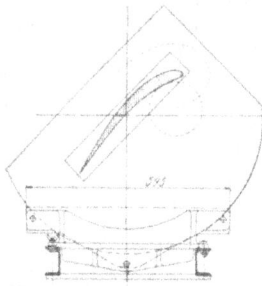
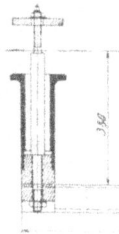
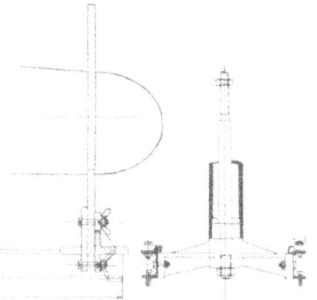

Fig. 134.   Fig. 135.   Fig. 136.

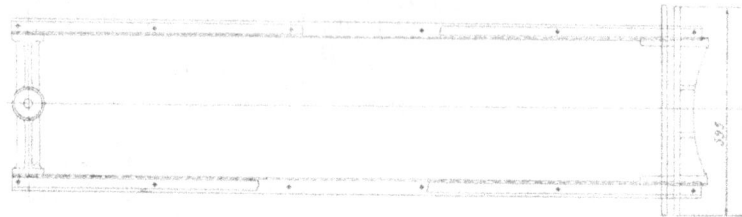

Fig. 137.   Fig. 134 bis 137. Messbank.

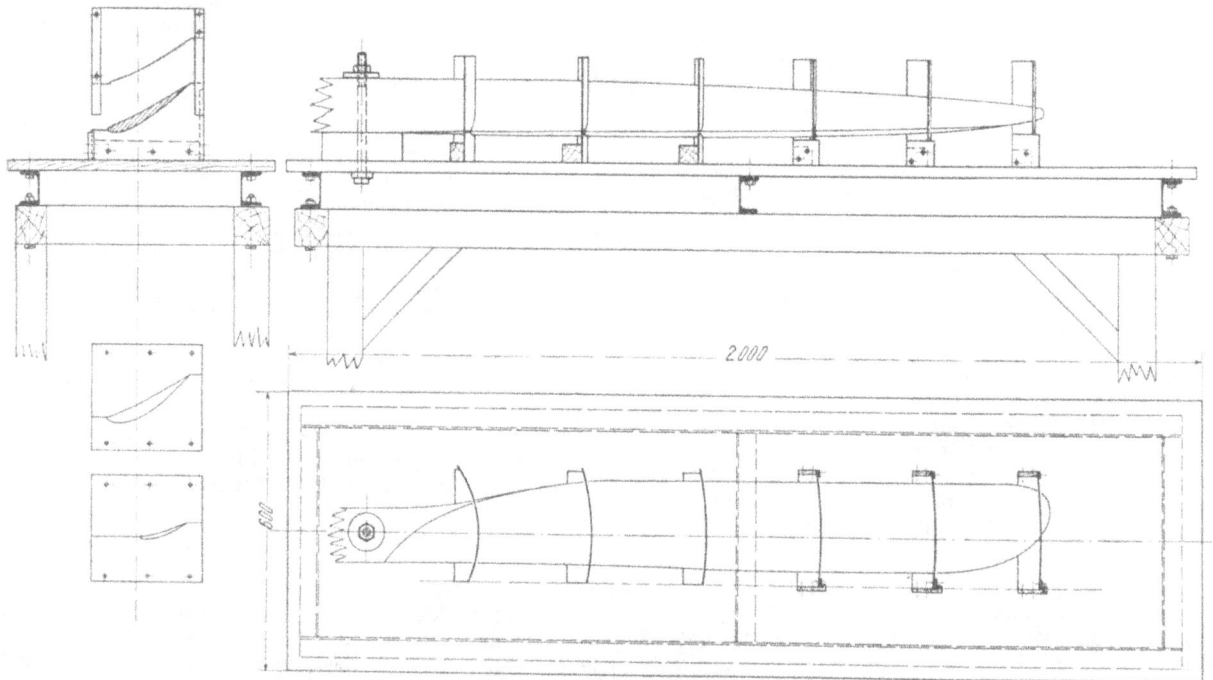

Fig. 138 bis 141. Lehrbank.

ein wenig an der Seite aus der Scheibe hervorragt, die an der Tafel mit dem aufgespannten Papierbogen entlanggleitet. Sie macht beim Umfahren des Profils einen feinen Riß in das Papier, von dem aus man nachher mit dem Radius der Scheibe die Kreise schlägt, die den Umriß einhüllen. Diese kontinuierliche Linie hat gegenüber einzelnen Einstichen (nach der früheren Beschreibung) den Vorteil, daß man die umhüllenden Kreise jederzeit in beliebig dichter Folge ziehen kann, je nachdem es die

profile nicht in tangentialen Ebenen, sondern nach konzentrischen Zylinderschnitten aufzumessen. Das ist bei theoretisch berechneten Schrauben öfters von Wichtigkeit. Man braucht dann an Stelle der einen ebenen Tafel einen Satz von zylindrisch gewölbten Unterlagsblöcken, deren Radien der gewählten radialen Einteilung entsprechen müssen. Sie lassen sich aber aus Holz unschwer darstellen. Die Meßscheibe rollt sich an dem Zylinder, obwohl sie nur an einer Mantellinie anliegt, dennoch ebensogut und richtig ab wie an der ebenen Tafel. Fehler können nicht entstehen[1]). Die Aufmessung nach ebenen Tangentialschnitten ist natürlich bequemer und, da die praktische Herstellung der Schrauben gewöhnlich auch nach ebenen Profillehren erfolgt, ist die etwas umständlichere Anwendung von Zylindertafeln in der Regel entbehrlich.

Kurz seien bei dieser Gelegenheit auch unsere Methoden zur Anfertigung von Schrauben bzw. Schraubenflügeln erwähnt. Unsere Erfahrungen zwingen uns, besonders große Sorgfalt auf genaue Innehaltung bestimmter Wölbungsbögen zu legen. Bei prismatischen Blechflügeln ergeben sie sich leicht, indem man ebene Bleche auf genau zugeschnittenen Profilrippen befestigt. (Zinkblech hat sich dazu am besten bewährt; man erhält es besser als Eisenblech, Weißblech usw. in gut ebenen Tafeln und in jeder gewünschten Stärke.)

Verwundene Flügel haben im allgemeinen nichtabwickelbare Flächen; deshalb ist die Herstellung aus Blech schwierig; die Bleche müßten durch Hämmern usw. getrieben werden; genaue Formen sind dabei kaum zu erhalten.

Bei der Herstellung in Holz werden zweiteilige Profillehren benutzt, nach denen der Tischler an dem verleimten Holzblock zunächst auf den Radien, für die die Lehren gelten, die Profile auszuarbeiten hat. Oft begnügt man sich in der praktischen Schraubenfabrikation mit sechs gleichmäßig auf den Radius verteilten Ausgangspunkten. Doch werden auch zehn und zwölf Teile gewählt. Wir haben bisher acht für ausreichend gehalten. Nach den vorgearbeiteten Stellen wird dann das Material auf den dazwischen stehengebliebenen Stücken abgeschlichtet, die schließliche Form geht also aus einer Art Interpolation hervor.

Wichtig ist es, die verschiedenen Profile in die richtige gegenseitige Lage zu bringen. Man kann das dadurch erreichen, und überhaupt die Ausarbeitung zugleich wesentlich erleichtern, daß man die Bretter, die schichtweise zum Block verleimt werden, schon vorher nach genau konstruierten Umrißkurven so zuschneidet, daß die einspringenden Ecken am Block schon die Profile an jeder Stelle vorzeichnen. So könnte man, wenn man eine große Zahl von Schichten verwendete, die einzelnen Lehren und die »Interpolation« überhaupt vermeiden. Praktisch kann man mit der Schichtenanzahl aber nicht so hoch gehen, wie es dazu nötig wäre. Auch bedingt diese Herstellungsweise eine recht zeitraubende zeichnerische Vorarbeit, die sich nur lohnt, wenn man viele Schrauben nach gleicher Form herzustellen hat.

Wir verzichten darauf und benutzen eine »Lehrbank«, auf der die einzelnen Lehren in der vorgeschriebenen Stellung befestigt werden (Fig. 138—141). Die paarweis zusammengehörigen Hälften sind mit angeschraubten Blechstreifen als Nute und Falz versehen, so daß sie schnell in die richtige Lage zu bringen sind. Man kann sowohl die oberen wie die unteren Hälften der Lehren auf der Bank befestigen, je nachdem welche Seite der Schraube eben bearbeitet wird.

Zur Geometrie der Flügelformen.

Wir haben schon früher (Bericht für 1911, S. 38 f.) den Versuch unternommen, geometrische Bestimmungen ausfindig zu machen, die geeignete Flügelprofilformen ergeben. Dadurch soll vor allem das unbefriedigende Tasten

beseitigt werden, dem man beim Durchprobieren willkürlich gewählter Formen sonst verfällt. Man möchte durch schrittweise Variation einzelner Bestimmungszahlen die Formen systematisch abwandeln oder ineinander überleiten können, um zusammenhängende Versuchserien zu bekommen. Anderseits soll es die Möglichkeit geben, die betreffenden Formen ohne genaue Zeichnung oder umständliche, punktweise Koordinatenangabe in jedem einzelnen Fall so bestimmt zu beschreiben, daß man sie darnach mit jeder gewünschten Genauigkeit reproduzieren kann. Durch die Ergebnisse der mitgeteilten Versuche erlangt die geometrische Flügelbestimmung schließlich noch insofern eine besondere Bedeutung, als es sich für günstige Leistung sehr wichtig erwiesen hat, Unstetigkeiten in den Wölbungen zu vermeiden. Geringe Stetigkeitsfehler von kaum bemerkbarem Betrage hatten bei Serie VI schon erhebliche Verschlechterungen zur Folge. Diese Forderung läßt sich nur dadurch ganz erfüllen, daß man Formen benutzt, die nach einem zusammenhängenden, stetigen Gesetz berechnet oder konstruiert sind.

Im erwähnten früheren Abschnitt hatten wir einige Formen angegeben, die dem Zwecke wohl entsprechen könnten, wenn es sich hier nur um Formen geringsten Luftwiderstandes handelte, wie man sie bei Luftschiffkörpern und auch bei solchen Konstruktionsteilen von Flugmaschinen gebraucht, die mit möglichst geringem Widerstand passiv durch die Luft gezogen werden. Solche Formen sind natürlich symmetrisch zur Fahrtrichtung. Bei den aktiven Teilen, wie Drachenflügel, Steuerflossen oder Luftschraubenflügel, welche die Aufgabe haben, bei möglichst geringem Widerstand in ihrer Bewegungsrichtung eine möglichst kräftige Luftwiderstandskomponente quer dazu hervorzurufen, kommt es aber auf unsymmetrische Formen an, und solche in passender Art zu erzeugen, ist geometrisch bedeutend schwieriger.

Die symmetrischen Formen, von denen wir damals ausgingen, empfahlen sich, wie sofort einleuchtete, sehr gut für Luftschiffkörper. Wir gaben auch Wege an, um sie unsymmetrisch abzubiegen, doch konnten die erhaltenen Formen aus verschiedenen Gründen noch nicht recht befriedigen.

Inzwischen hat Professor Prandtl ebenfalls eine symmetrische Form angegeben[1]), die vor unserer »doppelt parabolischen« Form den Vorzug größerer Vielseitigkeit hat, insofern die Kurvengleichung zwei beliebig wählbare Parameter besitzt, durch deren Wahl man die Umrißlinie sehr verschiedenartig abwandeln kann. Nachteilig ist vielleicht für den praktischen Gebrauch, daß man es dabei im allgemeinen mit gebrochenen Exponenten zu tun hat, wodurch die Handhabung etwas unbequem wird. Doch wird man den Zweck auf ganz einfache Weise kaum erreichen können.

Um nun unsymmetrische Flügelprofile daraus zu erzeugen, schlägt Prandtl vor, die Ordinaten derart bestimmter symmetrischer Formen mit Kreisbögen, Parabeln o. dgl. zu überlagern. Wir haben diesen Gedanken früher nicht erwähnt, weil wir darauf ausgingen, womöglich so einfache Gleichungen für die fertige Form zu erhalten, daß man aus den darin vorkommenden Bestimmungsgrößen in einfacher Weise die Hauptabmessungen berechnen kann, die man bisher allgemein zum Darstellen der Form benutzt (größte Flügelhöhe, Wölbungstiefe, Kantenwinkel, Krümmungsradien an den wichtigsten Punkten usw.). Denn dann könnte man umgekehrt die Konstruktionsgrößen selbst an Stelle an sich gleichgültiger Parameter als Bestimmungsgrößen in die Kurvengleichungen einführen, so daß man z. B. zu gegebener Profil-

[1]) Auf der Allgemeinen Luftfahrzeug-Ausstellung in Berlin hatten wir kürzlich u. a. auch die Meßbank mit dieser Ausrüstung für Aufnahmen auf Zylinderschnitten ausgestellt. Für die praktische Wichtigkeit der Sache ist es bezeichnend, daß die Zeppelin-Luftschiffbau-Gesellschaft sich z. Z. nach unserer Konstruktion eine ebensolche Meßbank herstellt.

[1]) Zeitschr. f. Flugt. u. Motorl. 1912, Heft 3, S. 50.

dicke, Winkeln o. dgl. sogleich die entstehende Form berechnen könnte. Bei unserer damals angegebenen Form war das ohne weiteres möglich, wie es die beigefügten Berechnungen zeigten. Entsteht die schließliche Form aber durch Überlagerung zweier Kurven verschiedener Gattung, von denen die eine an sich schon auf verwickelten Exponentialausdrücken beruht, so dürfte das kaum noch möglich sein. Man ist dann, um z. B. einen Flügel von bestimmter Dicke zu erzeugen, wie es durch Festigkeitsbedingungen oder andere Rücksichten häufig vorgeschrieben sein wird, darauf angewiesen, durch weitläufiges Probieren die einzusetzenden Parameter derart zu ermitteln, daß die gewünschte Form herauskommt. Für praktische Konstruktionen scheint das kaum durchführbar. Ferner hat man es bei der gedachten Überlagerung symmetrischer Kurven mit Kreisbögen o. dgl. nicht in der Hand, das Profil auf einer Seite geradlinig zu begrenzen. Praktisch möchte man aber, um die an sich schon umständliche Herstellung von Schraubenflügeln möglichst einfach zu gestalten, darauf ausgehen, mit einerseits ebenen oder geradlinig begrenzten Profilformen insoweit auszukommen, als beiderseits gekrümmte Formen sich noch nicht endgültig als hinreichend überlegen erwiesen haben. Es ist zwar möglich, daß auch die Krümmungsunstetigkeit am vordersten Punkte der Druckseite schädlich ist, die sich bei den bisher von uns untersuchten Formen dadurch ergibt, daß wir als Druckseite Tangenten der vorderen Abrundungskurve benutzt haben. Wir fußten aber auf der Annahme, daß geringe Unstetigkeiten an der Druckseite kaum einen merklichen Einfluß haben dürften, denn aus früheren Versuchen (Abschnitt 2) wissen wir, daß selbst sehr grobe Unregelmäßigkeiten und Vorsprünge hier nur geringen Einfluß haben.

Wir beschränkten uns deshalb zunächst darauf, geeignete Formen für die Saugseite allein ausfindig zu machen und geben in Tafel III eine Übersicht der bisher hauptsächlich in Betracht gezogenen Formen.

Die Tafel beginnt mit der Kreissichel- bzw. Segmentform, deren Bestimmungsweise ohne weiteres klar ist.

Dann folgen einige Spiralen mit einfachen Gleichungen in Polar-Koordinaten, die von selbst unsymmetrische Kurven ergeben, wie wir sie brauchen. Am einfachsten ist die hyperbolische Spirale ($r = a/\varphi$) eine Kurve, die sich selbst immer ähnlich bleibt, denn die einzige Bestimmungsgröße a in der Gleichung bedingt lediglich den Maßstab der Zeichnung. Wir nennen sie die Maßstabskonstante. Das Flügelprofil entsteht dadurch, daß man eine Berührungssehne als Druckseite anlegt, welche den äußeren Kurvenast unter dem gewünschten Austrittskantenwinkel ε_a schneidet. Mit der Wahl dieses Winkels und des Maßstabes (also der Flügelbreite) liegt die Form des Profiles bereits vollkommen fest. Wie man aus der zugehörigen Tafelabbildung sieht, ergeben sich mit zunehmendem ε_a bald sehr dicke Profile. An der Schraubenflügelwurzel hat man solche aus Festigkeitsgründen nötig. Wir haben also die Möglichkeit eine Schraube mit geradlinig begrenzter, bzw. rein schraubenförmiger Druckfläche durchweg nach hyperbolischen Spiralen zu konstruieren und nach dem Ergebnis unserer Serie VI mag solche Form vielleicht recht günstig sein. Doch wollen wir dem Umstand, daß die hyperbolische Spirale dort das beste Profil von allen ergab, keine besondere Bedeutung beimessen. Rechnerisch genügt die Form übrigens nicht den oben geäußerten Wünschen. Die Berechnung des zu einer gegebenen Dicke gehörigen Kantenwinkelmaßes o. dgl. verlangt die Lösung transzendenter Gleichungen. Man ist also auf zeichnerische Behandlung angewiesen. Aber sie gestaltet sich praktisch sehr einfach, da man in der leicht zu zeichnenden, sich immer ähnlich bleibenden

Kurve die Verhältnisse ein für allemal genau genug bestimmen kann.

Die parabolische Spirale (dieser Name ist nach der Art der Gleichung wohl berechtigt, wenn er nicht schon eingeführt sein sollte) umgibt nicht, wie die hyperbolische, den Ursprung asymptotisch mit zahlreichen Windungen, sondern sie entspringt aus ihm mit dem Winkel $\varphi = 0$, und man kann den Fahrstrahl bei $\varphi = 180^0$ als Druckseite benutzen. Wenn man aber kleine Schnittwinkel der Kurve mit dem Fahrstrahl vorschreibt, wie es für die Austrittskante eines Flügelprofils nötig ist, so bleibt r bei kleinem φ und in den beiden ersten Quadranten noch so klein, daß gar keine merkliche Abrundung entsteht. Die Form ist also praktisch gar nicht von einer scharf zugespitzten unterschieden. Die Profile haben den Charakter eines Parabelsegmentes und unterscheiden sich von Kreissegmenten nur dadurch, daß die größte Höhe etwas mehr nach vorn gerückt ist. Bei sehr kleinem ε_a wird auch dieser Unterschied so geringfügig, daß die Form der Kreissichel fast völlig gleich wird. Bei der Serie VI mit $\varepsilon_a = 6,5^0$ hatten Versuche mit dieser Form deshalb keinen Zweck.

Ähnliches gilt, nur in etwas schwächerem Maße, auch für die logarithmische Spirale. In Serie X, mit $\varepsilon_a = 20,3^0$ ist sie einmal verwendet worden.

Die als Arcus-Sinus-Spiralen bezeichnete Kurvengattung wäre, wie aus den in der Tafel gezeichneten Beispielen ersichtlich, recht vielseitig verwendbar, wenn nicht gegen so unbequeme, transzendente Gleichungen die oben hervorgehobenen praktischen Rücksichten sprächen. Rechnungen sind unmöglich; man hat zeichnerisch zu verfahren, wie bei der hyperbolischen Spirale; nur ist das Probieren hier viel umständlicher. Der Exponent c beeinflußt hauptsächlich die vordere Abrundung, je höher man c wählt, um so mehr spitzt sich die Abrundung zu. Die Konstante k beeinflußt die Größe des Austrittswinkels. Mit $k = 1$ ist $\varepsilon = 0$. Die Kurve ist dann vorher konkav eingebogen. Durch etwas kleineres k erzielt man, wie im Beispiel II der Tafel mit $k = 0,95$ gezeigt, daß die Einwölbung fortfällt und ein positiver Austrittswinkel entsteht. Wird k in dieser Höhe und $c = 2$ gewählt, so erzielt man, wenn noch die Ordinaten in geeignetem Maße reduziert werden (vgl. das Beispiel Ia) Formen, die sich den besten unserer Versuchsreihen gut anpassen.

Weiterhin sind nun die beiden parabolischen Kurven angeführt, die früher ausführlich besprochen wurden. Die an sich sehr schöne rechnerisch auch genügend einfache »doppelt-parabolische« Kurve hat als Flügelform in der hier zunächst in Betracht gezogenen Anwendungsweise mit zur Achse paralleler Tangente als Druckseite den Nachteil, daß die Abrundungskurve an der Druckseite sehr weit nach hinten reicht. Die Kopflänge e ergibt sich zu fast einem Drittel der ganzen Länge, sie wirkt der Saugseitenwölbung zu stark entgegen. Schon bei der »einfach-parabolischen« Form, wo das gleiche in schwächerem Maße zutrifft, zeigte sich zwar eine gute Kraftausnützung bei kleinem Anstellwinkel, aber ζ_{max} war nicht sonderlich hoch (s. Serie XII). Benutzt man als Druckseite statt der zur Achse parallelen eine näher der Spitze schräg angelegte, die Achse vorn schneidende Tangente, so scheint die Form wiederum allzuscharf zu sein, da die Länge beträchtlich wächst, die parabolische Spitze aber gleich bleibt. Übrigens geht dadurch die Einfachheit der geometrischen Berechnung zum großen Teil verloren, die einen Hauptvorteil dieser Kurvengattung bildet.

Die brauchbarsten Formen mit ganz einheitlichem Gesetz für die Saugseite scheinen bisher also neben der hyperbolischen Spirale die Arcus-Sinus-Spiralen, und, für

Tafel III. Einige geometrisch einfach bestimmte Flügelprofilformen.

	Charakter	Konstruktion oder Gleichung
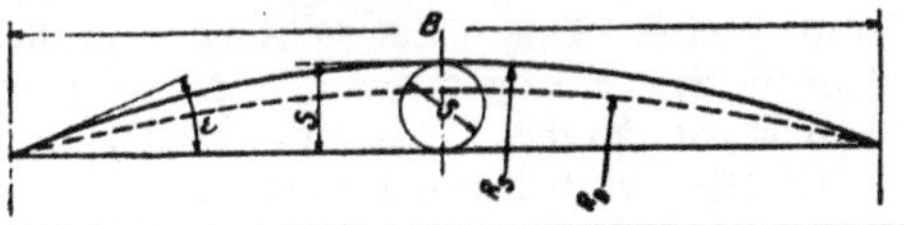	**Kreissegment bezw. -sichel**	$R_S = $ konst $\left.\begin{array}{c}\\\\\end{array}\right\}$ $R_D = $ konst $\quad \tan \varepsilon \cong \dfrac{2S}{B}$
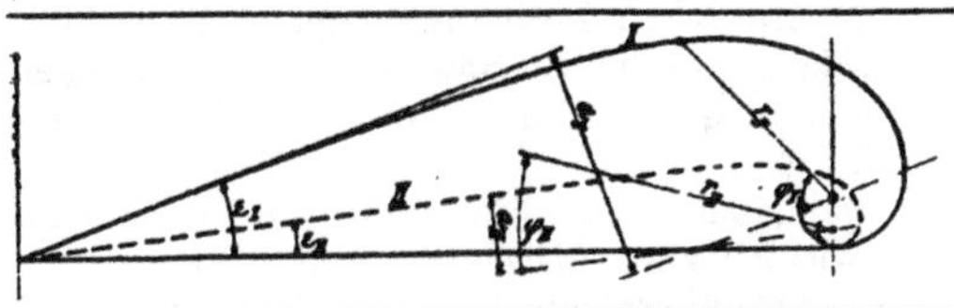	**Hyperbolische Spirale**	$r = \dfrac{a}{\varphi}$
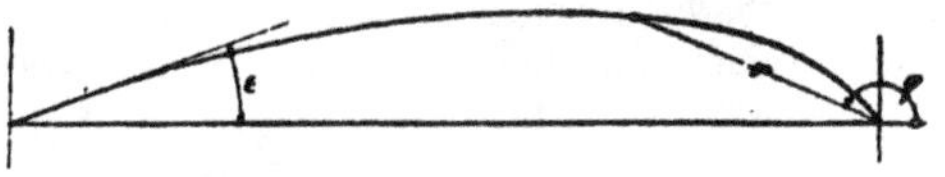	**Parabolische Spirale**	$r = c\,\varphi^a$ $$\tan \varepsilon = \frac{\pi}{a}; \quad B = c\,\pi^a$$
	**Logarithmische Spirale**	$r = s\,e^{m\,\varphi};$ $m = \operatorname{ctg} \varepsilon$ $$\ln\left(\frac{r}{B}\right) = m\,(\varphi - \pi)$$
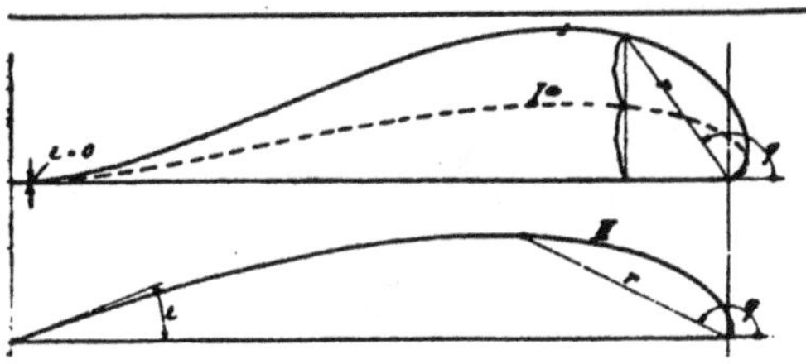	**Arcus-Sinus Spiralen**	$r = B \arcsin^c\left(k\,\dfrac{\varphi}{\pi}\right)$ I. $k = 1;\; c = 2$ Ia. dasselbe, Ordinaten $(r \sin \varphi)$ halbiert II. $k = 0{,}95;\; c = 4$
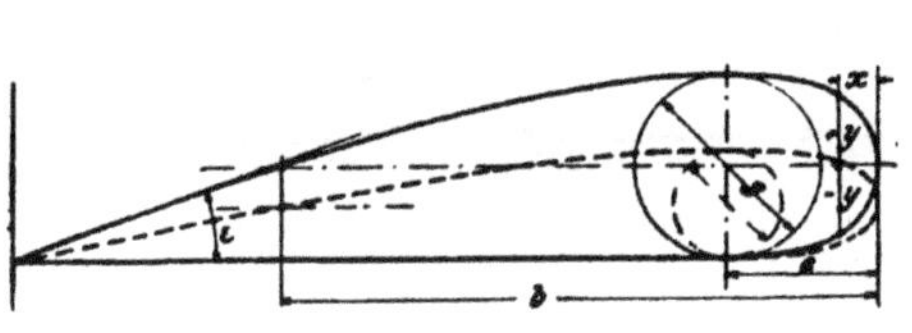	**»Einfach-parabolische Kurve«**	$y = \pm A\,b\left(\sqrt{\dfrac{x}{b}} - \dfrac{x}{b}\right)$ $$\tan \varepsilon = A\left(\sqrt{\frac{1}{2\sqrt{2}+3}} - 1\right) =$$ $$= -0{,}585\,A$$ $B = b\,(\sqrt{1/2} + 3/4) = 1{,}457\,b$ $C = 1/4\,b = 0{,}171\,B$
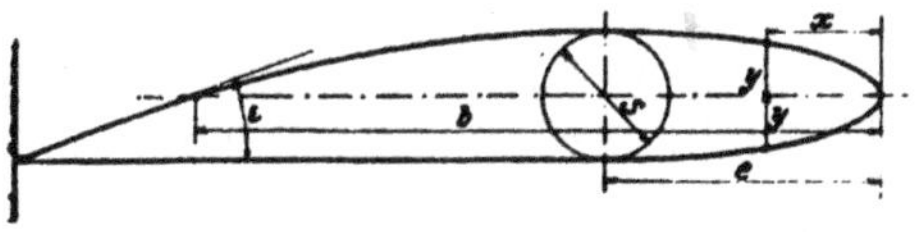	**»Doppelt-parabolische Kurve«**	$y = \pm A\,b\left(\sqrt{\dfrac{x}{b}} - \left[\dfrac{x}{b}\right]^2\right)$ $$\tan \varepsilon = \frac{A}{2}\left(\sqrt{\frac{b}{x}} - 4\frac{x}{b}\right)$$ $B = 1{,}263\,b$ $e = 1/2\,\sqrt[3]{1/2}\,b = 0{,}397\,b$
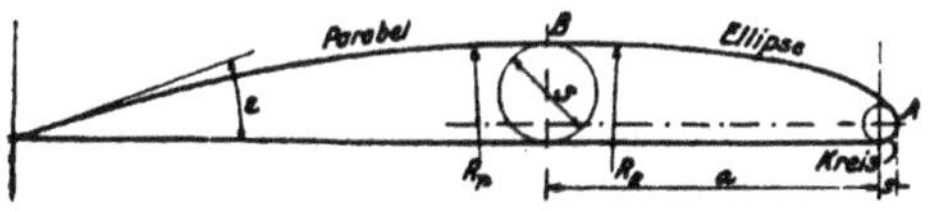	**»Kreiselliptische Form«** (Zusammengesetzt aus Kreis, Ellipse u. Parabel)	Krümmungsradien von Kreis und Ellipse bei A Krümmungsradien von Ellipse und Parabel bei B je einander gleich $$\tan \varepsilon = \frac{B-a}{R};$$ $s = 1/4\,\dfrac{a}{B}\,(C^4 - 2\,C^2); \quad C = \dfrac{B-a}{a}$
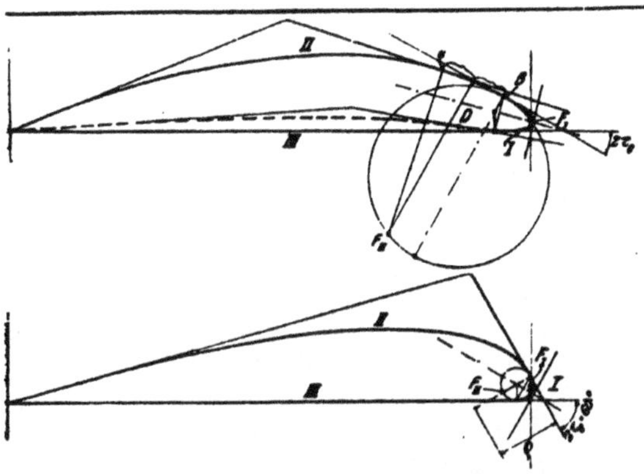	**»Dreiparabel-Form«** (Zusammengesetzt aus drei Parabeln)	1. Die Parabeln I. und II. haben im Übergangspunkt B gleiche Krümmung ϱ; 2. Außerdem liegt der Scheitel von II in B.

zugleich auch gewölbte Druckseite die nach Prandtlschem
Vorschlag durch Überlagerung entstandenen Arten zu sein.
Sie haben alle den erwähnten Nachteil, keine direkte Berechnung der Konstruktionsgrößen zuzulassen. Die Kurven
können alle nur durch punktweise Berechnung mehr oder
weniger umständlich konstruiert werden.

Vielleicht ist es aber praktisch, doch noch einen anderen
Weg einzuschlagen. Möglicherweise genügt es zur Vermeidung aerodynamischer Verluste noch, wenn man unter
Verzicht auf ganz strenge Stetigkeit der Kurven und Einheitlichkeit des Gesetzes den Umriß aus einzelnen Stücken
bequemer Kurvengattungen zusammensetzt, am einfachsten
aus Kegelschnitten, sofern nur Sprünge des Krümmungsradius an den Übungspunkten vermieden werden. Man
braucht dann u. U. garnicht zu rechnen; der Konstrukteur
kann sich geläufiger Konstruktionen bedienen, die ihm die
Arbeit sehr erleichtern.

Aus diesem Gedanken sind die beiden letzten Formen
entstanden, die in der Tafel III aufgeführt sind.

Die letzte Profilart der Tafel III als »Dreiparabelform« bezeichnet, scheint sich in mancher Hinsicht
ganz besonders zu empfehlen. Der Umriß ist aus drei
Parabelbögen zusammengesetzt, von denen der dritte,
der die Druckseite bildet, im hier zunächst betrachteten
Grenzfall zur Geraden wird. Sie schließt sich bei D an die
Parabel I an, welche die Spitze, bzw. die vordere Abrundung
bildet, diese geht in B zur Parabel II über, die bis zur hinteren Spitze reicht. Die parabolische Eintrittskurve entspricht einer theoretischen Forderung (vgl. Bericht 1911,
S. 37), wonach die Abrundungsform sich dem parabolischen
Charakter der Strömungslinien an der Spitze an-
schmiegen soll.

Am Übergangspunkt der Eintrittskurve zur Druckseite ist hier, wie bei allen bisher erwähnten Formen, ein
Krümmungssprung unvermeidlich. Man darf annehmen,
daß er hier ganz unschädlich ist, sobald er hinter dem vorderen Staupunkt oder Spaltungspunkt der Strömungslinien liegt.

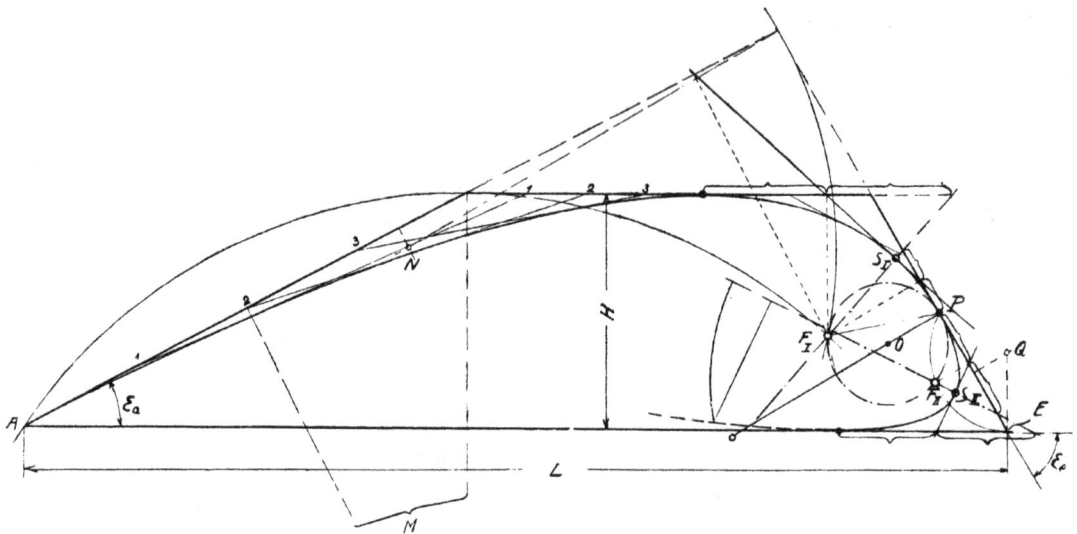

Fig. 142.

Bei der »kreiselliptischen« Form ist, wie
schon früher erwähnt, und wie aus der beigegebenen Figur
in Tafel III leicht verständlich, die Saugseite aus je einem
Kreis-, Ellipsen- und Parabelstück zusammengesetzt. Stellt
man sich die freilich nicht zu begründende, aber die Konstruktion sehr erleichternde Bedingung, daß im höchsten
Punkte B des Profils, wo Ellipse und Parabel aneinander-
stoßen, zugleich auch der Parabelscheitel liegen soll, und
wird ferner gleicher Krümmungsradius für Ellipse und
Parabel in B, sowie für Kreis und Ellipse in A vorgeschrieben, so ergeben sich ziemlich einfache Zusammenhänge,
die in den beigegebenen Formeln ausgedrückt sind und
bequeme Berechnung der hauptsächlichsten Konstruktionsgrößen gestatten. Man kann bei gegebener Länge B noch
eine der Größen ε, S oder s beliebig wählen, dann ergeben
sich die Übrigen von selbst, die ganze Form liegt bereits
fest. Für nicht zu kleine Werte von ε erhält man recht
schöne Formen. Bei $\varepsilon = 6{,}5^0$, wie es in der Serie VI vorgeschrieben war, wird sie aber freilich zu flach und scharf.
Sie unterscheidet sich dann praktisch nur noch sehr wenig
vom Kreissegment.

Läßt man die willkürliche Bedingung, daß der parabolische Scheitel in B liegen soll, fort, so bleibt eine weitere
Bestimmungsgröße zur beliebigen Wahl frei, sodaß man auch
bei kleinem ε brauchbare Formen erhält.

Am oberen Übergangspunkt, von der Eintrittsparabel
zum Saugseitenbogen, läßt sich der Krümmungssprung
vermeiden. Es ergibt sich eine nicht ganz naheliegende,
aber praktisch recht einfache Konstruktion, durch die
man ohne jede Rechnung aus gegebenen Hauptabmessungen
die Form erhält. Die Konstruktion scheint für praktische
Zwecke recht gut geeignet und soll deshalb hier kurz vor-
geführt werden. Dabei benutzen wir das zur Deutlichkeit
übertrieben dick gewählte Beispiel in Fig. 142.

Um das System der drei ineinander übergehenden
Parabelbögen festzulegen, sind zunächst 7 Bestimmungsgrößen frei zu wählen. Zwei davon beziehen sich lediglich
auf die Druckseitenwölbung. Saugseite und Eintrittsbogen
sind von fünf Bestimmungen abhängig, die sich durch die
Bedingung gleicher Krümmung der Parabeln I und II in
ihrem Übergangspunkte P auf 4 vermindern. Als solche
sind gewählt: der Austrittskantenwinkel ε_a, die größte
Profilhöhe H, eine die Flügelbreite bestimmende, allerdings nicht ganz mit dieser identische Länge $L = AE$
und der Winkel ε_e zwischen der Übergangstangente in P
und der Sehnenrichtung. Durch diese Bestimmungsgrößen
ist ein Tagentenviereck des Profiles gegeben. Es ist in
Fig. 142 mit starken Linien ausgezogen. Wir kennen zunächst nur einen Berührungspunkt der Parabeln auf den
Tangenten, nämlich den Punkt A, in welchem die Aus-

trittskante entstehen soll. Daher können wir die bekannte Hüllkonstruktion zunächst noch nicht anwenden, nach der man einen Parabelbogen aus zwei Tangenten mit gegebenen Berührungspunkten sehr bequem erhält. Diese Konstruktion ist aber später zu benutzen und deshalb im hinteren Teil der hier mit I bezeichneten Rückenparabel angedeutet: man teilt die Tangentenabschnitte in gleiche Teile (hier 4) und verbindet die Teilpunkte wechselweise.

Die fehlenden Berührungspunkte sind leicht zu finden, sobald wir Brennpunkt und Scheitel der Parabeln haben. Diese bestimmen wir zunächst für die Parabel I, für welche drei Tangenten und der eine Berührungspunkt A gegeben sind.

Je zwei Tangenten mit einem Berührungspunkt ergeben einen geometrischen Ort für den Brennpunkt, nämlich einen Kreis, der gefunden wird, indem man auf dem gegebenen Abschnitt der einen Tangente das Mittellot errichtet und es zum Schnitt bringt mit einem im Schnittpunkt beider Tangenten auf der anderen errichteten Lot. Aus dem Schnittpunkt der beiden Lote schlägt man mit der Länge des letzteren einen Kreis, der also durch die hintere Spitze A geht, den gegebenen Tangentenabschnitt zur Sehne hat und die andere Tangente berührt. Diese Konstruktion können wir zweimal anwenden: mit der Austritts- und Rückentangente und dann mit der Austritts- und der Eintrittstangente. Wir erhalten also zwei solche Kreise (die Mittelpunkte sind mit M und N bezeichnet), die beide durch A gehen. Ihr anderer Schnittpunkt ist der gesuchte Brennpunkt der Parabel I. Wir wollen ihn mit F_I bezeichnen. Den etwas umständlichen Beweis für diese Behauptung wollen wir hier übergehen.

Nun ist die Scheiteltangente der Parabel I leicht zu finden: von F_I auf die drei gegebenen Tangenten gefällte Lote ergeben auf diesen drei Punkte, die sämtlich auf der Scheiteltangente liegen müssen, und das Lot von F_I auf die so gefundene Scheiteltangente ist die Axe der Parabel I. S_I ist ihr Scheitel, $\overline{F_I S_I}$ der halbe Parameter p. Nun ergeben sich leicht die Berührungspunkte der Tangenten: die Länge der Tangentenabschnitte zwischen Achse und Scheiteltangente wird jenseits der Scheiteltangente abgetragen, wie in der Fig. 142 durch Klammern angedeutet. So erhält man einerseits den höchsten Punkt des Profilrückens, anderseits den Übergangspunkt P, in welchem sich die Eintrittsparabel II anschließen soll. Mit der schon erwähnten Hüllkonstruktion kann man die Parabel I nun leicht von A bis P zeichnen.

Aus der Bedingung gleicher Krümmung der Parabeln I und II im Übergangspunkt P ist nun die Parabel II zu konstruieren, welche anderseits die Profilsehne, bzw. die Strecke AE berühren soll.

Der Krümmungsradius einer Parabel im beliebigen Punkt P ergibt sich bekanntlich als $\varrho = \dfrac{p}{\sin^3 \tau}$, wenn p der Parameter der Parabel und τ der Winkel ist, welchen die in P an die Parabel gelegte Tangente mit ihrer Achse einschließt. Man kann ϱ leicht konstruieren: das in F_I auf der Verbindungslinie $\overline{F_I P}$ errichtete Lot schneidet auf der in P errichteten Normalen die Strecke $\frac{1}{2}\,p/\sin^3\tau$ also $\frac{1}{2}\varrho$, ab. Das kann man aus den drei aneinander grenzenden kleinen Dreiecken leicht übersehen, deren erstes den halben Parameter $F_I S_I = p/2$ als lange Kathete und den Winkel τ als gegenüber liegenden Winkel hat. Die Hypothenuse dieses Dreieckes ist also gleich $\frac{1}{2}\,p/\sin\tau$. Aus dem nächst anliegenden Dreieck ergibt sich in gleicher Weise, daß die Strecke $F_I P = \frac{1}{2}\,p/\sin^2\tau$ ist, und schließlich ebenso, daß der angegebene Abschnitt auf der in P errichteten Normalen die Länge $\frac{1}{2}\,p/\sin^3\tau$ hat.

Wir haben in Fig. 142 über dieser Strecke als Durchmesser einen Kreis geschlagen mit dem Mittelpunkt O, der

natürlich durch den Punkt F_I geht. Wir können beweisen, wollen den Beweis aber wieder übergehen, daß auf ihm die Brennpunkte aller Parabeln liegen, welche sich in P mit gleicher Krümmung berühren. Der Kreis ist also ein Ort für F_{II}. Den zweiten Ort für diesen Brennpunkt F_{II} finden wir nach der schon anfangs benutzten Konstruktion als Kreis mit dem Mittelpunkt Q, den wir durch Errichten des Mittellotes über dem Tangentenabschnitt $\overline{PE}$ und durch das in E auf der anderen Tangente $\overline{AE}$ errichtete Lot erhalten. F_{II} ist der Schnittpunkt des mit QE um Q geschlagenen Kreises mit dem vorher aus O über der Normalen P gezogenen. Nun bestimmt sich in gleicher Weise wie schon oben durch Lote von F_{II} auf $\overline{PE}$ und $\overline{AE}$ leicht die Scheiteltangente weiter, die Achse der Parabel II und schließlich deren Berührungspunkt auf $\overline{AE}$, so daß man die Eintrittsparabel zeichnen kann.

Um weitere Punkte dieser Parabel jenseits ihres Berührungspunktes an $\overline{AE}$ zu finden, die man zum Anschluß der dritten Parabel braucht, falls die Druckseite gewölbt ist, benutzt man die in der Fig. 142 noch mit angedeutete Konstruktion: man schlägt aus F_{II} einen beliebigen Kreis, trägt von dessen Schnittpunkt mit der Achse aus nach dem Scheitel hin die Länge $p_{II} = 2 \cdot \overline{F_{II} S_{II}}$ ab und errichtet im so gefundenen Punkte ein Lot. Der Schnittpunkt dieses Lotes mit dem Kreis ist ein Punkt der Parabel.

Wenn es Interesse hat, kann man nun die Konstruktion leicht zur Druckseitenparabel fortsetzen, falls die Richtung der Übergangstangente und ferner der Winkel gegeben ist, den die Druckseite an der Hinterkante A mit der Profilsehne bilden soll (früher mit δ_a bezeichnet). Man möchte statt ersteren Winkels lieber die Wölbungstiefe T der Druckseite als Bestimmungsgröße einführen, die den bisher allgemein üblichen Gepflogenheiten gemäß die Form besser kennzeichnet als der Übergangswinkel. Damit entsteht aber eine etwas umständliche, bisher nur durch Probieren zu lösende Aufgabe: die Parabel III so zu bestimmen, daß sie die Austrittstangente in A, die Tiefentangente und die schon vorhandene Parabel II berührt. Wir wollen einstweilen darauf nicht näher eingehen.

Die Konstruktion vereinfacht sich sehr, wenn man die willkürliche Bedingung hinzunimmt, daß der Scheitel S_I der Parabel in den Übergangspunkt P fallen soll. Dann fällt eine weitere Bestimmungsgröße fort, statt des Tangentenviereckes ist nur ein -dreieck für die ganze Rückenform bestimmend. Brauchbare Formen ergeben sich aber nur in ziemlich engen Grenzen, etwa wie im zweiten Beispiel der Tafel III gezeigt, wo überdies der Winkel $\varepsilon_e = 60^0$ gewählt ist, was besondere einfache Verhältnisse ergibt: die Achse der Eintrittsparabel halbiert ε_e. Solche Formen scheinen für Fälle, wo hohe Flächenausnutzung verlangt wird, gut geeignet. Im Beispiel der Fig. 142 fällt S_I hinter P_I, so daß die Krümmung der Saugseite zwischen P_I und S_I vorübergehend zunimmt, um jenseits S_I wieder abzunehmen. Das Beispiel ist der Deutlichkeit wegen so gewählt. Bei flachen Formen liegt S_I vor P, außerhalb der Umrißkurve. Mit der Wahl der Winkel und der Höhe H hat man es bequem in der Hand, die geeigneten Verhältnisse vorauszubestimmen. Wählt man allerdings zu flache Winkel, so rückt P stark an E heran, die Eintrittsparabel wird immer kleiner und spitzer; schließlich fällt P jenseits von E, so daß die Form unmöglich wird. Dazwischen liegen aber sehr schöne, flach-fischförmige Kurven, die sich für hohe Kraftausnutzung gut eignen.

Formen vom Typus der Kreiselliptischen (Nr. 1 bis 4 in Serie VI) lassen sich aber nach der Dreiparabelform nicht darstellen. Für feineren Ausbau solcher Versuche wäre es erwünscht, einen vollkommen gesetzmäßigen Übergang zwischen diesen erzeugen zu können.

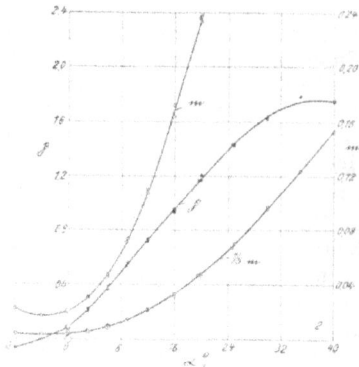

Fig. 145.

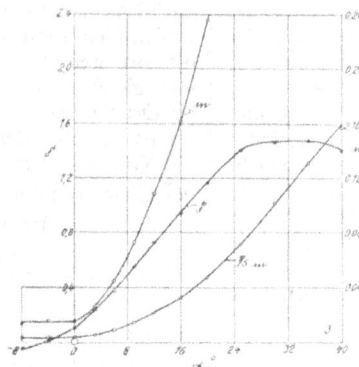

Fig. 146.

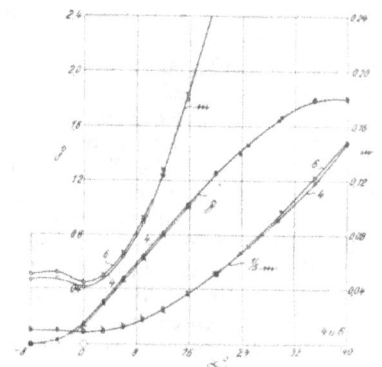

Fig. 147.

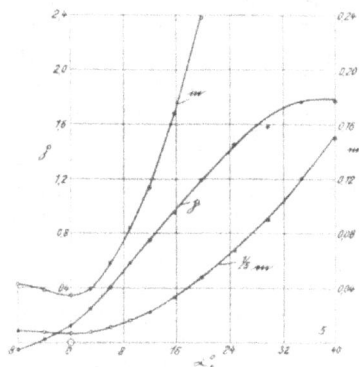

Fig. 148.

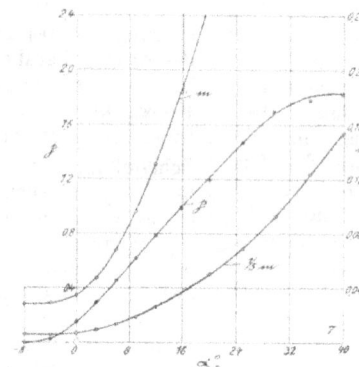

Fig. 149.

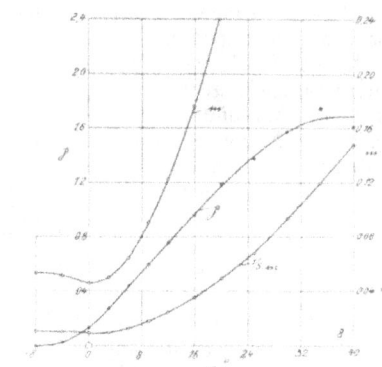

Fig. 150.

Fig. 145 bis 150.
Versuchskurven zu Serie XII.

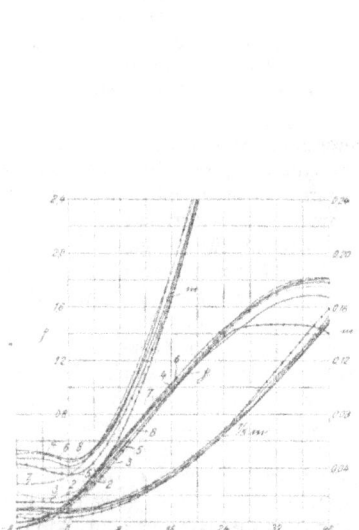

Fig. 151.

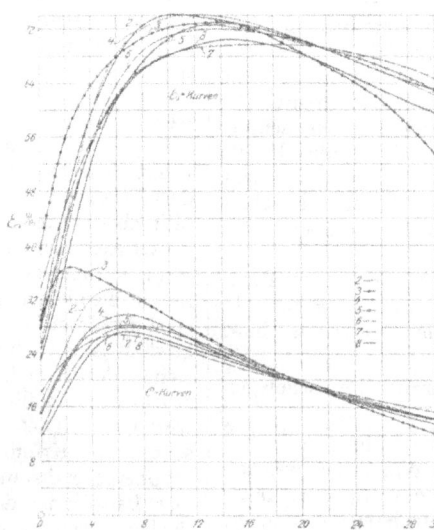

Fig. 152.

Fig. 151 bis 152.
Zusammenstellungen zu Serie XII.

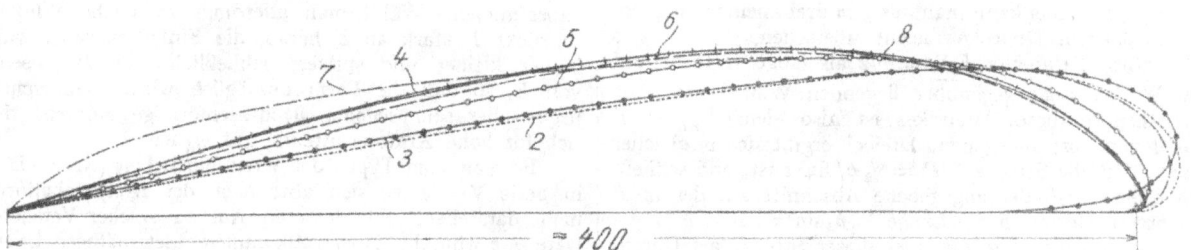

Fig. 144. Profilformen zu Serie XII.

10. Einige Versuche mit bis zur Nabe reichenden, aber noch prismatischen, auf der Druckseite ebenen Flügeln.

Serie XII.

Die bisherigen Versuche waren mit »Flügelelementen« ausgeführt, d. h. mit Flügelstücken, die der versuchstechnischen Einfachheit wegen in der Mitte einen verhältnismäßig großen Teil frei ließen, wie man es aus Fig. 93, S. 4, ersieht. Die folgenden Versuche sollten einen Übergang bilden zur Untersuchung eigentlicher Schrauben; zugleich sollten einige besondere Fragen der Profilausbildung noch näher geklärt werden.

In ersterer Hinsicht kam es darauf an, zu erfahren, wieviel in der Flächenausnutzung und im Gütegrad durch Ausnutzung des mittleren Flächenstückes gewonnen wird. Der Ausschnitt beträgt etwa $\frac{1}{5}$ der ganzen, von den Flügelspitzen umschriebenen Kreisfläche; ob nach seiner Beseitigung die Flächenausnutzung und der Gütegrad entsprechend steigen würden, konnte fraglich sein, weil bei der prismatischen Form die inneren Flügelstücke nur wenig

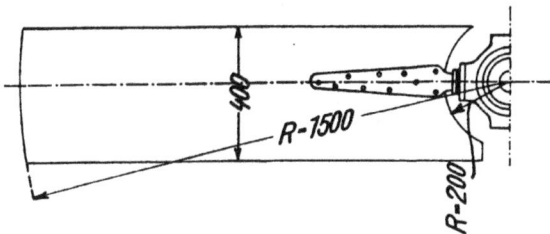

Fig. 143.

Luft beschleunigen. Die Versuche zeigen aber, daß der Gütegrad ungefähr in dem Verhältnis in die Höhe geht, das dem Flächenzuwachs entspricht.

Die Umrißform der jetzt untersuchten Flügel ist in Fig. 143 angegeben. An der Nabe verbleiben, wie man sieht, noch einige durch die prismatische Form und durch die Verstellvorrichtung bedingte Unregelmäßigkeiten. Der äußere Durchmesser ist auf 3,0 m herabgesetzt, während wir bisher immer rd. 3,6 m Durchmesser hatten. Für die weiteren Versuche mit eigentlichen Schrauben war es wichtig, praktisch zu erproben, ob wir mit Rücksicht auf die wachsenden Ungenauigkeiten bei unserer großen Versuchsmaschine soweit mit dem Durchmesser herabgehen dürfen. Die Ergebnisse zeigen, daß die Genauigkeit noch genügt. (Ein vorgängiger Versuch mit 2,5 m Durchmesser hatte nicht mehr befriedigt.) Die Drehzahlen wurden möglichst erhöht: sie gehen meist bis nahe an 600 i. d. M. (früher meist nur bis 400). Die Flügel dieser Serie sind alle aus Holz gearbeitet.

Die mit dieser Umrißform untersuchten Flügelprofile sind in Fig. 144 zusammengestellt. Die weiteren Figuren

enthalten die Messungsergebnisse in bekannter Weise, doch mit dem Unterschied gegen früher, daß an Stelle der Werte $\mathfrak{p}$ und $\mathfrak{m}$ die von den zufälligen Abmessungen der Schraube unabhängigen Größen p und m getreten sind. Es ist nach früherem

$$p = \frac{\mathfrak{p}}{R^4}; \quad m = \frac{\mathfrak{m}}{R^5}$$

(vgl. Bericht für 1911, S. 8 u. f.). Die so umgerechneten Werte sind für Schrauben beliebiger Größe unmittelbar vergleichbar. In den bisherigen $\mathfrak{p}$- und $\mathfrak{m}$-Kurven hat man, da der Halbmesser R der Schrauben durchweg 1795 mm betrug, die $\mathfrak{p}$ durch $1,795^4 = 10,4$ und die $\mathfrak{m}$ durch $1,795^5 = 18,6$ geteilt zu denken.

Die Profile haben noch ebene Druckseiten mit der bisherigen Breite von 400 mm; im übrigen sind sie nach verschiedenen Gesichtspunkten gewählt: Nr. 2 ist kreiselliptisch; Nr. 4, 5, 6 und 8 sind Dreiparabelformen; gewisse feinere Unterschiede sollten dabei studiert werden, auf die wir nicht näher eingehen. Nr. 3 ist die einfachparabolische Form von gleichem Austrittskantenwinkel wie Nr. 2. Nr. 7 ist mit eingereiht als Anfangsform einer später folgenden ausführlichen Serie, die in besonderer Weise über den Einfluß des Austrittskantenwinkels ε_a Aufschluß geben soll. Der Winkel ist zunächst ungewöhnlich groß, eine absichtliche Übertreibung, um seinen Einfluß deutlich zu machen.

In der nachstehenden Tabelle 10 sind diese Profile wieder nach abnehmenden Werten des Gütegrades geordnet. In Fig. 151 sind die p- und m-Kurven zusammengestellt, in Fig. 152 die C- und ζ-Kurven.

Die Leistungsunterschiede innerhalb dieser sieben Formen sind recht klein. Die Höchstwerte von ζ liegen zwischen 70 und 74%. Da wir hier mit einer Fehlergrenze von etwa $\pm$ 2% zu rechnen haben, nämlich je $\pm$ 1% bei p und m, also in C und ζ doppelt soviel infolge der Quotientenbildung, so müssen wir die Formen als ziemlich gleichwertig ansprechen. Für die meisten ist das nach Früherem nicht befremdend.

Besonders zu beachten ist aber Form 7 mit dem sehr großen Winkel und starker Krümmung an der Austrittskante. Man möchte davon eine bedeutende Verschlechterung erwarten. Sie entfernt sich aber nicht weit von den übrigen. Bei $\alpha_s = 0$ liefert sie kleineres m und höheres C und ζ als alle anderen, außer Nr. 3. Die Höchstwerte von C und ζ bleiben unterhalb denen der übrigen, aber doch nur auffallend wenig. Man sieht also, was wir schon früher, bei Serie VIII und X, bemerkten, daß der Austrittskantenwinkel keinen großen Einfluß hat.

Ferner haben wir hier zum ersten Male eine Form mit weit in die Druckseite einspringendem Eintrittsbogen benutzt: die einfach-parabolische Form Nr. 3. Wie aus Fig 144 ersichtlich, haben wir dabei darauf verzichtet, die Druckseite mit der ebenen Breite von 400 mm wie bei den übrigen beizubehalten, weil dann die Gesamtbreite mit dem vorspringenden Kopf sich zu weit von den übrigen

Tabelle 10. Übersicht zu Serie XII.

Flügel Nr.	Gattung	Höhe H mm	Abrundung S_e mm	Austrittswinkel $\varepsilon_a{}^0$	C_{max}	und zugehöriges			ζ_{max} %	und zugehöriges			Winkelbereich mit $\zeta > 70\%$ (α_s)
						ζ %	p	$\alpha_s{}^0$		C	p	$\alpha_s{}^0$	
2	Kreiselliptisch	50	32,0	10,5	8,4	67,0	0,35	5,5	74,2	6,8	0,75	12,5	6,7 — 20,3 = ∞ 13,5
4	Dreiparabel-Form	57	8,5	18,0	7,4	69,7	0,52	6,7	74,1	6,8	0,73	10,5	6,8 — 20,5 = 13,5
3	Einfach parabolisch	50	34,0	10,5	9,2	57,6	0,20	2,3	73,0	6,5	0,78	13,0	7,2 — 18,5 = 11,5
5	Dreiparabel-Form	54	14,0	14,5	7,1	64,8	0,47	7,0	72,6	6,3	0,81	13,0	9,6 — 20,2 = 10,5
6	» »	56	7,0	15,4	7,0	66,7	0,52	7,0	72,0	6,0	0,90	13,7	9,0 — 20,5 = 11,5
8	» »	56	6,5	16,8	6,8	63,5	0,47	6,7	70,5	5,7	0,90	14,7	12,2 — 16,8 = 4,0
7	Kreiselliptisch	54	32,0	38,8	6,7	61,4	0,45	5,8	69,8	4,7	1,21	20,0	—

4*

entfernt hätte, und der Vergleich mit den übrigen dann praktisch nicht mehr gerechtfertigt schien. Es ist die Gesamtlänge gewählt worden, die sich bei der kreiselliptischen Form Nr. 2 ergab. Bei sehr kleinem Anstellwinkel wirkt die Form 3 bei weitem am günstigsten. Bei $a_s = 2^0$ liefert sie einen recht hohen Höchstwert der Kraftausnutzung C; weiterhin verhält sie sich im wichtigsten Winkelbereich der Form 2 sehr ähnlich, doch scheint sie von dieser und von der Dreiparabelform 4 in ζ_{max} übertroffen zu werden. Bei großem a_s, von etwa 20^0 ab, fällt sie stark von den übrigen ab.

Form 4 und 8 sind fast genau identisch; auch Form 6 ist nur wenig anders. Wenn sie dennoch in C und ζ ziemlich große Unterschiede geben, so zeigt das die Grenzen der Versuchsmöglichkeiten: kleine Wölbungsunstetigkeiten, durch Herstellungsfehler verursacht, gaben zur Wiederholung der Form 4 Veranlassung. Sie können, wie wir früher sahen, derartige Leistungsunterschiede schon bewirken, obwohl man sie nur durch Abbildung in natürlicher Größe richtig wiedergeben könnte. Meßungsfehlern kann man, weil die Versuchskurven aus vielfacher Interpolation hervorgehen, den Unterschied z. B. von Nr. 4 und 8 in den C- und ζ-Werten nicht ganz zur Last legen.

Vergleich einer Schraube konstanten Flügelprofils mit einem geraden Flügelpaar gleichen Profils.

Die erste, in vorhin angegebener Weise hergestellte Versuchsschraube sollte einen Anhalt dafür geben, welche Verbesserung sich durch schraubenförmige Verdrehung der bisher nur in prismatischer Form untersuchten Flügel ergibt, also noch unter Wahrung konstanter Profilform über alle Radien.

Nach unseren ersten Versuchsreihen (Abschnitt I, 1911) ist zu erwarten, daß nach der Nabe hin zunehmende Steigung noch etwas höheren Gütegrad ergibt als konstante Steigung. Demgemäß wurde die Schraube I mit nach innen wachsender Steigung ausgeführt, und zwar nach geradlinigem Steigungsgesetz. Im übrigen ist möglichst genau die Form der Flügel Nr. 8 der soeben besprochenen Serie XII beibehalten. Das Profil ist also gleich dem in Fig. 144 unter Nr. 8 angegebenen; der abgewickelte Umriß entspricht der Fig. 143. Auch die Einrichtung zum Verstellen um eine radiale Flügelachse, also zum Ändern der Anstellwinkel, ist noch in bisheriger Weise beibehalten. Eine Nullpunktstellung für diese Flügel gibt es natürlich nicht mehr. Die Verstellungen werden nach positiven oder negativen Verdrehungen von der Konstruktionsgrundstellung aus angegeben, für welche die Schraube berechnet ist.

Die Schraube I ist in Fig. 153 in der künftig anzuwendenden Weise dargestellt: Die Flügelprofile, hier nach tangentialen Ebenen geschnitten, werden so umgeklappt gezeichnet, wie man sie von außen gesehen erblicken würde. Nach rechts hin ansteigende Linien entsprechen dann einer rechtsgängigen Schraube und umgekehrt. Die axiale Projektion ist von hinten gesehen; denn die Bezeichnungen »rechts-« oder »linksgängig« gelten im Schiffbau, dessen Gebrauch wir hierin natürlich folgen, stets im Sinne des hinter dem Schiff stehenden, in die Fahrtrichtung blickenden Beschauers. Bei unseren Versuchen drückt die Schraube an senkrechter Welle nach unten; wir zeichnen sie also in Draufsicht von oben. Wir verwenden möglichst immer rechtsgängige Schrauben; linksgängige bedingen einen kleinen Umbau der Meßvorrichtungen.

Eigentlich ist die Axialprojektion entbehrlich; ebenso die gleichfalls zur Veranschaulichung beigefügte Seiten-

ansicht. Die Querschnittszeichnung kann allein schon und am besten die Form vollständig definieren. Dazu gehört aber, was bei Luftschraubenzeichnungen öfter übersehen wird, daß die umgeklappten Profile so hingelegt werden, daß ihre gegenseitige räumliche Lage richtig zur Darstellung kommt. Man hat sie alle nach einer bestimmten, zur Schraubenachse senkrechten »Flügelachse« zu orientieren. Diese bildet die Teilungsaxe in der Zeichnung, d. h. sie wird so eingeteilt, wie sie im Raum die (ebenen oder zylindrischen) Querschnittsflächen durchdringt. Die Durchdringungspunkte der Profile müssen nun beim Umklappen in der Zeichnung streng auf den zugehörigen Achsenpunkten liegen bleiben.

Häufig, bei schräg zur Achse stehenden Flügeln, gibt es keine Flügelachse, die alle Profile innerhalb ihres Umrisses durchdringt. Dann müssen die Profile eben von den Teilungspunkten der irgendwie gewählten Flügelachse entsprechend entfernt gezeichnet werden. Statt dessen wird gern eine schräg oder gar windschief zur Drehachse

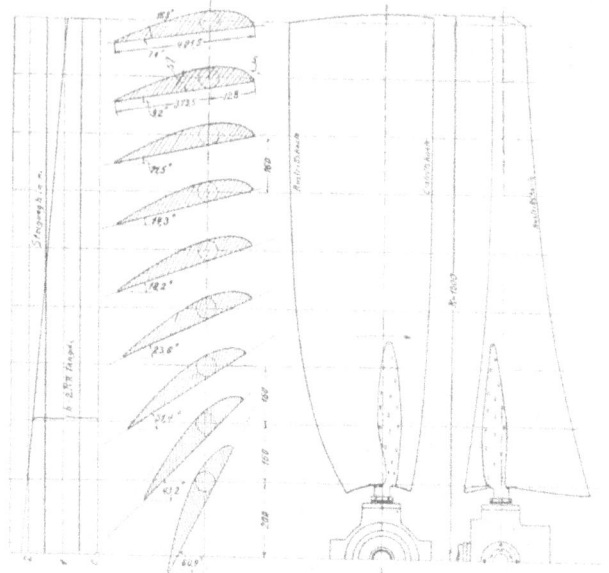

Fig. 153.   Schraube I.

stehende geradlinige, oder gar nur in der Axialprojektion geradlinige Flügelkante als Teilungslinie der Zeichnung benutzt, oder man legt auch die Schnittpunkte der Profilsehne mit einer radialen Ebene auf die Teilungspunkte in der Zeichnung. Die Form ist dann nicht vollständig bestimmt, weil die axialen Abstände der betreffenden Kanten- oder Sehnenpunkte voneinander nicht zu ersehen sind. Diese Abstände müssen durch die Zeichnung mit angegeben werden und das geschieht, wenn die vorhin ausgesprochene Regel beachtet wird. Bei Luftschrauben stellt man vielfach die Flügel schräg gegen die Drehebene oder biegt sie in diesem Sinne von vornherein durch, um zu bewirken, daß das durch die Fliehkräfte entstehende Biegungsmoment dem durch den Schraubendruck verursachten entgegenwirkt und so die Biegungsbeanspruchung an der Flügelwurzel vermindert wird. Da der Schraubendruck die Flügel nach vorn abzubiegen sucht, muß die Schrägstellung bzw. Durchbiegung der Flügel zu diesem Zwecke ebenfalls nach vorn gerichtet sein; denn dann entsteht ein nach hinten gerichtetes Fliehkraftsmoment. Zugleich wirkt eine derartige Abbiegung der Flügel, wie wir aus unseren diesbezüglichen Versuchen (Bericht 1911, Seite 25) wissen, auf Verbesserung des Gütegrades und der Flächenausnutzung also in einem für Luftschrauben günstigen Sinne. Bei

Schiffsschrauben findet man vielfach die entgegengesetzte Schrägstellung, die für Steigerung der Kraftausnutzung günstig ist. In der Querschnittszeichnung bedingt die für Luftschrauben gebräuchliche Schrägstellung einen axialen

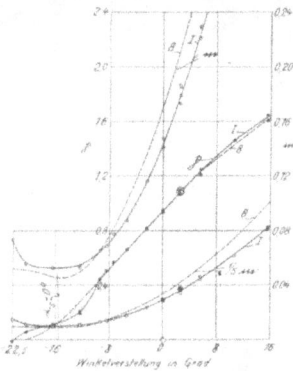

Fig. 154.

Abstand nach vorn, also nach der Saugseite hin, d. h. in der Zeichnung nach oben.

Um das Steigungsgesetz hervortreten zu lassen, fügen wir der Schraubenzeichnung stets die »Steigungslinie« bei, welche zu jedem Radius die Steigung: $h = 2\,r\,\pi$ tang a_s

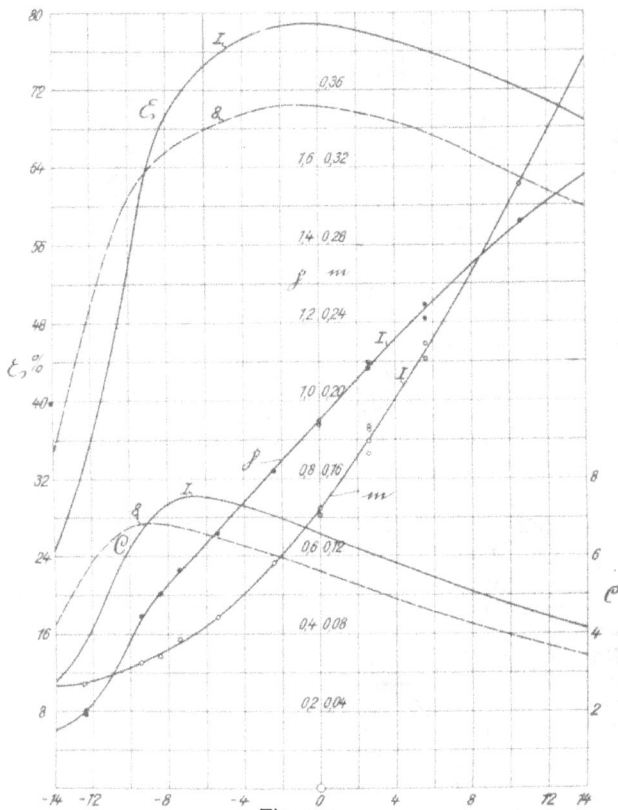

Fig. 155.

in Metern angibt. Für prismatische Flügel ist es eine an der Achse mit Null beginnende, nach außen steigende Gerade; hier wächst die Steigung gradlinig von außen nach innen.

Die Versuchsergebnisse mit der Schraube I sind in Fig. 154 und 155 dargestellt und zugleich mit den Ergebnissen des nicht verwundenen, sonst aber ganz gleichen Flügelpaares Nr. 8 in Vergleich gesetzt. In Fig. 154 sind die

p- und m-Kurven und in Fig. 155 die C- und ζ-Kurven dieser Flügel wiederholt (gestrichelte Linien). Da es keinen gemeinsamen Nullpunkt des Anstellwinkels für Schraube I und Flügel 8 gibt, so ist es an sich gleichgültig, wie man die Winkelteilungen dieser Kurven beim Vergleich aufeinander legt. Es ist hier so geschehen, daß die fast geradlinigen Stücke der p-Kurven beider Flügel aufeinander fallen. Wie man in Fig. 154 sieht, decken sie sich im Hauptbereich vollständig, wenn man die Nullstellung des Flügels 8 einer Verstellung 'der Schraube I von — 15,7° gleichsetzt. Diesen Anstellwinkel hat das im Radius von 910 mm, oder auf 61% des Außenradius R gelegene Profil der Schraube in der Grundstellung. Hinsichtlich des Schraubendruckes kann man also in diesem Falle den Anstellwinkel auf 61% des Außenradius als den mittleren, wirksamen betrachten.

Die m-Kurven lassen sich nicht in gleicher Weise zur Deckung bringen. Die beträchtliche Verminderung der Drehwiderstandszahl m bei gleichem p ist nach Fig. 154 klar zu übersehen. Darin drückt sich der Gewinn durch die schraubenförmige Verdrehung aus, und darauf beruht die aus Fig. 155 ersichtliche Steigerung der C- und ζ-Werte.

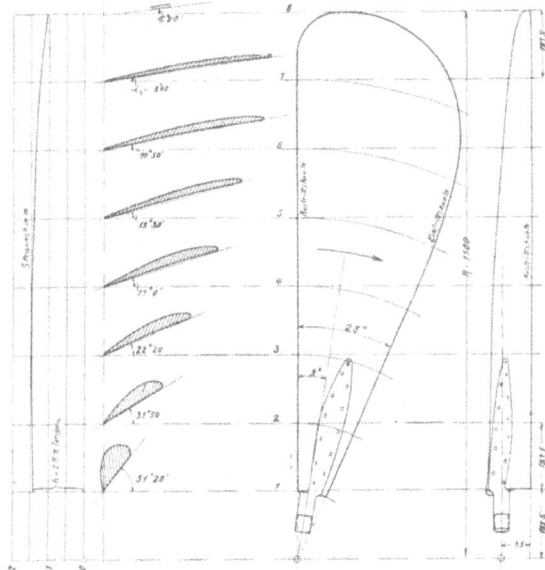

Fig. 156.

Der Höchstwert von ζ wird bei der Schraube I fast genau in der Konstruktionsgrundstellung erreicht, ein Beweis dafür, daß das zugrunde gelegte Gesetz zunehmender Steigung nach der Nabe hin in der Tat günstige Verhältnisse trifft. Denn eine Winkelverstellung in der Nähe dieses Punktes kommt einer Änderung dieses Gesetzes im einen oder anderen Sinne gleich.

Der Höchstwert des Gütegrades von 79% ist höher, als man bei dieser noch recht plumpen Schraube erwarten mochte. Allerdings führen auch unsere früheren Versuche, nach denen ja scharfe und flache Profile durchaus nicht die besten Gütegrade geben, zu dem Schluß, daß die übliche Verjüngung der Flügel nach außen hin vom Standpunkt der aerodynamischen Güte keinen Vorteil bringt. Ob das allgemein zutrifft, muß durch weitere Versuche entschieden werden, bei denen natürlich auch Schrauben mit flachen Profilen untersucht werden, und die Verjüngung und dementsprechende Abrundung des äußeren Umrisses schrittweise eingeführt wird.

Der Höchstwert der Kraftausnutzung liegt bei Schraube I bei einer negativen Winkelverstellung von etwa 7°. Bei dieser Stellung ist die Steigungszunahme nach der Nabe hin

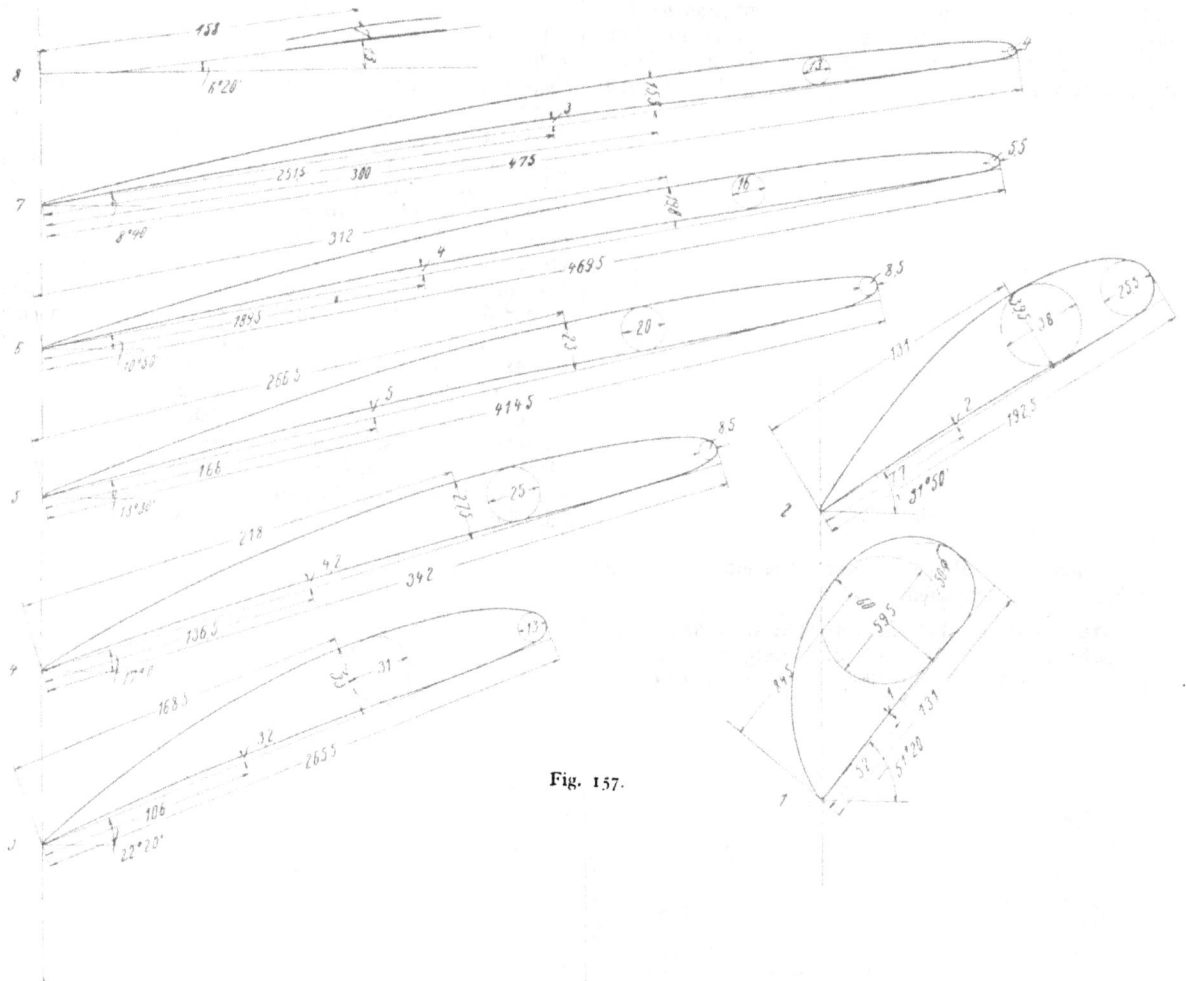

Fig. 157.

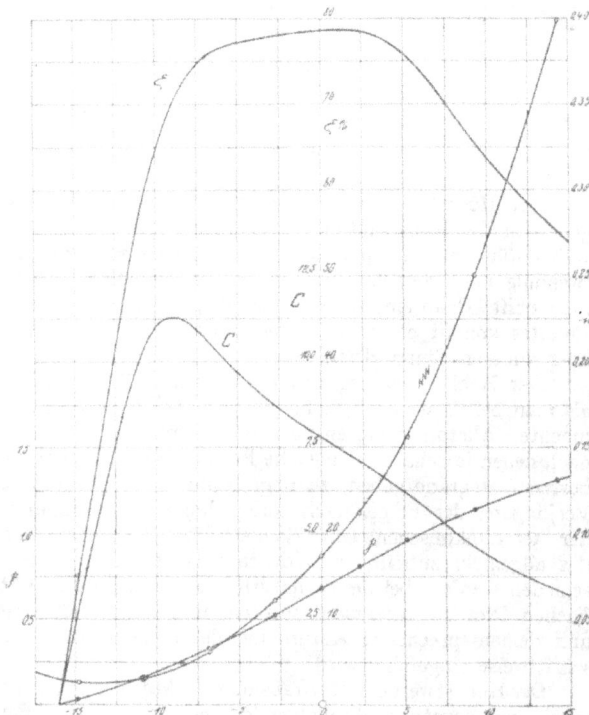

Fig. 158.

verhältnismäßig stärker als in der Konstruktionsgrundstellung. Denn der Anstellwinkel und somit die Steigung auf dem äußersten Radius ist $= O$ geworden. Der Gewinn an Kraftausnutzung ist aber vielleicht weniger durch diese Änderung des Steigungsgesetzes als dadurch bedingt, daß die Steigung im Durchschnitt flacher wird. Geringere Anstellwinkel bewirken ja, wie wir längst wissen, stets eine Verbesserung der Kraftausnutzung.

Versuche mit einer Schraube Finsterwalder-Kimmel'scher Konstruktion.

Während die vorstehend besprochene Schraube rein empirisch auf Grundlage unserer früheren Versuche entworfen war, haben wir weiter eine nach der Finsterwalder-Kimmelschen Theorie berechnete hergestellt, wozu wir die vollständigen Unterlagen diesen Herren verdanken. Die zugrunde liegende Theorie hat Kimmel selbst in Heft 4 der Zeitschrift für Flugtechnik und Motorluftschiffahrt 1912, S. 53 u. f. entwickelt. Die Form ist in Fig. 156 dargestellt; sie ist, wie man sieht, von unserer Versuchsschraube I gänzlich verschieden.

Die Austrittskante ist eine zur Drehachse senkrechte Gerade und wurde als Teilungslinie benutzt. Die Profile gelten für Zylinderschnitte; demgemäß wurde die Schraube auch nach zylindrischen Lehren gearbeitet. Bei der ziemlich großen Flügelbreite wären die Unterschiede auch schon nicht mehr zu vernachlässigen. Die genaue Ausarbeitung eines so dünnen, breiten Blattes ist schwierig, weil es zuletzt unter dem Werkzeug stark federt; man muß die fertige Seite mit leicht untergeleimten Klötzen gut auf der Bank abstützen.

Der an der Wurzel sektorförmige Flügelumriß bedingt auf verschiedenen Radien gänzlich verschiedene Profilformen. Diese sind in Fig. 157 genauer dargestellt. Die auf die Sehne bezogene Steigung nimmt außen auch hier nach der Nabe hin etwas zu und wird dann annähernd konstant, wie aus der Steigungslinie in Fig. 156 zu ersehen ist.

Nach den flachen Profilen haben wir von der Schraube hohe Kraftausnutzung bei geringerer Flächenausnutzung zu erwarten. In der Grundstellung liefert sie in der Tat ein recht hohes C von 7,8, d. h. bei 75m/sec Umfangsgeschwindigkeit oder n = 478 gibt sie 7,8 kg Schraubendruck auf 1 PS. Dabei beträgt die Flächenausnutzung etwa p = 0,7. Die Schraube I lieferte dagegen in der Grundstellung p = 0,94 und nur C = 6,6. Im Gütegrad gleicht sich der Unterschied fast vollkommen aus.

Die Möglichkeiten der Schraubenflieger.

Das Interesse für die Frage der Schraubenflieger ist in letzter Zeit mehr in den Hintergrund getreten. Häufig wird aber noch der Wunsch ausgesprochen, daß dieser alte Gedanke wieder eindringlicher bearbeitet werden möchte. Gelegentlich werden dabei die Arbeiten der Geschäftsstelle für Flugtechnik in Lindenberg erwähnt, von denen z. B. Geheimrat M e y d e n b a u e r, Godesberg, im »Motorwagen« 1910, Nr. 35, meint, daß sie mit zu geringen Mitteln angestellt seien, »zum Erfolg zu führen«. Das ist nicht der Fall. Unsere Einrichtungen und die uns zur Verfügung gestellten Mittel hätten durchaus hingereicht, um Versuche mit Hubschrauben jeder zweckmäßig scheinenden Art und Größe auszuführen, wenn das mit Aussichten auf praktischen Erfolg hätte geschehen können. Wir haben aber geglaubt, in dieser Richtung nicht weiter gehen zu sollen. Es wird am Platze sein, die Gründe, die uns dabei maßgebend schienen und uns veranlaßten, die Möglichkeiten der Schraubenflieger einstweilen gering anzuschlagen, hier einmal zusammenfassend zu erörtern.

Die Vorteile einer Flugmaschine, die ohne Anlauf vom Platze aus aufsteigen und in der Luft beliebig stille stehen könnte, springen in die Augen. Wäre zugleich wirkliche Sicherheit gegen Absturz geboten und könnte man dabei auch einigermaßen gleiche Geschwindigkeiten erreichen, wie sie heute die Flugdrachen haben und haben müssen, so wäre in der Tat ein gewaltiger Fortschritt erzielt.

An Erfindern und Konstrukteuren hat es bekanntlich keineswegs gefehlt, die viel Arbeit und auch viel Geld auf den Gedanken des Schraubenfliegers verwandt haben. War doch dieser Gedanke längst eine altbekannte Erscheinung, ehe in der Vorgeschichte der Fliegekunst um die Mitte des vorigen Jahrhunderts zum ersten Male das Prinzip des Flugdrachens auftauchte. Bis ins 18. Jahrhundert zurück reichen, wie man bei O. Chanute nachlesen kann, die Versuche mit Hubschrauben. Von Launoy und Bienvenu (1784) über W. H. Phillips (1842), Forlanini (1878) zu den neueren Experimentatoren, Wellner in Österreich, Walker und Alexander in England, Hermann Ganswind in Berlin in den 90er Jahren des vorigen Jahrhunderts, und bis in die letzten Jahre hinein geht eine kaum übersehbare Kette von mehr oder weniger ernst zu nehmenden, oft aber groß angelegten, gut geleiteten und doch immer fehlgeschlagenen Versuchen. Erinnern wir nur an die riesigen Apparate von Bertin, Paul Cornu, Léger, Bréguet in Frankreich; Kimball, Berliner in England, Luyties, Davidson in Amerika, schließlich P. F. Degn in Deutschland. Alles waren Schraubenflugzeuge von großen Abmessungen und in ganz verschiedener Anordnung

gebaut. Es gab Systeme mit wenigen sehr großen und Systeme mit zahlreichen kleinen Hebeschrauben; Schrauben mit wenigen schmalen Flügeln und Schrauben, bei denen fast die ganze Kreisfläche mit Flügeln bedeckt war. Sehr oft war die besonders einleuchtende Anordnung mit zwei großen gleichachsigen und sich gegenläufig drehenden Schrauben vertreten.

In einigen Fällen soll es gelungen sein, die Maschine zum Schweben zu bringen, sogar von kleinen Flügen war vereinzelt zu lesen. Dann aber verstummten jedesmal die Nachrichten, und aus dem wenigen, was noch durchsickerte, war zu entnehmen, daß teils die Maschinen, und besonders die Schrauben selbst, zu leicht und zu dünn gebaut waren, um den Anforderungen des Betriebes schon am Boden standzuhalten; teils waren sie wiederum zu schwer, um sich mit ihren Motoren überhaupt erheben zu können.

Besonders ist dabei meist zu bedauern, daß, nachdem einmal Mühe und Kosten vertan waren, nicht wenigstens die gemachten Erfahrungen durch sachliche Berichte der technischen Welt und Nachwelt zunutze gemacht wurden. Ein paar flüchtige Zeitungsnotizen und vielleicht einige photographische Abbildungen sind fast immer das einzige, was von aller Arbeit übrig geblieben ist.

Technisch am weitesten gebracht und auch am ausführlichsten über seine Erfahrungen berichtet hat unter den Genannten L. Bréguet, dessen kombinierte Schrauben- und Drachenflugmaschine mit ihren vier mächtigen Schrauben von 8 m Durchmesser oft abgebildet wurde und wohl noch in Erinnerung ist. Hören wir von ihm selbst das Fazit seiner langjährigen Bemühungen. Er schreibt am Schlusse eines Aufsatzes über »Les Hélices de Sustentation«[1]:

»Ich will nicht mit der Behauptung schließen, daß das reine Schraubenflugzeug imstande sei, mit dem Aeroplan in Wettbewerb zu treten. Fern sei mir der Gedanke. Meine Meinung ist klipp und klar die, daß nichts dem geradlinigen Gleitflug mit großen und sicheren, f e s t e n Flügeln gleichkommt.... Jeder Flugapparat muß vor allem ein Gleiter (planeur) sein. . .«

Bréguet hatte dem Aufschwung des Aeroplans gegenüber jahrelang den Gedanken der Hubschraube zähe festgehalten und große Mittel darauf verwandt. Sein auf anderen Gebieten erworbener Ruf als ausgezeichneter Konstrukteur war geradezu mit dem Siege dieser Sache aufs Spiel gesetzt. Es mag ihm, besonders nach einer scharfen Polemik gegen Drzwiecky im »Aérophile« 1909, worin er sein Schraubenfliegerprojekt noch zähe verteidigt hatte, nicht leicht geworden sein, mit obigen Worten den Strich darunter zu ziehen; und zuvor hat er denn auch weislich dafür gesorgt, sich anderweit glänzend zu decken: bekanntlich stammt von ihm eine der besten heutigen Flugzeugkonstruktionen in Frankreich; zahlreiche Weltrekorde hat er mit ihr aufgestellt; so hielt Bréguet im Jahre 1910 längere Zeit den Rekord für die größte getragene Last. Aber diese Flugmaschinen haben keine Hubschrauben; es sind Doppeldecker, die von festen Flügeln und Triebschrauben nicht anders als die sonstigen Arten getragen werden. Aber Bréguet hat damit den vollen Beweis erbracht, daß es ihm nicht an technischem Können, noch auch an Energie und an den nötigen Mitteln gefehlt hätte, um auch seinen Lieblingsgedanken, den Schraubenflieger, zum Ziele zu führen.

Bréguet meint, daß seine Hubschrauben noch nicht die beste erreichbare Form gehabt haben und das ist leicht möglich. Vorsichtige Konstrukteure werden sich, ehe sie eine Schraubenflugmaschine bauen, jedenfalls noch besser

---

[1] Revue de l'Aviation 1910, S. 242.

als er erst durch systematische Versuche überzeugen, ob die gewählte Schraubenform überhaupt Aussichten auf Erfolg bietet.

So ist in vorbildlicher Weise Professor Dr. K l i n g e n - b e r g vorgegangen, dem wir einen genauen technischen Bericht über die großzügigen Versuche verdanken, die er mit den mächtigen Mitteln durchgeführt hat, welche ihm als Direktor der A. E. G. zu Gebote standen. Hören wir auch sein Urteil: er stellt als Ergebnis fest,

»daß mit der ausgeführten Kombination zweier groß- flächiger (gleichachsig-gegenläufiger) Schraubenräder von 6 und 8 m Durchmesser bei einem Arbeitsaufwand von 93 PS 530 kg gehoben werden konnten. Das Gewicht der Schraubenräder nebst Zahnradgetriebe und Standsäule betrug 190 kg, ließe sich aber leicht auf 170 kg ver- ringern. Sollte sich ein derartiger, mit leichtem Benzin- motor ausgerüsteter Apparat als Schraubenflieger er- heben können, so dürfte das Gewicht des Motors ein- schließlich Kühlung und Benzinvorrat, Verbindungswelle, Gestell und mindestens einer Person 360 kg nicht über- schreiten. Das erscheint zwar nicht erreichbar, indessen haben die Versuche den Hinweis gegeben, in welchen Abmessungen ein flugfähiger Schraubenflieger ausführ- bar ist.«

Klingenberg hat daraufhin den Bau einer Flugmaschine unterlassen. Genaue Einzelheiten über die Versuche mit graphischen Darstellungen der Ergebnisse, mit Konstruk- tionszeichnungen der Schrauben und ihrer Zahnradgetriebe sind in Klingenbergs Bericht (Zeitschrift des Vereines Deutscher Ingenieure 1910, S. 1009) nachzulesen.

Die Summe dieser praktischen Erfahrungen ist jeden- falls nicht ermutigend. Es fragt sich nun, ob die bisherigen Mißerfolge nur durch unzureichende Kenntnisse und ver- kehrt gewählte Konstruktionen verursacht sind, oder ob grundsätzliche Unmöglichkeiten vorliegen. Die Theorie hat sich vielfach mit dieser Frage beschäftigt, und wir vermögen sie heute ziemlich klar zu beantworten. Zur Hälfte hat das schon, allerdings ohne ausreichende theo- retische Begründung, Charles Renard getan, der berühmte und hervorragend klarblickende Begründer des Luftschiff- baues in Frankreich. Er hat sich auch mit der Frage der Hub- schrauben besonders eingehend befaßt. Sein Bericht vom November 1903 an die Académie des Sciences »Über die Möglichkeit des Fliegens mit Hubschrauben. . . .« (dem auch schon systematische Versuche zugrunde lagen) be- zeichnet den Aeroplan als »die Flugmaschine der Zukunft«, weil er ungleich sparsamere Hebekraft gewähre und sein Motor mehr als doppelt so schwer sein dürfe, als bei einer Schraubenflugmaschine entsprechender Leistung. Die Er- fahrung hat das bestätigt. Heute können wir aber der der Hubschraube gezogenen Grenzen klarer feststellen.

Die Grenzen ergeben sich aus der Theorie der »voll- kommenen Schraube«, deren Grundzüge wir Prof. Finster- walder verdanken, die wir im Anfang unserer Arbeiten der vergleichenden Bewertung der Versuchsergebnisse durch die Gütegradziffer zugrunde gelegt haben[1]) und auf deren Begründung wir mehrfach zurückkommen mußten. Sie kann zwar gewisser Voraussetzungen wegen nicht als eine mit physikalischer Strenge einwandfrei festgestellte Theorie gelten; die wichtigsten Zweifel an ihrer Richtigkeit sind aber beseitigt, und die noch zu erhebenden Einwen- dungen laufen nur darauf hinaus, daß der theoretische Grenz- wert der Hubkraft einer Schraube im denkbar besten Fall noch nicht einmal ganz so groß sein kann als die einfache Formel sie angibt. Es müßten Berichtigungen daran angebracht werden, deren Natur wir noch nicht genau kennen, und deren analytischer Ausdruck, wenn wir ihn

[1]) Vgl. Bericht von 1911, S. 11.

bilden könnten, jedenfalls recht verwickelt wäre. Den Einfluß dieser Fehler können wir aber auf Grund der bisherigen Versuchserfahrungen einschätzen. Er beträgt höchstens einige 5 bis 10%. Jedenfalls steht aber fest, daß der von uns angenommene, sehr einfach berechen- bare Grenzwert nicht überschritten werden kann. Und das genügt, um die hier aufgeworfene Frage zu beant- worten.

Nach dieser einfachen Formel berechnet sich der Höchstwert der theoretisch möglichen Hebekraft einer Schraube aus der Antriebsleitung L in mkg/sec als

$$P' = \sqrt[3]{2\,\mu\,FL^2},$$

wenn $F = R^2\pi$ die Fläche des von den Flügelspitzen um- schlossenen Kreises in qm und μ die Masse eines Kubikmeters Luft bedeutet. Diese Kraft entsteht nämlich, wenn der von der Schraube ausgesandte Luftstrom in allen Teilen seines Querschnittes eine gleiche, axial gerichtete Ge- schwindigkeitskomponente besitzt und weder Wirbel noch kreisende Geschwindigkeitskomponente darin vorhanden sind.

Im Sinne dieser Formel haben wir z. B. das Klingen- bergsche Versuchsschraubenpaar, das wir vorhin erwähnten, als e i n e Schraube anzusehen, weil die beiden auf gleicher Achse übereinander umlaufenden Schrauben zusammen nur einen Strahl erzeugen. Wir müssen also den Durch- messer der größten von ihnen, der 8 m betrug, zugrunde legen, wenn wir die höchst erreichbare Hebekraft aus- rechnen wollen. Mit der beim Versuch benutzten An- triebsleistung von 93 PS oder $L = 6970$ mkg sec erhalten wir als theoretisch mögliche Hebekraft

$$P' = 850 \text{ kg.}$$

In Wirklichkeit sind aber im besten Falle nur $P = 530$ kg gehoben worden, also 62% des theoretischen Wertes. Der Gütegrad beträgt also 62%.

Bréguets große Schrauben hatten den gleichen Durch- messer von 8 m; jedes Paar wurde mit 10 bis 11 PS an- getrieben und hätte theoretisch etwa $P' = 200$ kg heben können. Erreicht wurden nur $P = 140$ bis 150 kg oder 70 bis 75% der theoretischen Leistung.

Die Gütegrade dieser Schrauben von 62 bzw. 75% stellen nun allerdings noch nicht die praktisch erreichbare Grenze dar. Wir haben jetzt bei einfachen Schrauben Gütegrade von 83% nachgewiesen, und vielleicht gelingt es, die Güte noch etwas weiter zu steigern.

Aber alle Verluste wird man nie vermeiden können; um einige 10 bis 15% wird das wirklich Erreichbare stets hinter jener Grenze zurückbleiben, die, wie wir sahen, sogar theoretisch jedenfalls noch etwas zu weit gesteckt ist.

Wir dürfen aber wohl annehmen, daß bei Schrauben verschiedener Größe der Prozentsatz der unvermeidlichen Verluste ein gleicher sein wird. Unsere Formel gibt uns dann für alle Fälle einen Maßstab der erreichbaren Kraft- ausnutzung, und wir können es der Formel ohne weiteres ansehen, daß die Kraftausnutzung, oder das Verhältnis der Hebekraft zur aufgewendeten Auftriebsleistung bei Schrauben verschiedener Größe durchaus nicht gleich sein wird. Haben wir vielleicht bei anderer Wahl der Dimensionen günstigere Verhältnisse zu erwarten?

Viele verschiedene Beispiele nach der Formel aus- zurechnen, ist etwas umständlich. Wir bringen sie statt dessen lieber in eine graphische Form, in der wir ohne weiteres übersehen können, wie sich die theoretisch er- reichbare Hebekraft mit dem Durchmesser und der An- triebsleistung ändert. Wir bedienen uns dabei mit Vorteil einer logarithmischen Darstellungsweise, um nicht ein Netz von parabolisch gekrümmten Linien ziehen zu müssen, und vor allem um ein weitestes Bereich von ganz kleinen Schrauben bis hinauf zu den denkbar größten Abmessungen in einem einzigen Bilde mit relativ gleicher Genauigkeit umfassen zu können. Wir logarithmieren also die Formel, nachdem wir $L = 75\,N$ und $F = \dfrac{D^2\pi}{4}$ eingeführt haben, und erhalten:

$$\log P' = \frac{1}{3}\log\frac{\mu\pi^2}{2}\,75^2 + \frac{2}{3}\log D + \frac{2}{3}\log N.$$

liche Werte. Ist anderseits die Leistung N größer, so haben wir der Hebekraft einfach den Wert $^2/_3 \log N$ hinzuzufügen. Wir erhalten also für jede Leistung eine Parallele zu der ersten Geraden. Unser Bild umfaßt die Schraubendurchmesser von $D = 0,1$ m an bis zu $D = 100$ m; und zu jedem Durchmesser können wir die theoretische Hebekraft für Leistungen von 0,1 PS bis an fast 1000 PS ohne weiteres ablesen. Die wirklich erreichbare Hebekraft ist dann im

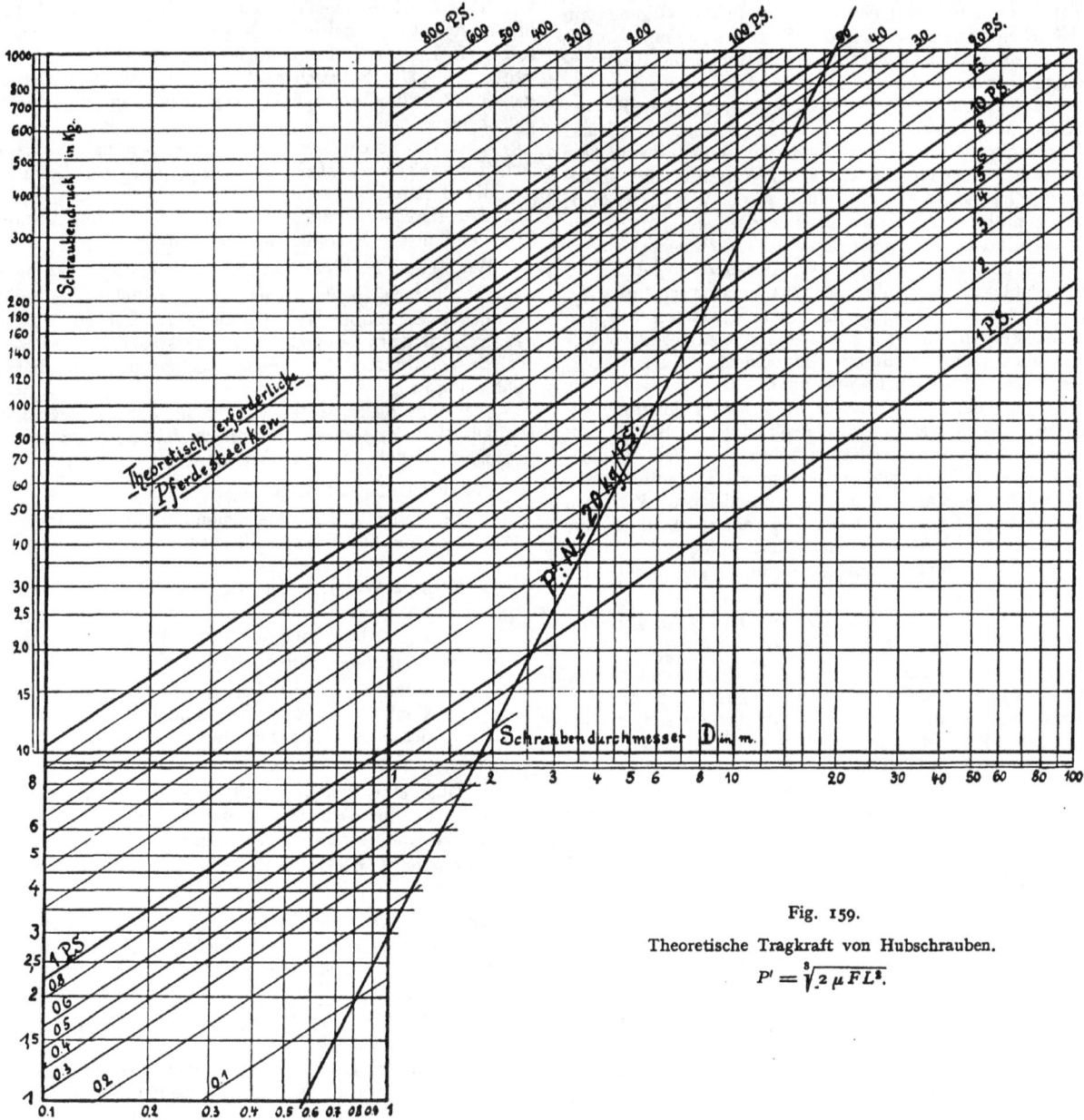

Fig. 159.

Theoretische Tragkraft von Hubschrauben.

$$P' = \sqrt[3]{2\,\mu\,F\,L^2}.$$

Der erste Logarithmus hat (mit $\mu = {}^1/_8$) den Wert 1,014. Nehmen wir die Schraubendurchmesser D als Abszissen und wollen P' als Ordinaten darstellen, so ergibt sich für $N = 1$ bzw. $\log N = o$ eine gerade Linie, die bei $D = 1$ m durch den Punkt $\log P = 1,014$ oder $P = 10,33$ kg geht. So viel kann also eine Schraube von 1 m Durchmesser mit 1 PS äußerstens heben. Mit wachsendem D steigt bei gleicher Leistung die Hebekraft allmählich an und erreicht schließlich, wenn man dem Durchmesser keine Grenzen zieht, schon bei 1 PS recht ansehn-

Verhältnis des praktisch möglichen Gütegrades kleiner, beträgt also höchstens etwa das 0,8- bis 0,85 fache.

Man sieht aus dem Diagramm sofort, daß es vorteilhaft ist, so große Schraubendurchmesser zu wählen, als es die praktischen Verhältnisse irgend zulassen. Könnten wir eine Schraube von 100 m Durchmesser praktisch verwenden, so hätten wir schon mit 10 PS eine theoretische Hubkraft von 1000 kg zur Verfügung.

Wir wollen hier nicht in Erwägungen darüber eintreten, wie weit es die mit der Größe gewaltig wachsenden

Gewichte großer Schrauben gestatten, mit dem Schraubendurchmesser hinaufzugehen, müssen uns aber sagen, daß Klingenberg und Bréguet, denen diese Gesichtspunkte natürlich nicht unbekannt waren, schon ungefähr die Größe getroffen haben werden, die man praktisch noch einigermaßen bewältigen kann. Eine Maximalrechnung mit Ansatz einer (allerdings nicht eben sehr sicheren) Erfahrungsformel für das Eigengewicht der Schrauben als Funktion von Durchmesser und Antriebsleistung führt in der Tat darauf, daß ein Optimum in der Gegend von $D = 8$ m zu suchen ist. Mit 8 m Durchmesser und 10 PS, wie bei Bréguet, ist die theoretisch mögliche Kraftausnutzung aber schon auf $200/10 = 20$ kg/PS und mit 93 PS, wie bei Klingenberg, schon auf $850/93 = 9{,}1$ kg/PS gesunken. Mit theoretisch 20, oder praktisch vielleicht 16 kg Tragkraft auf 1 PS könnten wir freilich schon eine recht solide Maschine bauen, wenn uns mit einer Tragkraft von im ganzen 160 kg gedient wäre. Wir haben aber, um eine praktische Nutzlast zu befördern, im ganzen wenigstens mit dem 3- bis 4 fachen dieses Gewichtes zu rechnen und müßten dazu entweder, wie Bréguet es getan hat, die Anzahl der Schrauben entsprechend vermehren (er hatte zuletzt eine Maschine mit vier Schrauben von 8 m Durchmesser, die an den Enden eines kreuzförmigen Gestelles angebracht waren und doppeldeckige, als Kastenzellen ausgebildete Schraubenflügel hatten) oder wir müßten mit dem Durchmesser noch weiter hinaufgehen, und zwar, wenn wir das gleiche günstige Verhältnis von Tragkraft und Antriebsleistung wahren wollen, entlang der in unserem Schaubild eingetragenen Verbindungslinie aller der Punkte, an denen P'/L den gleichen Wert von 20 kg/PS hat. Es ist in dieser Darstellung ebenfalls eine Gerade, und wir können daran leicht folgende Zahlen abgreifen, die etwa den am ersten in Frage kommenden Möglichkeiten entsprechen:

bei   1   5   8   10   12   14   16   18   20 m Durchm.
ist $P' = $ 2,8   69   176   276   398   540   706   894   1105 kg

die theoretische, praktisch noch im Verhältnis von bestenfalls 80 bis 85% zu vermindernde Tragkraft, auf die man rechnen darf, wenn die wirkliche Kraftausnutzung 16 bis 17 kg pro PS nicht unterschreiten soll. Man hätte also z. B. auf 16 m Schraubendurchmesser zu gehen, um 80 oder 85% von 706 kg, also 560 bis 600 kg Gesamtgewicht mit einiger Sicherheit zu heben; der Arbeitsaufwand dafür wäre $\frac{706}{20} = $ rd. 35 PS nutzbarer Leistung an der Schraubenwelle.

Es ist gewiß nicht ausgeschlossen, daß noch einmal ein derartiger Schraubenflieger mit Hilfe irgendwelcher, sich selbst durch die Fliehkraft spannender bzw. tragender Konstruktionen zum Fliegen gebracht wird. F. Degn in Bremen hat einen derartigen, sehr sorgfältig vorbereiteten Versuch gemacht. Aber wir möchten die Verantwortung für den Bau nicht tragen. Wenn auch genügende Tragkraft für das Konstruktionsgewicht zur Verfügung zu stehen scheint, so wird man wahrscheinlich immer wieder die Erfahrung machen, an der Degns Versuch gescheitert und bei der Bréguet mit seiner letzten Vierschraubenmaschine stehen geblieben ist, daß ein solches Bauwerk zum praktischen Gebrauche nicht taugt, weil es, wenn auch alle Beanspruchungen beim Fluge in ruhiger Luft richtig aufgenommen werden, doch den Zufälligkeiten der praktischen Handhabung schon am Boden, bei Aufbau und Transport,

nicht gewachsen ist, von den Schwierigkeiten bei Abflug und Landung in unruhiger Luft gar nicht zu reden.

Vom aerodynamischen Standpunkt handelt es sich jedenfalls nur noch um einen winzigen Prozentsatz, um den man die Tragkraft vielleicht noch verbessern könnte. Über die gezeigten Grenzen kommt man nicht hinweg.

X   Zusammenfassung.

Über die Leistungsfähigkeit von Hubschrauben haben unsere Arbeiten ausreichende Klarheit gebracht. Die theoretischen Grenzen sind im vorgehenden Abschnitt übersichtlich dargelegt. Praktisch sind nur noch geringe Gewinne möglich, die für die Frage der Schraubenflieger nicht mehr entscheidend sind.

Über die günstigsten Schraubenformen haben unsere Arbeiten zahlreiche Aufschlüsse geliefert, die zweifellos auch für die Triebschrauben der Luftfahrzeuge gelten, wenn für deren Berechnung auch durch Versuche am festen Stand keine endgültige Klärung zu erbringen ist.

Wir stellen die wichtigsten Ergebnisse kurz zusammen:

Die vielfach angefochtene Näherungstheorie der »vollkommenen Schraube« hat sich bewährt; der »Gütegrad« hat sich als brauchbarer Bewertungsmaßstab erwiesen, der die aerodynamische Vollkommenheit im wesentlichen richtig angibt.

Die Höhe dieses Gütegrades ist bis auf 79% gebracht worden. (Bei den neuesten, hier noch nicht aufgenommenen Versuchen sind bis 83% nachgewiesen.)

Für den Gütegrad ist günstig:

> zunehmende Schraubensteigung nach der Nabe hin;
> Neigung der Flügel nach vorn gegen die Senkrechte zur Drehachse;
> kräftige Wölbung der Saugseiten, mit Profildicken bis $^1/_8$ der Flügelbreite;
> kräftige Abrundung der Eintrittskanten.

Verluste entstehen durch:

> zugeschärfte Eintrittskanten, und besonders durch Unstetigkeiten der Krümmungen vorn und auf der Saugseite der Profile.

Weniger Einfluß haben:

> Unregelmäßigkeiten und selbst grobe Vorsprünge auf der Druckseite, ferner
> der Kantenwinkel am Austritt.

Sehr feine Zuschärfung dieser Kante bringt nicht viel Gewinn.

Der wichtige Gegensatz der Konstruktionsgesichtspunkte: Kraftausnutzung und Flächenausnutzung ist klar herausgearbeitet. Besondere Profilformen sind gefunden:

> für den Fall, daß große Schraubendurchmesser zulässig sind und daher höchste Kraftausnutzung allein maßgebend ist, und
> für die im Luftfahrzeugbau vorherrschenden Fälle, wo man im Durchmesser beschränkt und große Flächenausnutzung Hauptbedingung ist.

Zur geometrischen Bestimmung guter Profilformen sind ziemlich befriedigende Formeln und bequeme Konstruktionen entwickelt.

Zum Aufmessen fertig gegebener Schrauben ist ein neues, sehr bequemes und mechanisch genaues Verfahren ausgebildet. X

www.ingramcontent.com/pod-product-compliance
Lightning Source LLC
Chambersburg PA
CBHW081427190326

41458CB00020B/6126